电子设计丛书

基于 Altium Designer 的电路板设计

（第二版）

王加祥　曹闹昌
雷洪利　魏　斌　编著

西安电子科技大学出版社

内容简介

设计电路板是电子系统设计人员必须具备的技能。本书是作者在多年教学实践与科研设计的基础上编写的一本关于电路板设计的书籍。书中详细介绍了电路板设计过程中使用的设计软件、设计原则和设计方法。其中，第1章为基础知识，简要介绍了电路板的认知常识、手工制作方法和设计软件；第2～5章介绍了使用 Altium Designer 软件设计原理图元件、原理图、电路板元件封装和电路板的方法；第6章介绍了提高电路板抗干扰能力的方法；第7章介绍了电路板设计的基本步骤和规则。

本书可作为高等院校电子类专业学生学习电子系统设计的入门参考书，也可作为其他职业学校或无线电短训班的培训教材，对于电子爱好者也不失为一本较好的自学读物。

图书在版编目(CIP)数据

基于 Altium Designer 的电路板设计 / 王加祥等编著. —2 版. —西安：
西安电子科技大学出版社，2020.10
ISBN 978-7-5606-5799-8

Ⅰ. ① 基…　Ⅱ. ① 王…　Ⅲ. ① 印刷电路—计算机辅助设计—应用软件—高等学校—教材
Ⅳ. ① TN410.2

中国版本图书馆 CIP 数据核字(2020)第 134714 号

策划编辑　戚文艳
责任编辑　刘志玲　戚文艳
出版发行　西安电子科技大学出版社(西安市太白南路 2 号)
电　　话　(029)88242885　88201467　　邮　　编　710071
网　　址　www.xduph.com　　电子邮箱　xdupfxb001@163.com
经　　销　新华书店
印刷单位　陕西天意印务有限责任公司
版　　次　2020 年 10 月第 2 版　2020 年 10 月第 2 次印刷
开　　本　787 毫米×1092 毫米　1/16　印　张　14.5
字　　数　338 千字
印　　数　3001～6000 册
定　　价　33.00 元
ISBN 978 - 7 - 5606 - 5799 - 8 / TN
XDUP 6101002-2

前　言

《基于 Altium Designer 的电路板设计》自出版以来，已经过 6 年的教学使用，部分内容需要进行优化。为了更好地满足教学需求，根据读者建议及教学实践，作者对其进行了认真修订，删去了一些不必要的内容，修改了部分错误之处，增加了课后习题。

本书共分为 7 章。其中，第 1 章主要介绍电路板的认知常识、手工制作方法和设计软件；第 2～5 章介绍了使用 Altium Designer 软件设计原理图元件、原理图、电路板元件封装和电路板的方法；第 6 章介绍了提高电路板抗干扰能力的基本方法；第 7 章介绍了电路板设计的基本步骤和规则。全书的结构安排主要以工程设计人员的使用习惯为主线，由浅入深、由易到难，有助于读者快速了解并掌握电路板的设计步骤和方法。

本书的特点如下：

(1) 本书着重从应用角度出发，突出理论联系实际，面向广大工程技术人员，具有很强的工程性和实用性，让读者快速学会电路板的设计方法。

(2) 本书系统全面地讲述了使用 Altium Designer 软件设计电路板的方法，以工程设计人员的使用习惯为主线，一步步讲解，直至设计出完整的电路板。

(3) 本书配有大量 Altium Designer 软件使用过程中各种参数设置的截图，便于读者参考设置。

(4) 本书在讲解过程中，实时给出了一些实用的建议、注意和技巧，便于读者更好地学习和使用该软件。

(5) 本书简要讲解了电路板的抗干扰设计，说明了针对不同电路在进行电路板设计时需要注意的事项，为读者提供了有益的借鉴。

(6) 本书讲解了电路板设计的具体流程，并给出了设计过程中需要注意的常见规则，帮助读者更容易地设计出合格的电路板。

(7) 本书附录给出了 Altium Designer 软件常用的快捷键、元件符号和元件封装，便于读者使用时快速查阅。

(8) 每章配有习题，便于读者检测对该章内容的掌握情况。

本书由王加祥、曹闹昌、雷洪利、魏斌共同编著。

限于作者学识水平，书中难免存在欠妥之处，敬请读者提出宝贵意见。

作　者

2020 年 6 月于西安

第一版前言

随着电子产品的广泛普及，对电子产品设计感兴趣的人不断增多，学习电子类专业的学生也随之增多，他们都梦想成为电子系统设计人员，而入门是他们必经的过程，许多学生多年来一直徘徊在门外，即使最后进入电子设计行业，也走了许多弯路。那么怎样设计？怎么入门？有没有好的方法使初学者少走弯路呢？

本书将引领读者进入电子系统设计的门槛，教会读者设计出自己需要的电路板，掌握电路板设计的要点。

本书是作者根据多年从事电子系统设计和产品研发的经验，搜集整理大量的资料编写而成的。全书共分为 7 章。其中，第 1 章主要介绍电路板的认知常识、手工制作方法和设计软件；第 2～5 章介绍了使用 Altium Designer 软件设计原理图元件、原理图、电路板元件封装和电路板的方法；第 6 章介绍了提高电路板抗干扰能力的基本方法；第 7 章介绍了电路板设计的基本步骤和规则。全书的结构安排主要以工程设计人员的使用习惯为主线，由浅入深、由易到难，有助于读者快速了解并掌握电路板的设计步骤、方法。

本书具有如下特点：

(1) 本书着重从应用角度出发，突出理论联系实际，面向广大工程技术人员，具有很强的工程性和实用性，让读者快速学会电路板的设计方法。

(2) 本书系统全面地讲述了使用 Altium Designer 软件设计电路板的方法，以工程设计人员的使用习惯为顺序，一步步讲解，直至设计出完整的电路板。

(3) 本书配有大量 Altium Designer 软件使用过程中各种参数设置的截图，便于读者参考设置。

(4) 本书在讲解过程中，实时给出了一些实用的建议、注意和技巧，便于读者更好地学习和使用该软件。

(5) 本书简要讲解了电路板的抗干扰设计，说明了针对不同电路在进行电路板设计时需要注意的事项，为读者提供了有益的借鉴。

(6) 本书讲解了电路板设计的具体流程，并给出了设计过程中需要注意的常见规则，便于读者更容易地设计出合格的电路板。

(7) 本书附录给出了 Altium Designer 软件常用的快捷键、元件符号和元件封装，便于读者使用时快速查阅。

限于作者学识水平，书中难免存在欠妥之处，敬请读者提出宝贵意见。

Altium Designer 软件的 PCB 工具的性能非常强大，不可能通过一本书完成全部内容的详尽介绍，本书只介绍了使用该软件设计简单 PCB 的方法，对于初学者非常实用。

为了便于读者学习，作者提供在线网络辅导答疑，并在 QQ 空间中给出书中错误的更正。作者 QQ 号为 2422115609，电子信箱为 2422115609@qq.com。

作　者

2014 年 7 月

目 录

第 1 章　概　　述

认识元器件(简称元件)是学习电子设计的第一步；设计电路是学习电子设计的第二步；将原理电路转换为电路板(PCB)，制作出实物板，是学习电子设计的第三步。这是本书要陆续讲解的内容。

1.1　认识电路板

本书所说的电路板是在绝缘材料上，按照元器件之间电气连接要求形成的印制电路板(Printed Circuit Board，PCB)，简称印制板，它包括刚性或柔性结合的单面板、双面板和多层电路板。为了讲述方便，本书中这几种叫法都会用到。

1.1.1　单面板

单面板在实际应用中使用较多。它的优点是价格便宜，制作简单；缺点是走线不可过于复杂，否则需增加飞线，且插接件焊盘的可靠性相对于双面板和多层电路板而言较低，故在设计焊盘时，有意识地将焊盘做得较大，以提高焊接可靠性。通常制作单面板的工艺较差，因此在电路板布线时，需增大焊盘，增加安全间距，以提高成品率。图 1-1-1 为焊接元件的单面板实物图。

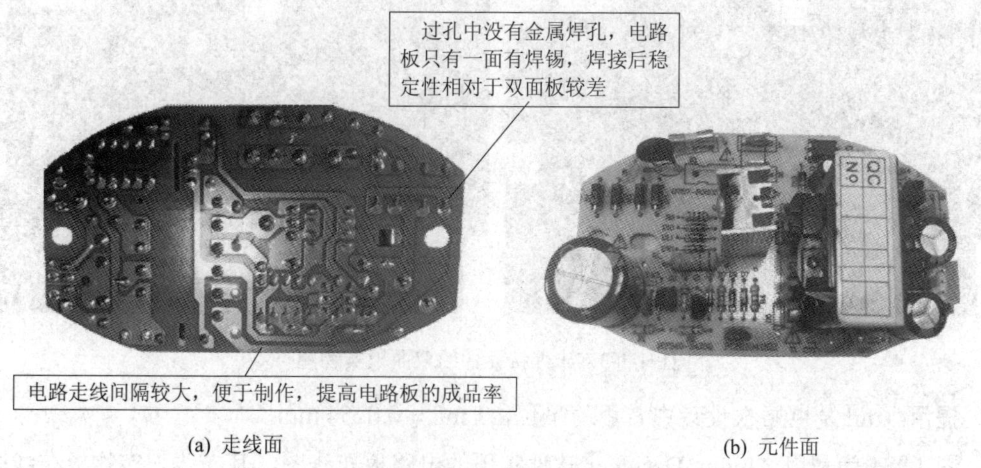

(a) 走线面　　(b) 元件面

图 1-1-1　焊接元件的单面板实物图

建议：相对于其他电路板，在设计单面板元器件封装时，需将焊盘设计得大一些，焊盘孔略大于元器件引线直径，比其他电路板焊盘孔相对小一些，以提高电路板焊接的可靠性。

图 1-1-2 为单面板的布线图，电路板只有反面有线，且走线较简单。对于单面板的布线，其基本规则是导线尽量宽，线间距尽量大，线尽量短，跳线尽量少。

新板中的走线未覆铜处理，且未用扫描仪扫描，以1∶1比例画出，故走线或元件位置略有差异，但不影响总体的正确性

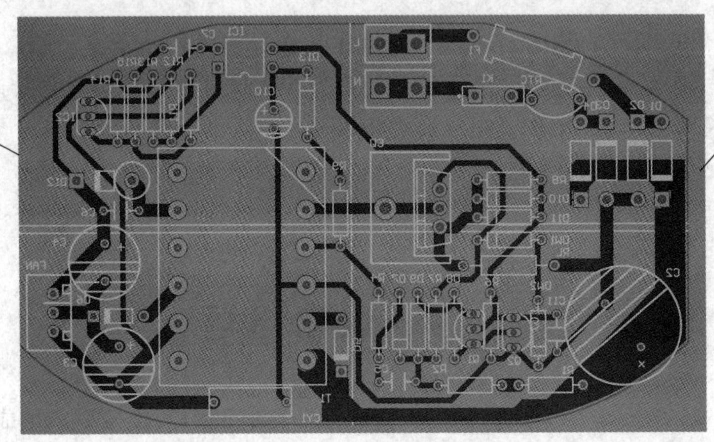

PCB 走线在底层。为了便于读者判别PCB走线是否与原板一致，将新板反向，因此所有文字显示是反的

图 1-1-2　单面板的布线图

1.1.2　双面板

双面板是使用最广的一种电路板，它能满足绝大部分电路的设计要求，且价格适中；在电路板布线时，布线成功率较高；由于有过孔焊盘，因此焊接时焊盘不易损坏，可靠性较高。双面板的制作工艺要求较高，一般企业制作的最小间距为 6 mil。图 1-1-3 为未焊接元件的双面板实物图。由图可以看出，该电路板正反两面都有走线，电路比较复杂。

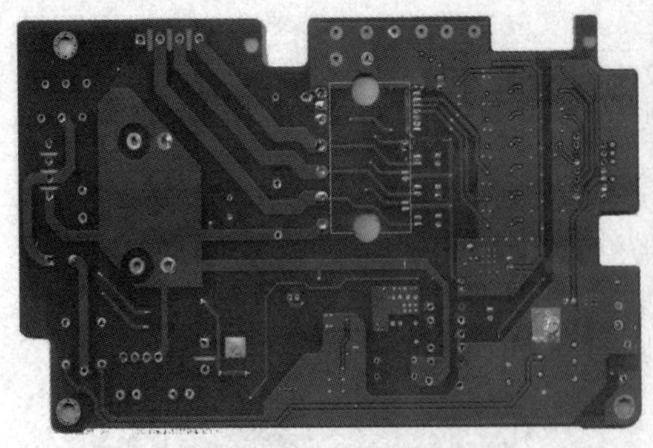
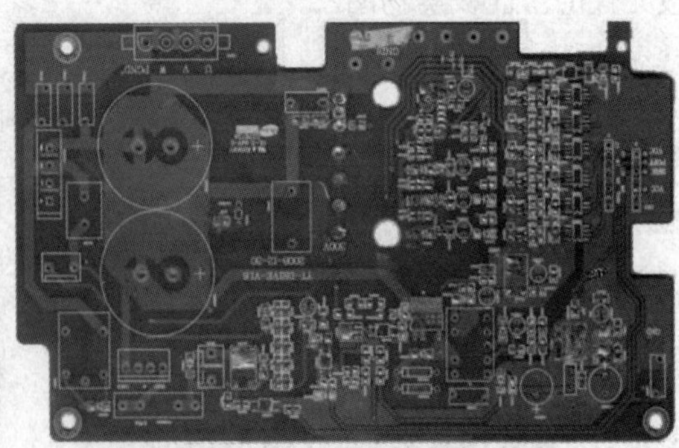

图 1-1-3　未焊接元件的双面板实物图

提示：mil 是电路板设计中常用的单位，1 mil = 0.0254 mm。

图 1-1-4 为利用 Altium Designer 软件实现的电路板布线图，其布线与实物板布线有差异，图中的电路布线比单面板布线复杂得多。

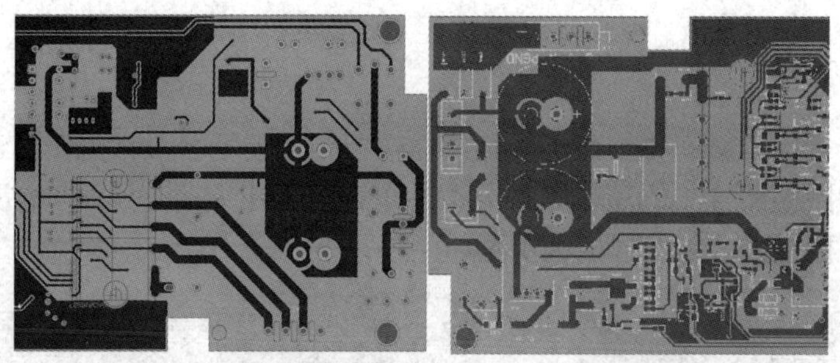

图 1-1-4　利用 Altium Designer 软件实现的电路板布线图

1.1.3　多层电路板

多层电路板是指在电路板中间有导线层，其焊接元件的实物图如图 1-1-5 所示。多层电路板用于电路走线复杂、电磁兼容性要求较高的场合。这种电路板的制作难度较大，电路板制成后如果内部走线出错则无法修改，故内部一般作为电源层和地层，且地层在内部有利于提高电磁的兼容性。

图 1-1-5　焊接元件的多层电路板实物图

图 1-1-6 为利用 Altium Designer 软件实现的多层电路板布线图。由图可以看出，该电路板具有四层走线结构，顶层和底层都放置元件，中间层分别为电源层和地层。

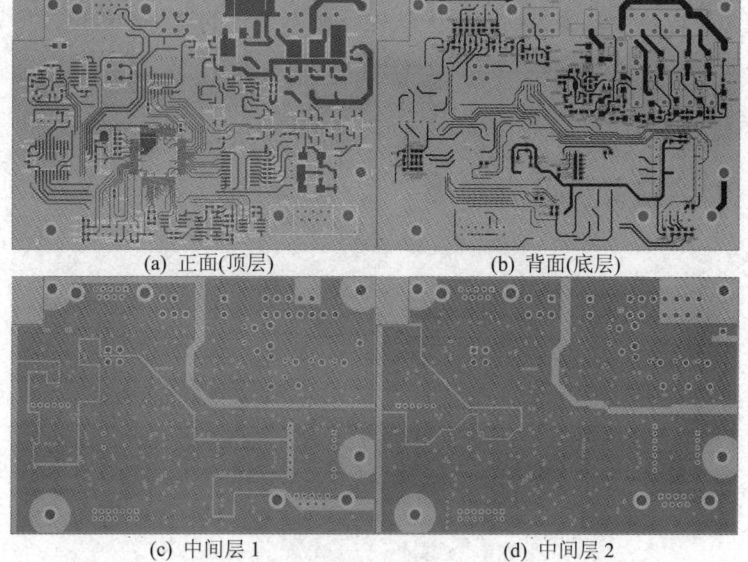

(a) 正面(顶层)　(b) 背面(底层)

(c) 中间层 1　(d) 中间层 2

图 1-1-6　利用 Altium Designer 软件实现的多层电路板布线图

1.1.4　柔性电路板

柔性电路板常用于空间狭小而不规则或需转折连接的场合，常见于显示屏与电路板连接部分，其实物图如图 1-1-7 所示，部分柔性电路板上还焊接有元件。常见的柔性电路板也有单面板和双面板之分，多层板很少见。

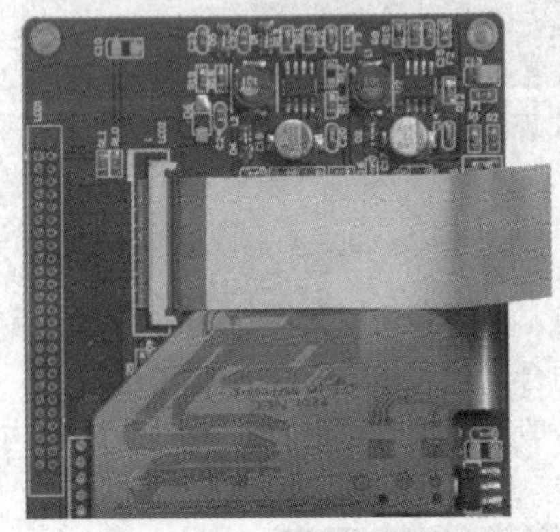

(a) LED显示屏与电路板连接部分的柔性电路板

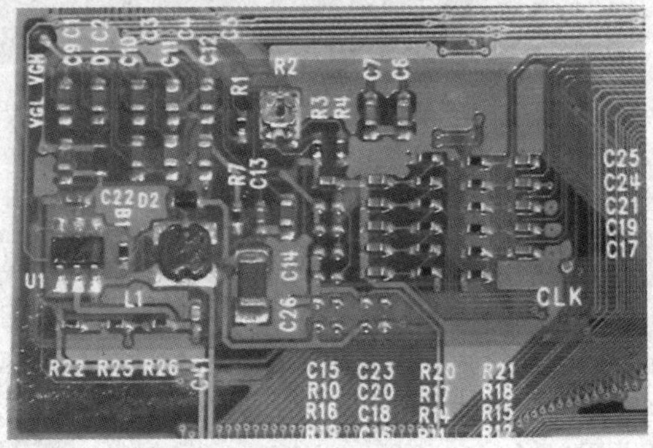

(b) 焊接有元件的柔性电路板

图 1-1-7　柔性电路板的实物图

1.1.5　铝材质电路板

铝材质电路板是电路板中材质比较特殊的一种电路板，其实物图如图 1-1-8 所示。铝材具有很好的导热性能，常见的散热器就是用铝材制作的，如果将散热器和电路做到一起，可有效节省空间，增强散热效果，降低成本。因为氧化铝是绝缘物质，所以在制作电路板之前先对铝材进行氧化绝缘，然后在其上覆铜导线，形成电路。铝材质电路板的缺点是无法制作双面或多层电路板，因为钻孔后无法保证所有过孔的氧化绝缘度，所以目前铝材质电路板只有单面板，常见的有 LED 灯照明电路。

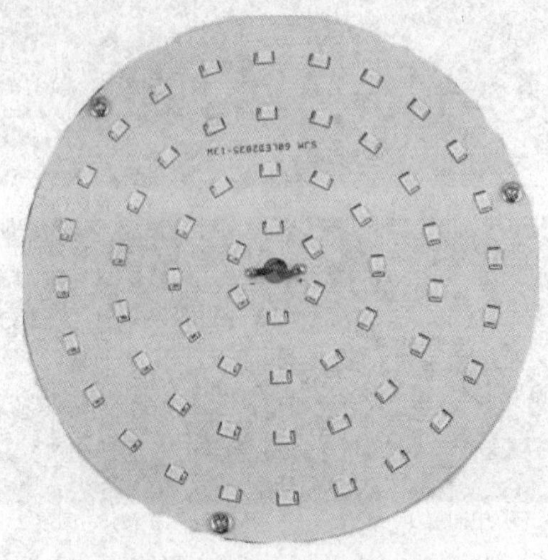

图 1-1-8　铝材质电路板的实物图

1.1.6　实验板

实验板是实验时使用的一种电路板，在对电路的正确性不太确定时，可通过在实验板上焊接电路并进行测试，验证其正确性后再设计具体的电路板。实验板的实物图如图 1-1-9 所示，其分为单面板和双面板，单面板的焊接可靠性没有双面板的好，但价格较低，可根据实际情况选用。这种电路板只适用于实验学习场合，不可将其用于实际产品中。

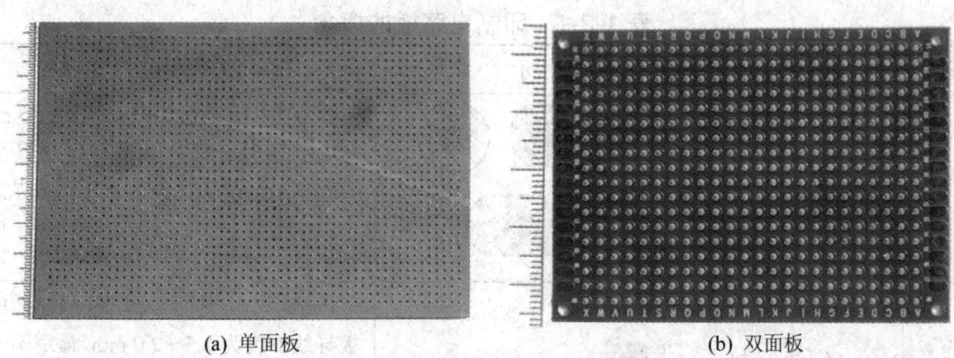

(a) 单面板　　(b) 双面板

图 1-1-9　实验板的实物图

1.2　手工电路板制作

在电路板制作中，目前已很少使用手工制作，一般利用电路设计软件进行设计，将设计好的电路文件交由电路板生产厂商制作电路板。在此简要介绍电路板的手工制作方法，便于初学者手工完成自己的设计。在讲解制作之前先说明电路板制作的要求和几个概念。

1.2.1　电路板制作的要求

电路板的制作除了要考虑元件之间的连接之外，还要考虑元器件布局的合理性和电路安装的可靠性这两个方面。

1．元器件布局的合理性

(1) 容易引起相互干扰的元器件要尽可能远离。

(2) 布线尽可能短而直，以防止自激。

(3) 注意发热元件对周围元件的影响。

(4) 元器件布局不应使印制电路的导线交叉。

2．电路安装的可靠性

(1) 选取合适的导线间距、焊点样式。

(2) 导线与焊点要平滑过渡。

(3) 根据元件封装尺寸确定穿孔位置与直径。

(4) 在同一电路板上尽可能取用相同的导线宽度(除电源线、功率线外)。

(5) 公共地线不能形成环路，以免产生电磁感应。

1.2.2　电路板制作中的几个概念

电路板设计中的概念很多，具体将在后面几章中讲解，在此只说明几个基本概念，如表 1-2-1 所示。表中部分参数与专业电路板生产厂家给的有所不同，如最小间距、最小线宽等，在手工制作时，由经验和细心程度而定。在交由电路板生产厂家生产时，先确定厂家的最佳工艺水平。

表 1-2-1　印制电路板的概念

名称	意　义	图　示	说　明
焊点	元件与印制电路板的连接点	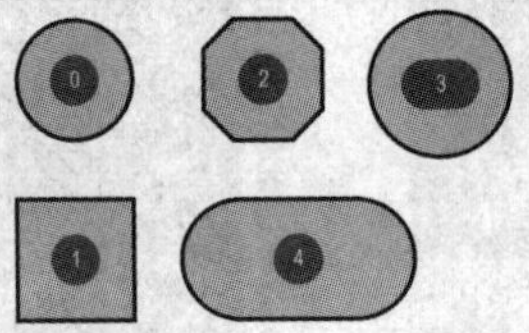	焊点的焊盘直径一般为 0.5～1.5 mm，穿线孔直径一般比元件引脚的直径大 0.2～0.3 mm，太大则焊接不牢。焊盘直径至少需比穿线孔直径大 0.2 mm，过小则焊接不牢
连线	一个焊点到另一个焊点的连接线	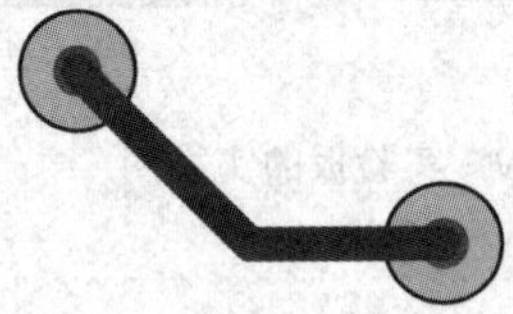	由于手工工艺的限制，一般制作电路板导线宽度为 1.5～2.0 mm，最窄不小于 0.5 mm，流过大电流的印刷导线可放宽到 2～3 mm。电源线和公共地线，在布线允许的条件下可放宽到 4～5 mm，甚至更宽
安全间距	导线与导线之间、导线与焊点之间、焊点与焊点之间所保持的绝缘间距	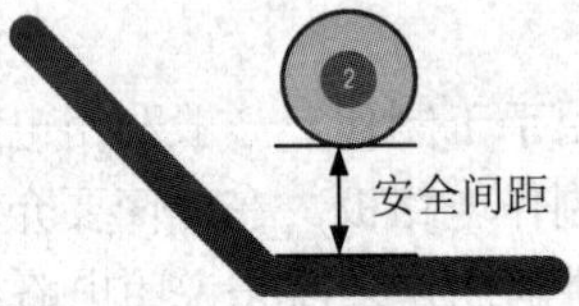 安全间距	电路板导线间的间距直接影响着电路板手工制作的成功率。在制作时一般不得小于 0.5 mm，当应用于高压时，每千伏不得小于 1 mm，且绝缘层需做好，否则间距还需加大
过孔	用于改变走线的板层。过孔是为了实现层与层之间的电路连接	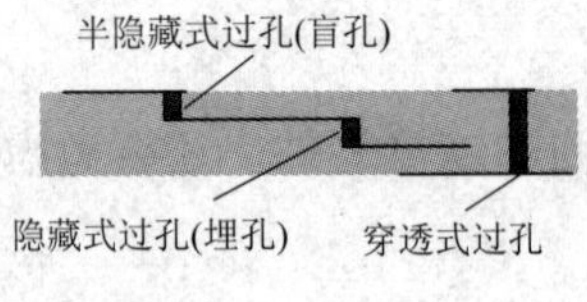 半隐藏式过孔(盲孔) 隐藏式过孔(埋孔)　穿透式过孔	过孔有半隐藏式过孔、隐藏式过孔和穿透式过孔。过孔的主要技术要求是连接具有可靠性，手工制作时一般为单面板，不涉及盲孔和埋孔的问题，只存在穿透式过孔
元件封装	实际元件焊接到印制电路板时的外观与引脚位置(焊点位置)	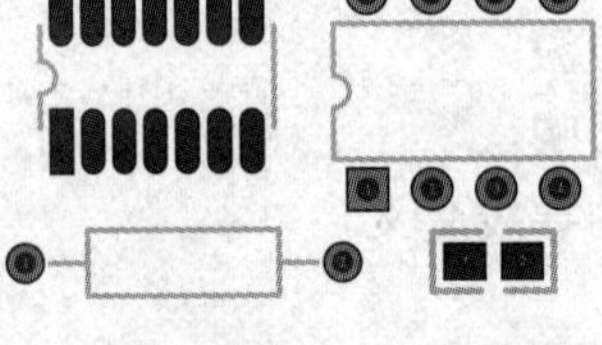	元件封装在印制电路板的设计中扮演着主要角色。因为各元件在印制电路板上都是以元件封装的形式体现的，所以不知道元件封装，就无法进行设计
阻焊层	不沾焊锡，甚至会自动排开焊锡的层面	 有阻焊面　无阻焊面	在焊点以外的地方覆盖一层阻焊层(漆)，可以防止焊锡“跑”到不该有焊锡的地方，并可防止因焊锡溢出引起的短路

1.2.3 电路板的手工制作

电路板的手工制作方法如表 1-2-2 所示。表中所讲的方法可能与其他设计者所用方法不同，具体以手中材料而定。实际上，目前手工制作几乎已被机器雕刻和大规模生产所取代，但在自己学习设计时，使用该方法的设计方案不失为一个简单、低成本的方案。

表 1-2-2 电路板的手工制作方法

序号	步 骤	说 明
1	设计	根据电路板的设计原则，设计出电路板的走线稿件，也可以使用 Altium Designer 软件设计
2	选材	电路板的材质有很多种，对于手工制作而言，只需使用在电子市场上能够买到的即可。常见的材质有以下两种： 酚醛纸基板：其颜色一般为黑黄色或淡黄色，价格便宜，但性能不如环氧酚醛玻璃布板。 环氧酚醛玻璃布板：从外表看为青绿色并有透明感，这种板适用于高频电路并能耐高温，有较好的绝缘性
3	表面处理	由于加工、储存等原因，在覆铜箔层压板的表面会形成一层氧化层，氧化层将影响腐蚀效果，因此，要对覆铜箔层压板表面进行清洗处理，亦可使用细砂纸打磨抛光处理
4	复印设计图	一种方法是将用 Altium Designer 软件设计出的电路板使用打印机以 1:1 比例打印，再将复印纸放在打印出的图纸与覆铜板之间，用笔描出导线部分边框。需注意的是，使用 Altium Designer 软件设计电路板时需将导线设计得较宽。另一种方法是直接用铅笔在覆铜板上画出导线部分的边框。画边框的目的是便于下一步的描涂。在熟练的情况下，这一步可省略
5	描涂防腐蚀层	用防腐蚀物质覆盖边框内部铜箔。覆盖在防腐蚀层上的物质可有很多种，只要不溶于水且不与三氯化铁发生反应即可，常见的有涂改液、指甲油、油漆等
6	腐蚀印刷电路板	将描涂好电路图的覆铜板放入浓度为 28%～42%的三氯化铁水溶液(或双氧水+盐酸+水，比例为 2:1:2 的混合液)中。将板全部浸入溶液后，用排笔轻轻刷扫，待完全腐蚀。为了加快腐蚀速度，可缓缓搅动腐蚀液，浸放时间大约在 30 min 左右
7	清洗	清洗掉电路板上残留的腐蚀液，清洗完成后，需晾干电路板，防止电路板上的铜皮被氧化
8	擦除保护层	边擦除保护层，边观察覆铜板腐蚀情况，即是否保留了需要的导线部分，是否完全腐蚀掉不需要的部分，导线之间无错误“交联”现象。在擦除保护层时，亦可只擦除需要钻孔和焊接元件的部分，保留导线上的保护层，这样还可以起到阻焊的作用
9	钻孔	根据需焊接元件引脚的粗细度选择钻头的大小。电路板上元件引脚孔直径一般在 0.5～2.0 mm 之间。因钻头较细，故在使用时需掌握好力度，保证钻头与电路板垂直，以防弄断钻头

1.3 计算机辅助设计简介

Altium Designer 软件提供了业界第一款完整的板级设计解决方案。其设计集成了原理图输入、基于原理图的 FPGA 设计、XSPICE 混合信号电器仿真、前布线及后布线信号完整性分析、规则驱动电路板布线及编辑等功能。Altium Designer 软件拓宽了板级设计的传统界限，集成了 FPGA 设计功能，将设计流程、集成化 PCB 设计、可编程器件 FPGA 设计和基于处理器设计的嵌入式软件开发功能整合在一起。Altium Designer 软件以强大的设计输入功能为特点，在 FPGA 和板级设计中，同时支持原理图输入和 HDL 硬件描述输入模式。Altium Designer 软件具有以下特点：

(1) 支持 VHDL 的设计仿真、混合信号电路仿真、布局前/后信号完整性分析。Altium Designer 软件的布局布线采用完全规则的驱动模式，并且在 PCB 布线中采用了无网格的 SitusTM 拓扑逻辑自动布线功能。

(2) 基于 Altium Designer 而新推出的支持 Livedesign 的 DXP 平台，使其在整个系统设计流程中充分发挥卓越的性能。

(3) 完全兼容 Protel 98/Protel 99/Protel 99se/Protel DXP 等软件，并提供对 Protel 99se 软件下创建的 DDB 文件的导入功能。

(4) 提供完善的混合信号仿真、布线前后的信号完整性分析功能，为设计实验原理图电路中的某些功能模块提供了方便。

(5) 提供了全新的 FPGA 设计功能，PCB 与 FPGA 设计的系统集成在一起。

(6) Altium Designer 软件将传统的 PCB 设计与数字逻辑电路设计集成起来，突破了传统板级设计的界限，从而使系统电路设计、验证及 CAM 输出功能结合在一起。Altium Designer 软件的 PCB 与 FPGA 引脚的双向同步功能，充分诠释了 Altium 公司为主流设计人员提供易学、易用的 EDA 设计工具的一贯理念。

(7) 与 Protel DXP 软件相比，Altium Designer 软件新增了很多当前用户较为关心的 PCB 设计功能，如支持中文字体、总线布线、差分对布线等，并增强了推挤布线的功能，这些更新极大地满足了对高密板设计的要求。

(8) 通过设计文档包的方式，将原理图编辑、电路仿真、PCB 设计及打印功能有机地结合在一起，提供了一个集成开发环境。

(9) 提供了丰富的原理图组件库和 PCB 封装库，并且为设计新的器件提供了封装向导程序，简化了封装设计过程，提供了对高密度封装(如 BGA)的交互布线功能。

(10) 提供了层次原理图设计方法，支持“自上向下”的设计思想，使大型电路设计的工作组开发成为可能。

(11) 提供了强大的查错功能。原理图中的 ERC(电气规则检查)工具和 PCB 的 DRC(设计规则检查)工具能帮助设计者更快地查出和改正错误。

Altium Designer 软件的功能非常强大，本书只讲解使用该软件设计电路板的方法，适合初学者阅读。通过学习本书，初学者可快速掌握简单电路板的设计。对于使用该软件设计 FPGA、CPLD 和高速仿真电路等复杂功能，本书未涉及。

✦✦✦✦ 习　题 ✦✦✦✦

1．常用的印制电路板有哪几种？分别简述各自的特点。

2．电路板的制作除了要考虑元件之间的连接外还需要考虑哪些方面？

3．分别解释焊点、安全间距、过孔以及元件封装这几个术语的含义。

4. 焊点的焊盘直径为多少？穿线孔直径一般比元件引脚的直径大多少？电路板导线间的间距不得小于多少？

5．简述电路板的手工制作步骤。

第 2 章 原理图元件设计

原理图元件是构成原理图的基本单元，Altium Designer 软件内部集成有绝大部分元件厂商的元件库，每个元件库中有许多同类型的元件。初学者可以从各个库中查找出需要的元器件，故建议读者在学习时先大致浏览一下各个元件库中的元件，便于以后在画图时可以快速调出。Miscellaneous Connectors.IntLib 和 Miscellaneous Devices.IntLib 是两个比较特殊的元件库：Miscellaneous Connectors.IntLib 库文件中是一些常用的接口器件，用于电路板与外部设备互连；Miscellaneous Devices.IntLib 库文件中是一些常用的简单元件，如电阻、电容、变压器、电感等，其常用元件符号请参考附录 B。一些特殊的或比较新的元器件，可能元件库中没有对应的元件符号，这时就需要设计者利用本章所讲知识进行该元件符号的设计。

2.1 元件库的创建

在 Altium Designer 软件中，所有的元件符号都是存储在元件符号库中的，所有有关元件符号的操作都需要通过元件符号库来执行。Altium Designer 软件支持集成元件库和单个的元件符号库，本章将介绍单个的元件符号库。

2.1.1 元件符号库的创建

步骤 1：启动 Altium Designer，关闭所有当前打开的工程。单击“文件”→“新的”→“库”→“原理图库”命令，如图 2-1-1 所示。

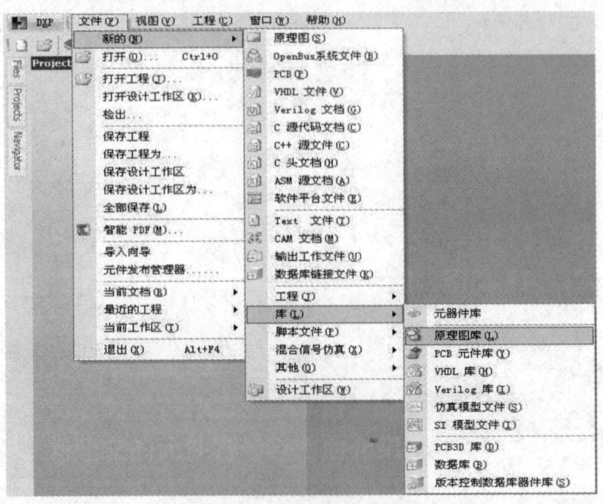

图 2-1-1 新建原理图元件库

步骤 2：此时在工程面板中增加了一个元件库文件，如图 2-1-2 所示，该文件即为新建的元件符号库。新增加的元件库自动命名为“Schlib1.SchLib”。

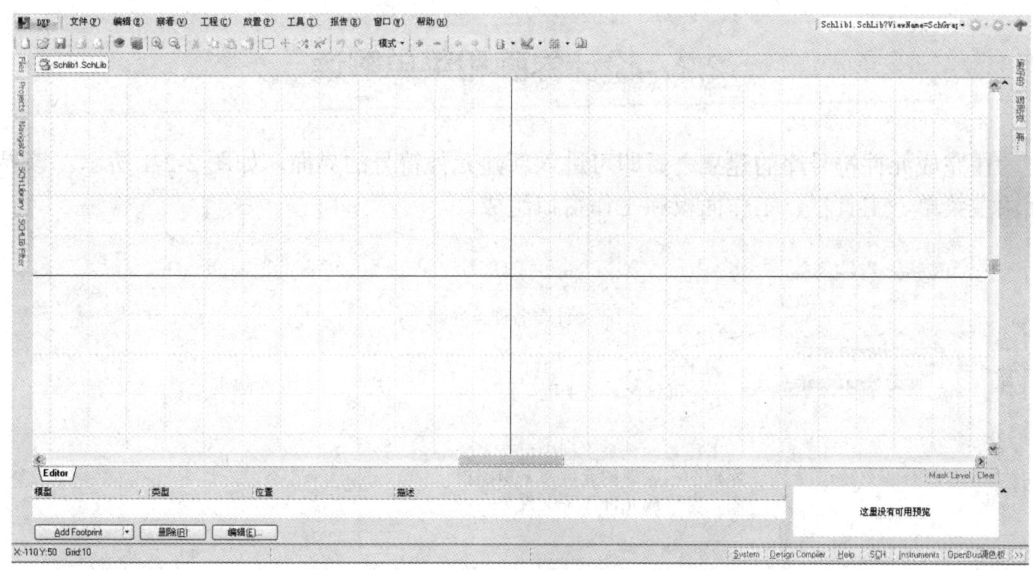

图 2-1-2　新建元件符号库后的工程面板

2.1.2　元件符号库的保存

单击“文件”→“保存”命令，弹出如图 2-1-3 所示的保存新建元件符号库的对话框。在该对话框中输入元件库的名称，选择保存位置，单击“保存”按钮后，元件符号库即可保存在所选择的文件夹中。

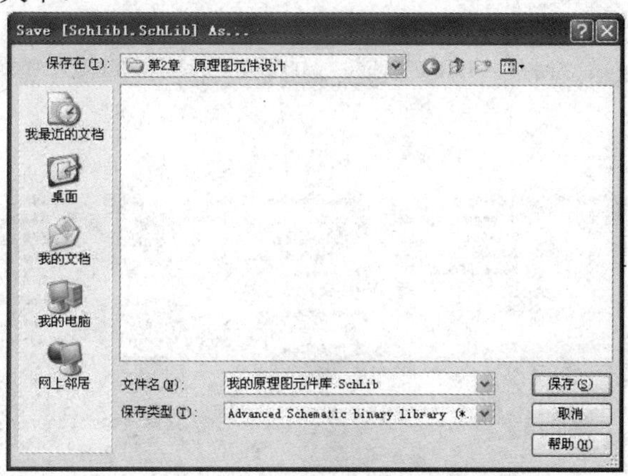

图 2-1-3　保存新建元件符号库的对话框

建议：读者应根据实际设计的元件类别来命名元件库名称，且将不同类别元件放置于不同元件库中，如元件库中全部为按键类元件，则应将元件库命名为“按键.SchLib”，如元件库中全部为接口类元件，则应将元件库命名为“接口.SchLib”。不可使用无特定含义的名称，如图 2-1-3 中的“我的原理图元件库.SchLib”，更不能采用默认名称“Schlib1.SchLib”。

读者应将自己设计的元件库保存在特定的文件夹中，建议不要放在 C 盘，更不要使用 Altium Designer 软件默认的文件夹，防止重新安装系统或软件时被误删除。

2.2 设计界面和菜单解读

在完成元件符号库的建立之后即可进入新建元件符号的界面，如图 2-2-1 所示。该界面由主菜单、工具栏、工作面板和工作窗口组成。

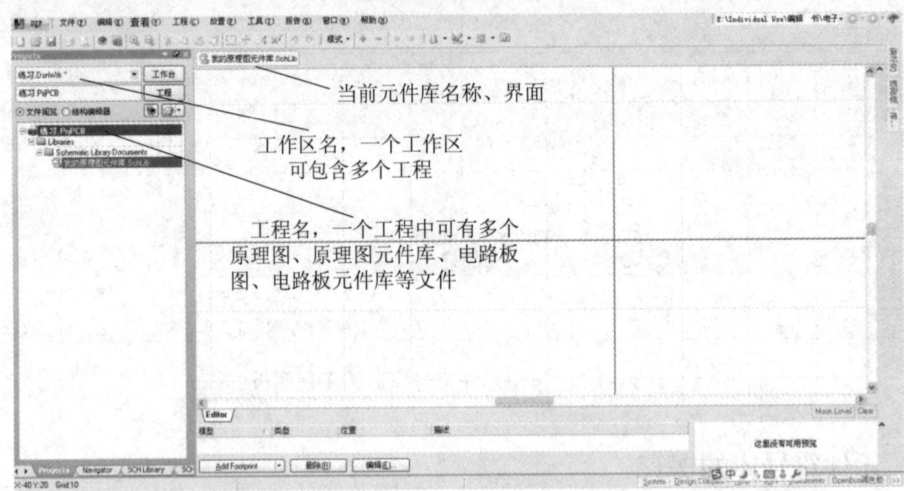

图 2-2-1 新建元件符号的界面

1. 主菜单

在主菜单中，可以找到所有绘制新元件符号所需要的操作，这些操作分为几栏，如图 2-2-2 所示。

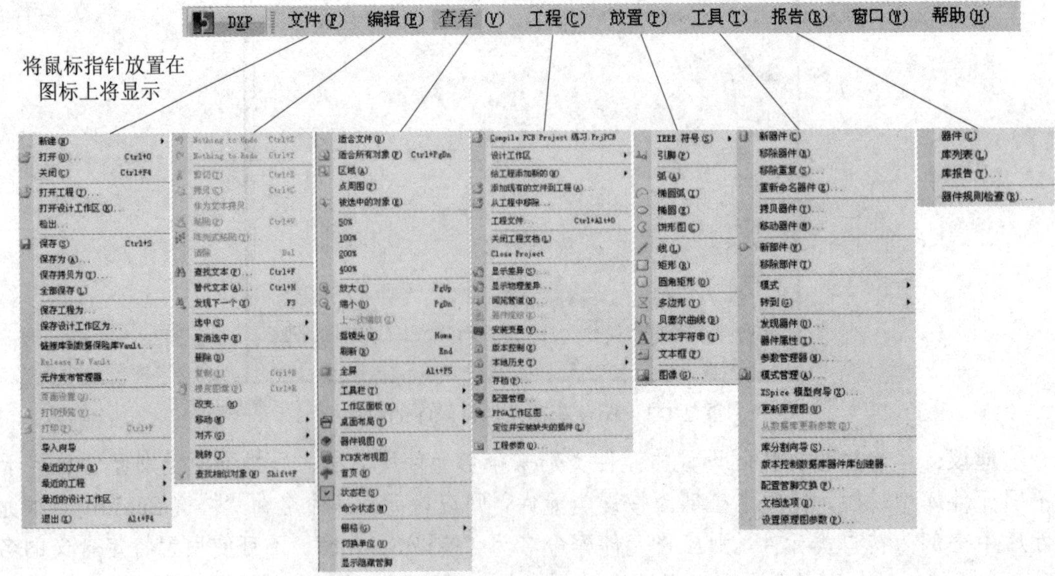

图 2-2-2 绘制元件符号界面中的主菜单

(1) 文件：主要用于各种文件操作，包括新建、打开、保存等功能。

(2) 编辑：用于完成各种编辑操作，包括撤销/取消撤销、选取/取消选取、复制、粘贴、剪切等功能。

(3) 查看：用于视图操作，包括工作窗口的放大/缩小、打开/关闭工具栏和显示栅格等功能。

(4) 工程：用于对工程进行操作。

(5) 放置：用于放置元件符号的组成部分。

(6) 工具：用于为设计者提供各种工具，包括新建/重命名元件符号、选择元件等工具。

(7) 报告：用于产生元件符号检错报表，提供测量功能。

(8) 窗口：用于改变窗口的显示方式，切换窗口。

(9) 帮助：用于为用户提供帮助。

2．工具栏

工具栏包括“标准”工具栏、“模式”工具栏、“实用”工具栏和“导航”工具栏，如图 2-2-3 所示。

将鼠标指针放置在图标上会显示该图标对应的功能说明，工具栏中所有的功能在主菜单中均可找到。

3．工作面板

在元件符号库文件设计中常用的面板为 SCH Library 面板，单击右下角的“SCH”→“SCH Library”，将显示出该面板，如图 2-2-4 所示。

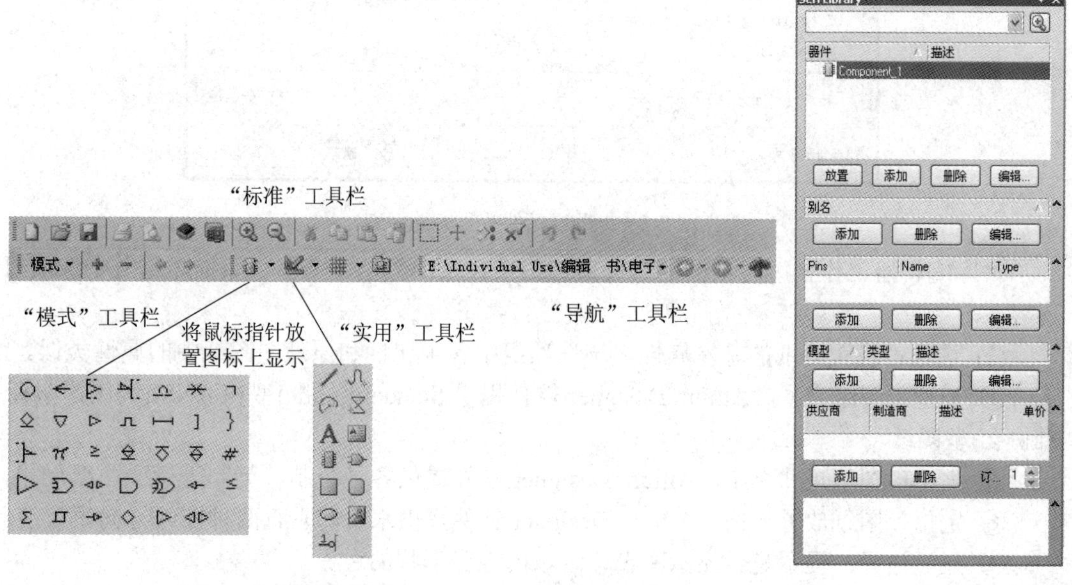

图 2-2-3　工具栏

图 2-2-4　SCH Library 面板

在面板中的操作分为两类：一类是对元件符号库中符号的操作；另一类是对当前激活符号引脚的操作。

2.3　创建单个元件

Altium Designer 软件通过元件符号库来管理所有的元件符号，因此，在新建一个元件符号前需要为这个新建的元件符号建一个元件符号库。在完成元件符号库的保存后，即可开始对元件符号库图纸进行设置。这一步一般可以省略，采用默认设置即可。

2.3.1　设置图纸

单击“工具”→“文档选项”命令或在库设计窗口中单击鼠标右键选择“选项”→“文档选项”选项来启动“库编辑器工作台”对话框(如图 2-3-1 所示)，在该对话框中即可设置元件符号库的图纸。

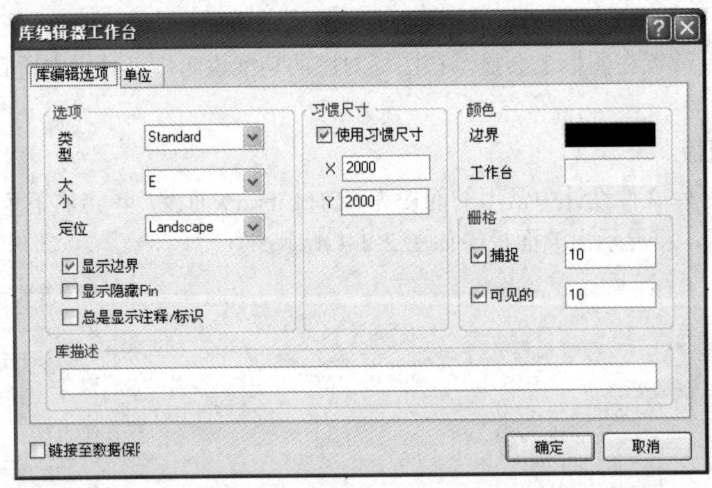

图 2-3-1　设置元件符号库的图纸

“库编辑器工作台”对话框中有选项、习惯尺寸、颜色、栅格、库描述这五个选项组内容。

(1) 选项：设置图纸的基本属性。该选项组中各项属性和原理图图纸中的属性类似。

① 类型：图纸类型。Altium Designer 软件提供 Standard(标准)型和 ANSI(美国国家标准协会)型图纸。

② 大小：图纸尺寸大小。Altium Designer 软件提供各种公制、英制等标准图纸尺寸。

③ 定位：图纸放置方向。Altium Designer 软件提供水平和垂直两种图纸方向。

④ 显示边界：提示是否显示库设计区域的十字形状的边界。

⑤ 显示隐藏 Pin：显示元件的隐藏管脚。

(2) 习惯尺寸：元件符号库中可以采用自定义图纸。在该栏的文本框中可以输入自定义图纸的大小。

(3) 颜色：设置图纸中的颜色属性。

① 边界：图纸边框颜色。

② 工作台：图纸颜色。

(4) 栅格：设置图纸栅格。该选项组是设置元件符号库图纸中最重要的一个选项组，其中各项属性如下：

① 捕捉：锁定栅格间距，此项设置将影响鼠标指针的移动，在移动过程中将以设置值为基本单位。

② 可见的：可视栅格，此项用于设置图纸中可见栅格之间的距离，一般将两个值设置为 10。

(5) 库描述：在该栏中可以输入对元件库的描述。

注意：读者应将栅格中的“捕捉”选项选中，放置元件引脚时需特别注意，引脚端必须在捕捉点上，否则在画原理图时会出现连线连接不上元器件引脚的问题。

捕捉设置值应为 10，不可随意更改，因为画原理图时也默认捕捉设置值为 10，如果两处的参数不同，则将该元件放入原理图后，画连接线可能会存在连接不上的问题。

2.3.2　新建、重命名和打开一个元件符号

1．新建元件符号

在完成新建元件库的建立及保存后，将自动新建一个元件符号，如图 2-2-4 所示。也可以采用另一种方法新建元件符号，即单击“工具”→“新器件”命令或在库设计窗口中单击鼠标右键选择“工具”→“新器件”选项，弹出图 2-3-2 所示的对话框，在该对话框中输入元件的名称，单击“确定”按钮即可新建一个元件符号。

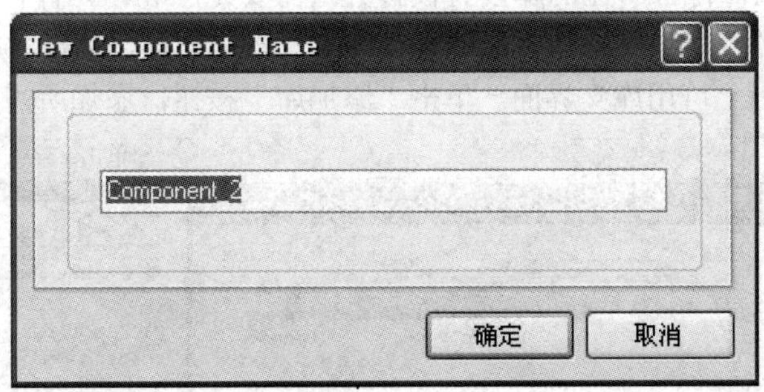

图 2-3-2　新建一个元件符号

2．重命名元件符号

为了方便元件符号的管理，命名时需要具有一定的实际意义，通常的情况就是直接采用元件芯片的名称作为元件符号的名称。

重命名元件名称的方法有多种，单击“工具”→“重新命名器件”命令，弹出如图 2-3-2 所示的对话框，修改名称即可。在元件符号库浏览器中选中一个元件符号后，单击“编辑”或在工作区用鼠标右键选择“工具”→“器件属性”或单击“工具”→“器件属性”命令，弹出如图 2-3-3 所示的对话框，修改“Symbol Reference”和“Default Comment”选项，即可完成对元件符号的重命名操作。

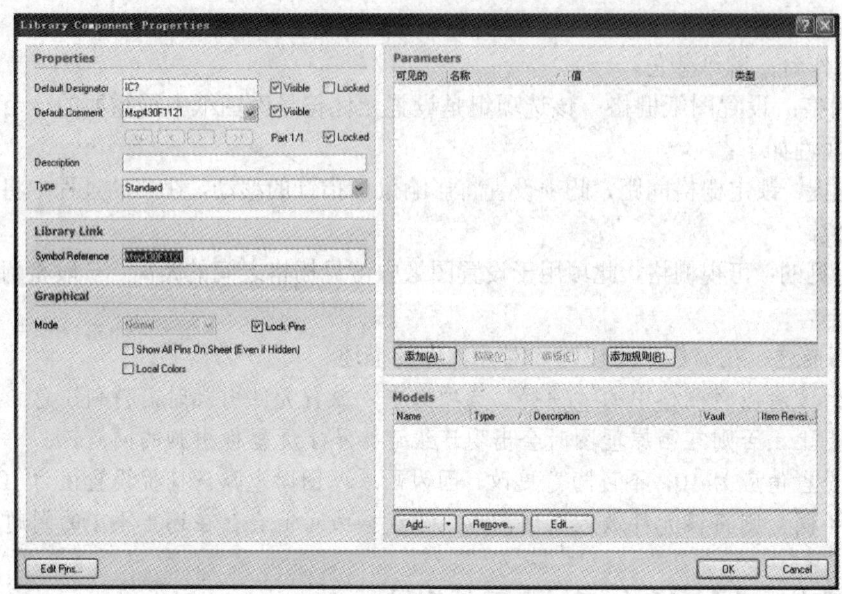

图 2-3-3　元件符号重命名

建议：先浏览 Altium Designer 软件自带的元件库，观察别人的命名方法，如电阻、可调电阻、排电阻等，初学者常常会知道几个元件类似且不同，就是不知该如何命名，应先通过软件学习命名方法，不可随意命名，如果命名没有规律，会导致下次无法找到该元件进行重复利用。

3. 打开已经存在的元件符号

步骤 1：如果元件符号所在的库没有被打开，需要先加载该元件符号库，如图 2-3-4 所示。单击界面右侧的“库...”按钮，显示出“库...”工作面板，单击“库...”工作面板中的“库...”按钮，弹出“可用库”界面。单击“添加库”按钮，添加所需元件所在的库文件。

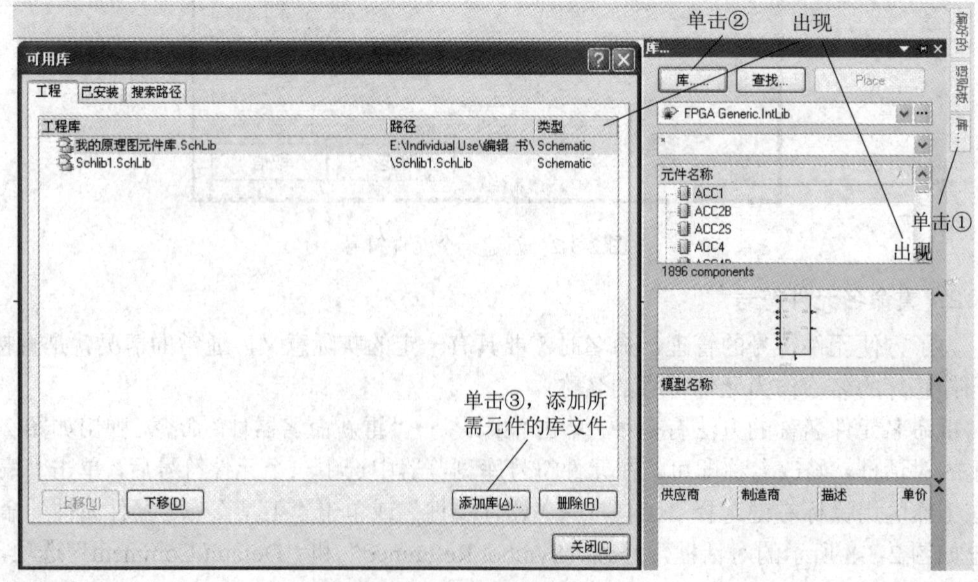

图 2-3-4　加载元件符号库

步骤 2：在工作面板的元件符号库浏览器中寻找想要打开的元件符号，并选中该符号，单击“Projects”→“Compiled Libraries”命令，双击“Miscellaneous Devices.IntLib”库文件，生成“Miscellaneous Devices.LibPkg”文件包，该文件包包含“Miscellaneous Devices.PcbLib”和“Miscellaneous Devices.SchLib”两个文件：一个为 Pcb 库，另一个为 Sch 库，如图 2-3-5 所示。

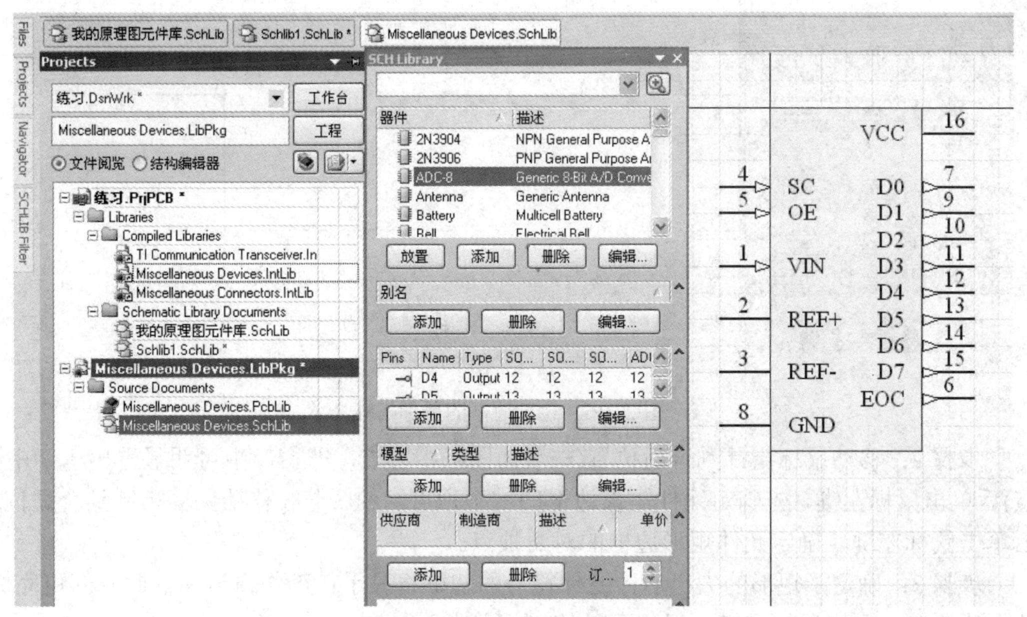

图 2-3-5　选择元件符号

步骤 3：双击该元件符号，元件符号被打开并进入对该元件符号的编辑状态，此时可以编辑元件符号。

建议：不要随意修改软件自带的库文件，如需修改内部部分元件，可将该元件拷贝到自己设计的元件库中进行修改。

注意：部分元件根据实际需要隐藏了元件引脚，如 74 系列元件的电源和地引脚，一般在画原理图时，这两引脚默认接“VCC”和“GND”网络，可通过修改属性，显示隐藏的引脚。读者一般无须怀疑软件自带库存在错误，如无法确定对错，可按照自己的想法新建一个同样的元件。

2.3.3　绘制元件符号边框

新建并命名好一个元件后，就需要绘制元件符号，首先需要绘制一个边框来连接元件所有的引脚。一般情况下，采用矩形(长方形)或者圆角矩形作为元件符号的边框。绘制矩形和圆角矩形边框的操作方法相同，下面介绍其具体的操作方法。

步骤 1：单击如图 2-2-3 所示的“实用”工具栏中的“　”→“　”按钮，鼠标指针将变成十字形状并附有一个矩形的边框显示在工作窗口中，如图 2-3-6 所示。

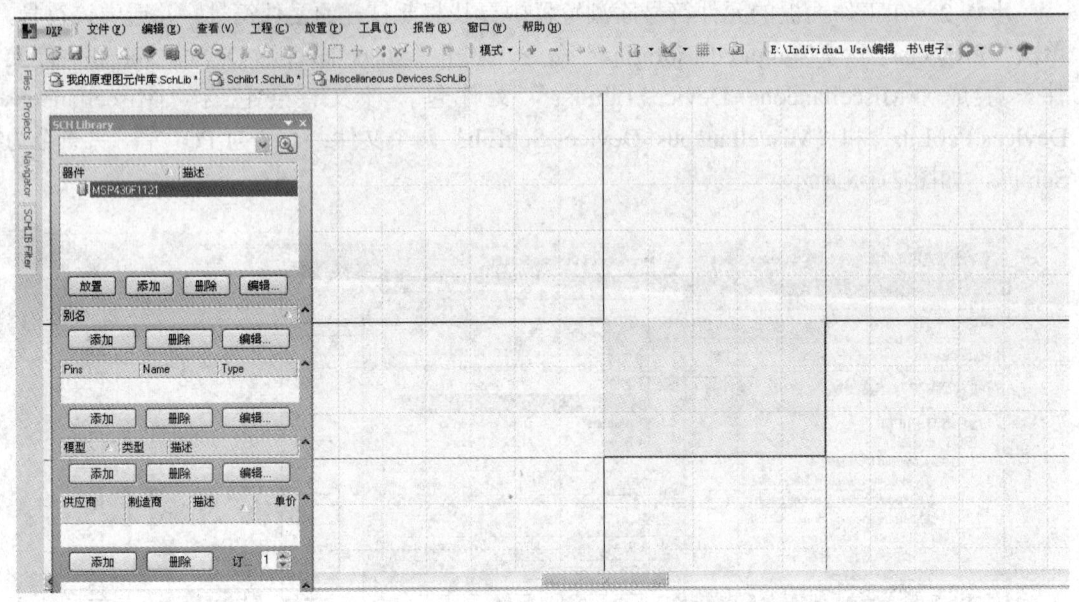

图 2-3-6　绘制边框的鼠标指针

步骤 2：移动鼠标指针到合适位置(一般为图纸中心点，即窗口中可明显看出十字中心点)后单击鼠标左键，先确定元件矩形边框的一个顶点，然后继续移动鼠标指针到合适位置后单击鼠标左键，确定元件矩形边框的对角顶点。

步骤 3：确定了矩形的大小后，元件符号的边框将显示在工作窗口中，此时即可完成边框的绘制，单击鼠标右键，退出元件绘制的状态。

步骤 4：绘制边框完成后，再对边框的属性进行编辑。双击元件符号边框即可打开“长方形”对话框，如图 2-3-7 所示，在该对话框中可对边框的属性进行编辑。

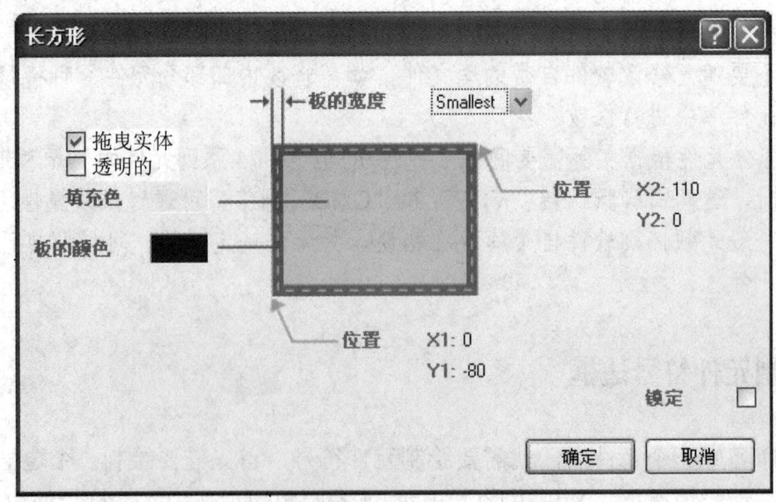

图 2-3-7　“长方形”对话框

“长方形”对话框中各项属性的含义如下所述。

(1) 拖曳实体：用选定的颜色填充元件符号边框。

(2) 透明的：不选择“拖曳实体”选项，选择此选项，则边框内部透明。

(3) 填充色：元件符号边框的填充颜色。

(4) 板的颜色：元件符号边框颜色。

(5) 板的宽度：元件符号边框线宽。Altium Designer 提供 Smallest、Small、Medium 和 Large 共四种线宽。

(6) 位置：确定元件符号边框的位置和大小，是元件符号边框属性中最重要的部分。元件符号边框大小的选取应该根据元件的多少来决定，具体来讲，边框要能容纳下所有的引脚，但又不能太大，否则会影响到原理图的美观。

注意：除了“位置”选项之外，元件符号边框的各种属性通常情况下保持默认设置，且“位置”选项的参数一般也不在该对话框中修改，而是通过画图确定的。

建议：不要通过修改“位置”选项的参数修改边框大小，一般直接在工作窗口中单击边框，使边框处于选中状态，边框的边角上含有多个控制点，移动鼠标指针到控制点上，按住鼠标并拖动，即可调整边框的大小。

2.3.4　放置引脚

绘制好元件符号边框后，即可开始放置元件的引脚，引脚需要依附在元件符号的边框上。在完成引脚放置后，还要对引脚属性进行编辑，具体操作步骤如下所述。

步骤 1：单击如图 2-2-3 所示的“实用”工具栏中的“ ”→“ ”按钮或单击“放置”→“引脚”命令，鼠标指针变成十字形状并附有一个元件符号显示在工作窗口中，如图 2-3-8 所示。

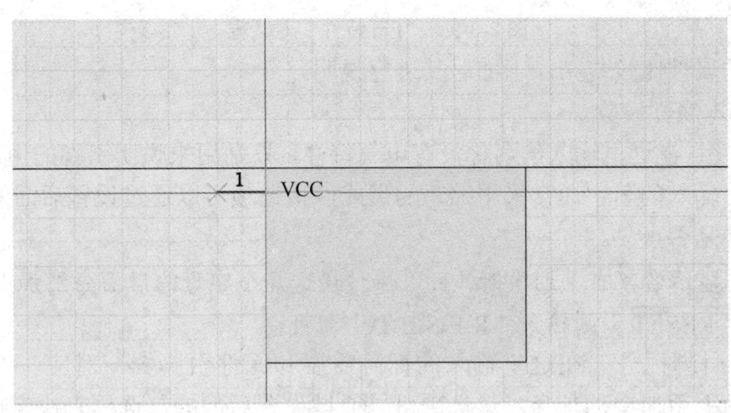

图 2-3-8　放置引脚时的鼠标指针

步骤 2：按 Tab 键，弹出“Pin 特性”对话框，设置引脚的基本属性、符号、外观等，如图 2-3-9 所示。以下为该对话框中各项的含义。

(1) 基本属性：如设置引脚名称、标识、电气类型等基本属性。

(2) 符号：设置引脚符号。

(3) VHDL 参数：设置引脚的 VHDL 参数。

(4) 绘图的：可以设置引脚的位置、长度、颜色等基本属性。

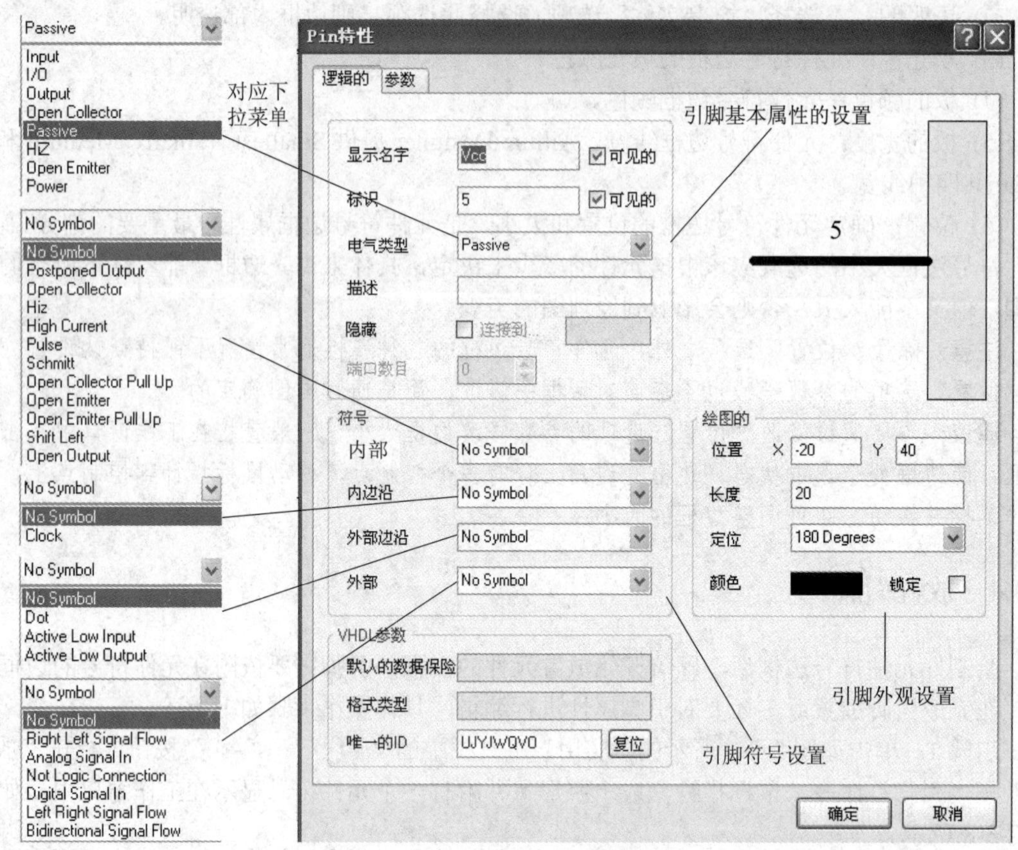

图 2-3-9　“Pin 特性”对话框

设置引脚的属性比较复杂，下面对其进行说明。

(1) 引脚基本属性设置。

① 显示名字：在这里输入的名称没有电气特性，只是用来说明引脚的用途。为了元件符号的美观性，输入的名字通常采用缩写的形式，该选项可以通过设置后面的复选框来决定名字在符号中是否可见。

技巧：如需显示名字有上划线时，可以通过在这几个字母的后面分别加上“\”号来实现，如需显示“$\overline{\text{RESET}}$”则输入“R\E\S\E\T\”即可。

② 标识：引脚标号。在这里输入的标号需要和元件引脚一一对应，建议用户绘制元件时都采用数据手册中的信息。该选项可以通过设置后面的复选框来决定在符号中是否可见。

③ 电气类型：单击该下拉列表，可看到引脚的电气类型有很多种，以下为其常用项的含义。

◆ Input：输入引脚，用于输入信号。

◆ I/O：输入/输出引脚，既有输入信号，又有输出信号。

◆ Output：输出引脚，用于输出信号。

◆ Open Collector：集电极开路引脚。

◆ Passive：无源引脚。

◆ Hiz：高阻抗引脚。

◆ Open Emitter：发射极开路引脚。

◆ Power：电源引脚。

建议：如不使用软件的仿真和自动错误检测功能，则该选项可不选。建议用户如知道该引脚的电气特性则可选择；如不知，则可选择默认的“No Symbol”选项，切记不要随便选择。

④ 描述：引脚的描述文字，用于描述引脚功能。

⑤ 隐藏：设置引脚是否显示。

(2) 引脚符号设置。引脚符号设置栏包含四项参数，各参数的默认设置均为“No Symbol”选项，表示引脚符号没有特殊设置。各项的特殊设置包括以下几个方面。

① 内部：引脚内部符号设置。以下为其下拉列表中各项的含义。

◆ Postponed Output：暂缓性输出符号。

◆ Open Collector：集电极开路符号。

◆ Hiz：高阻抗符号。

◆ High Current：高电流符号。

◆ Pulse：脉冲符号。

◆ Schmitt：施密特触发输入特性符号。

◆ Open Collector Pull Up：集电极开路上拉符号。

◆ Open Emitter：发射极开路符号。

◆ Open Emitter Pull Up：发射极开路上拉符号。

◆ Shift Left：移位输出符号。

◆ Open Output：开路输出符号。

建议：如不使用软件的仿真和自动错误检测功能，则该选项可不选。建议用户如知道该引脚的电气特性则可选择；如不知，则可选择默认的“No Symbol”选项，不要随便选择。

② 内边沿：引脚内部边缘符号设置。该下拉列表中只有唯一的一种符号 Clock，表示该引脚为参考时钟。

③ 外部边沿：引脚外部边缘符号设置。以下为其下拉列表中各项的含义。

◆ Dot：圆点符号引脚，用于负逻辑工作场合。

◆ Active Low Input：低电平有效输入。

◆ Active Low Output：低电平有效输出。

建议：如不使用软件的仿真和自动错误检测功能，则该选项可不选。建议用户如知道该引脚的电气特性则可选择，如不知，则可采用默认的“No Symbol”选项，不要随便选择。

④ 外部：引脚外部边缘符号设置。以下为其下拉列表中各项的含义。

◆ Right Left Signal Flow：从右到左的信号流向符号。

◆ Analog Signal In：模拟信号输入符号。

◆ Not Logic Connection：无逻辑连接符号。

◆ Digital Signal In：数字信号输入符号。

◆ Left Right Signal Flow：从左到右的信号流向符号。

◆ Bidirectional Signal Flow：双向的信号流向方向。

建议：如不使用软件的仿真和自动错误检测功能，则该选项可不选。建议用户如知道该引脚的电气特性则可选择；如不知，则可采用默认的“No Symbol”选项，不要随便选择。

(3) 引脚外观设置。引脚外观设置选项组中各项内容的含义如下所述。

① 位置：设置引脚的位置。该选项一般不做设置，可以通过移动鼠标来实现。

② 长度：设置引脚的长度。此选项可以设置元件的长短，默认值是 30 mil。

③ 定位：设置引脚的旋转角度。

④ 颜色：设置引脚的颜色。

⑤ 锁定：设置引脚是否锁定。

建议：引脚的长度默认为 30 mil，建议使用 10 mil(如电阻、电容、电感等一些无须显示“显示名字”和“标识”的元件)或 20 mil(需显示“显示名字”和“标识”的元件)，30 mil 较长，在原理图中占图纸的空间较大。

注意：引脚的长度需使用 10 mil 的整数倍(如 10 mil、20 mil、30 mil 等)，不可使用 12 mil、15 mil、18 mil 等长度，因为无论是原理图、原理图库还是软件自带原理图库的栅格捕获，默认长度都是 10 mil。

步骤 3：移动鼠标指针到合适位置，单击鼠标放置引脚。

注意：在放置引脚时，会有红色的“×”标记提示，这个红色的“×”标记是引脚的电气特性，元件引脚有电气特性的一边一定要远离元件边框的外端，如果放置出错，则在原理图设计时，连上导线的该元件引脚无电气特性。

步骤 4：此时鼠标指针仍处于图 2-3-7 所示的状态，重复步骤 2，可以继续放置其他引脚。

步骤 5：单击鼠标右键或者按 Esc 键即可退出放置引脚的操作。

技巧：在放置引脚的过程中通常需要旋转引脚，旋转引脚的操作很简单，在步骤 1 或步骤 2 中，按 Space 键即可完成对引脚的旋转。

建议：在元件引脚比较多的情况下，没有必要一次性放置所有的引脚。可以对元件引脚进行分组，使功能相同或相似的引脚归为一组，放置引脚时以组为单位进行放置即可。

注意：应先放置边框，再放置引脚，这样边框在底层，引脚在上层，可以在边框内看出引脚名称，如果先放置引脚，再放置边框，则边框将引脚名称遮挡，无法看出引脚名称，且笔者未发现更改层顺序的方法。

2.3.5 为元件符号添加模型

元件符号模型主要有 Footprint 模型、Simulation 模型和 PCB 模型，制作 PCB 必须具备的模型为 Footprint 模型，其添加步骤如下所述。

步骤 1：在原理图元件库编辑环境中，单击主菜单中的“工具”→“器件属性”命令，弹出如图 2-3-10 所示的设置器件属性对话框。

步骤 2：在设置器件属性的对话框的右下角区域，单击“Add”按钮，弹出如图 2-3-10 右侧所示的“添加新模型”对话框，在该对话框中选择“Footprint”选项。

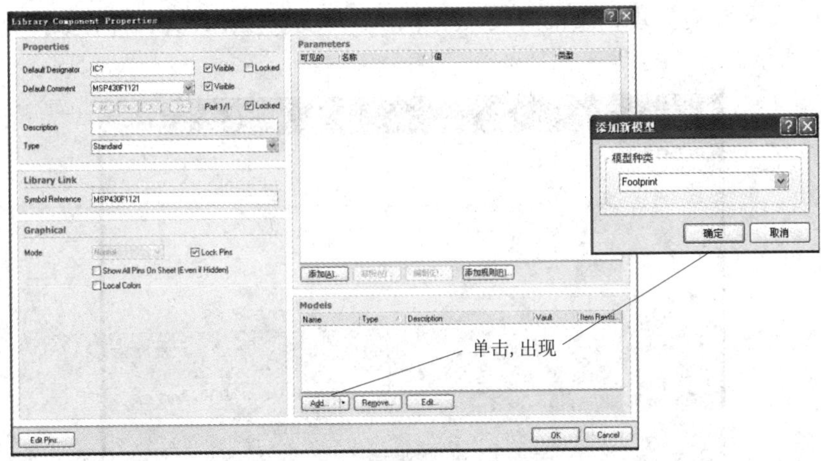

图 2-3-10　设置器件属性的对话框

步骤 3：单击“确定”按钮，弹出“PCB 模型”对话框，如图 2-3-11 所示。

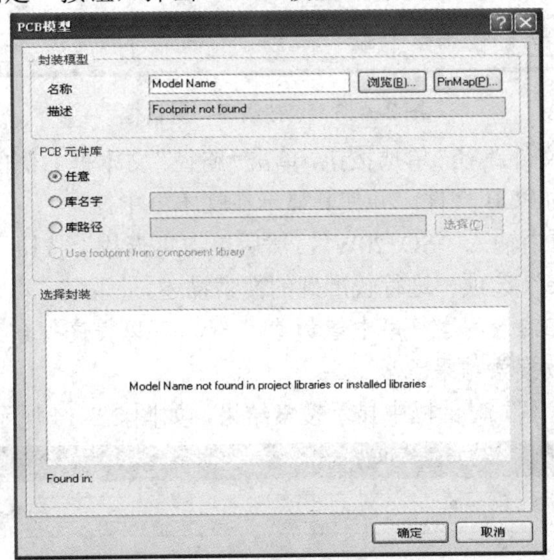

图 2-3-11　“PCB 模型”对话框

步骤 4：在“PCB 模型”对话框中单击“浏览”按钮，弹出“浏览库”对话框，如图 2-3-12 所示。

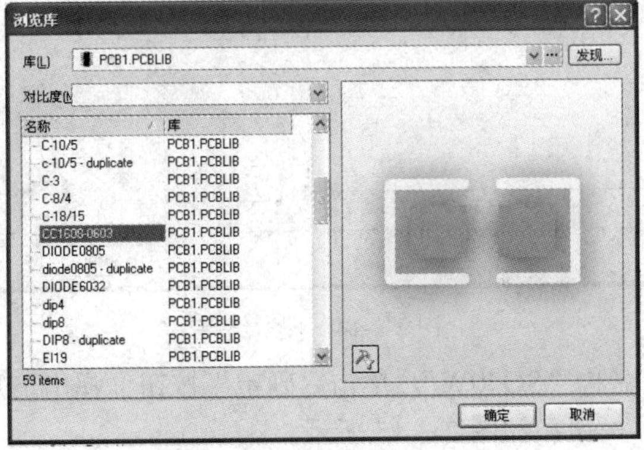

图 2-3-12　“浏览库”对话框

步骤 5：如果没有发现需要的封装，则单击“发现”按钮，弹出“搜索库”对话框，如图 2-3-13 所示。

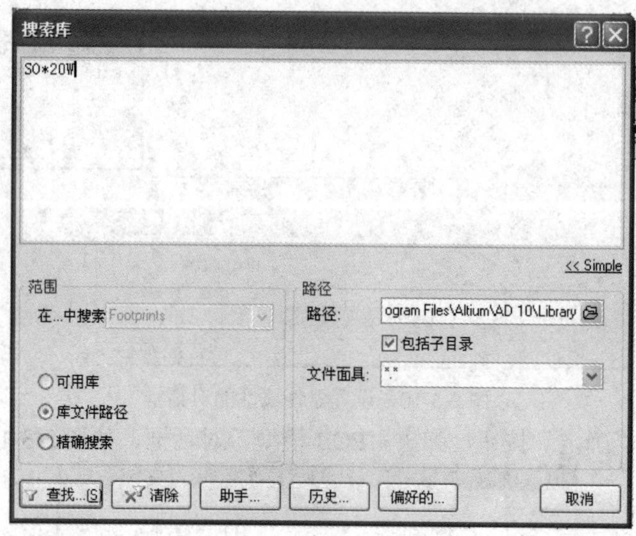

图 2-3-13　“搜索库”对话框

步骤 6：选中“库文件路径”单选按钮，单击“路径”文本框右侧的按钮，找到 Altium Designer 安装文件夹的 PCB 文件，并使其显示在文本框中。

步骤 7：在搜索框中输入“SO*20W”，然后单击“查找”按钮，即可开始搜索。亦可单击右下边的“Simple”选项，进行较准确的搜索描述。

技巧：搜索时，在输入的字符串中增加“*”号，可以提高搜索到目标封装的概率，但同时又增加了许多无效搜索结果。

步骤 8：在“浏览库”对话框中显示搜索结果，如图 2-3-14 所示。

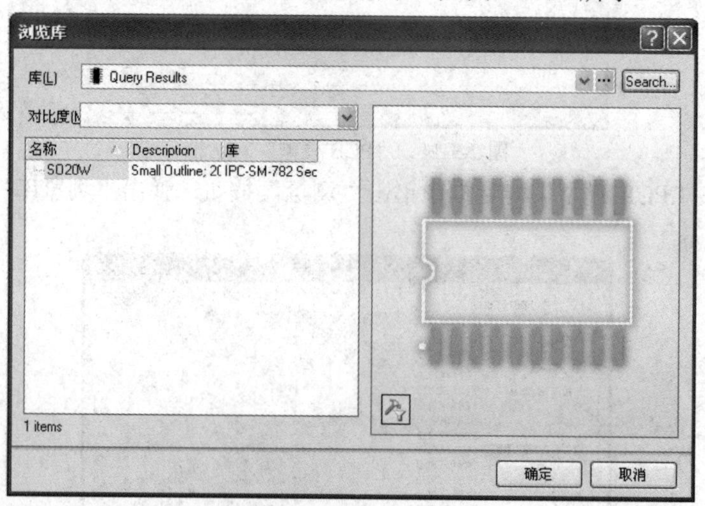

图 2-3-14　搜索结果

步骤 9：选中封装名称“SO20W”，单击“确定”按钮。弹出信息提示框，提示是否安装库文件，单击“是”按钮，如图 2-3-15 所示。

图 2-3-15　提示安装库

步骤 10：如果封装添加成功，在“PCB 模型”对话框的“选择封装”区域即可出现已经添加的封装，如图 2-3-16 所示。

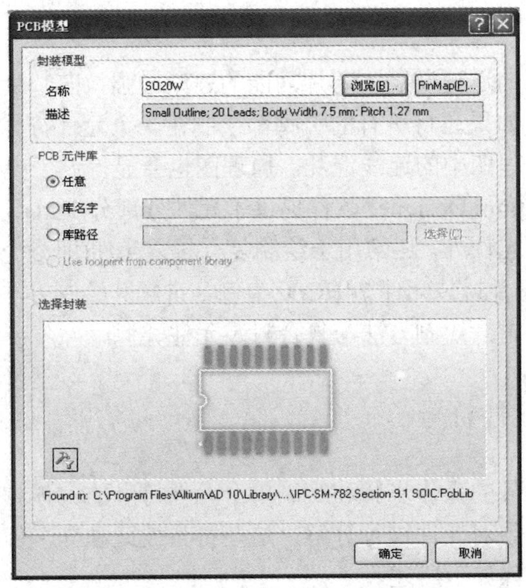

图 2-3-16　显示选择的封装

步骤 11：最后添加封装后的元件如图 2-3-17 所示。

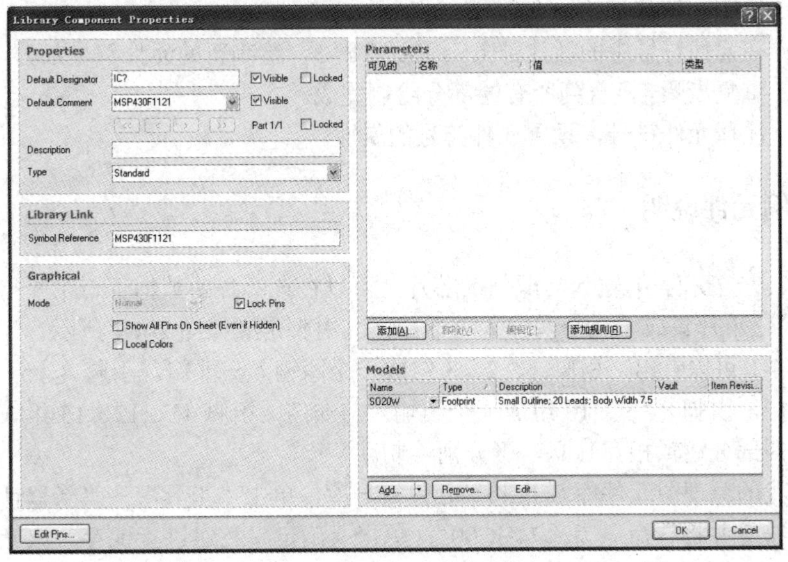

图 2-3-17　已经成功添加封装的元件

建议：在不知道元件 Footprint 模型的名称时，建议查询元器件数据手册，一般在首页或尾页附有封装说明。

如果搜索不到元件 Footprint 模型的名称，就需要读者参考第 4 章自行设计，建议设计时命名的名称需与数据手册定义的一致，便于以后设计时可以重复应用。

2.4　创建复合封装元件

随着芯片集成技术的迅速发展，芯片功能的逐渐增强，芯片上的引脚数目也变得越来越多，在这种情况下，如果还将所有的引脚都绘制在一个元件符号上，那么元件符号将会变得过于复杂，导致原理图中的连线混乱，原理图也会显得过于庞杂，难以管理。

针对这种情况，Altium Designer 软件提供了元件分部分(Part)绘制的方法，分部分绘制原理图除了用于多引脚元件外，还常用于绘制复合封装元件(即一个封装元件中有多个重复的部分)。下面以绘制复合封装元件 74HC00 为例，讲解其绘制方法，对于多引脚元件的分解由具体元件的功能而定，绘制方法与复合封装元件类似。

2.4.1　分部分绘制元件符号

分部分绘制元件符号的操作步骤和绘制单个元件符号的大体相同，流程也类似，只是分部分绘制元件符号必须对元件进行分解，这些符号彼此独立，但都从属于一个元件。分部分绘制元件符号的步骤如下所述。

步骤 1：新建一个元件符号，并命名保存。

步骤 2：对芯片的引脚进行分组。

步骤 3：绘制元件符号的一个部分。

步骤 4：在元件符号中的新建部分，重复步骤 3，绘制新的元件符号部分。

步骤 5：重复步骤 4，直到所有的部分绘制完成。

步骤 6：注释元件符号，设置元件符号的属性。

2.4.2　示例元件说明

74HC00 是一款四-二输入与非门的芯片，可以在该芯片的数据手册中查得。该芯片共有 14 个引脚，单片集成了 4 个两输入与非门，其引脚定义如图 2-4-1 所示。

由图 2-4-1 可以看出，引脚 1、2、3 组成一个两输入与非门，引脚 4、5、6 组成一个两输入与非门，引脚 8、9、10 组成一个两输入与非门，引脚 11、12、13 组成一个两输入与非门，这四部分逻辑相互独立，可分别绘制。

打开“我的原理图元件库.SchLib”元件符号库，单击“工具”→“新器件”命令，新建一个元件符号并将它命名为“74HC00”，单击“确定”按钮进行保存，该元件将展示在元件符号库浏览器中。新建立的元件符号与前面介绍的“MSP430F1121”同处于一个元件库中，如图 2-4-2 所示。

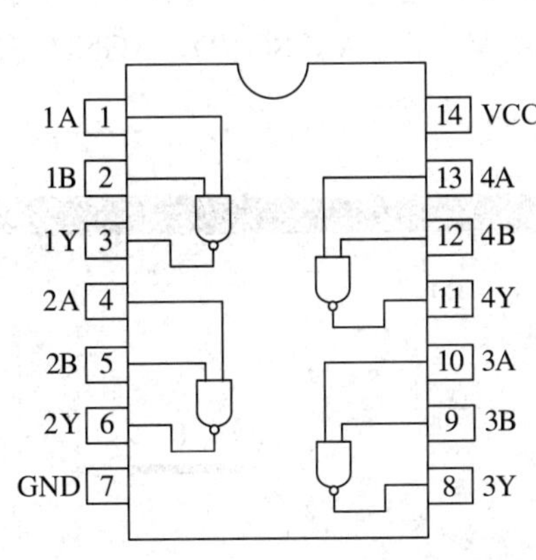

图 2-4-1　74HC00 引脚定义

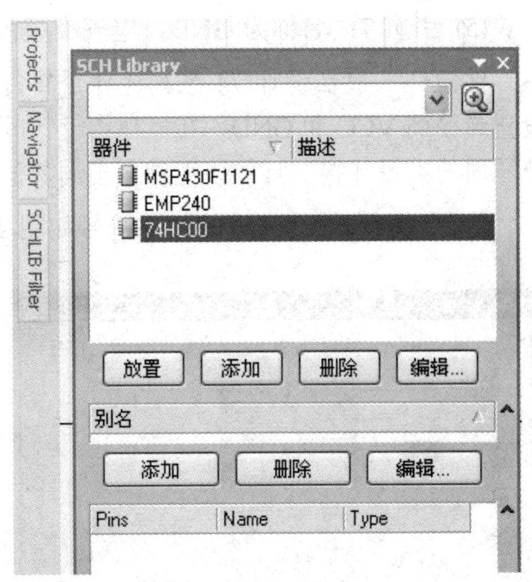

图 2-4-2　元件符号列表

2.4.3　绘制元件符号的一个部分

在完成元件符号的创建之后，可以开始在工作窗口中绘制整个元件的第一部分，其绘制方法和整个元件的绘制方法相同。

绘制一个长方形的边框，且内部透明，再添加上引脚，然后对元件符号进行注解。绘制过程基本上采用“实用”工具栏中的按钮即可完成，其绘制步骤如下所述。

步骤 1：依次单击“实用”工具栏中的“”和“”按钮，进入绘制边框状态。

步骤 2：双击元件符号边框，打开“长方形”对话框，不选择“拖曳实体”选项，选择“透明的”选项，单击“确定”按钮，可参考图 2-3-7。

技巧：如果感觉当边框中的颜色设置成“透明的”后，边框线有点细，可将“长方形”对话框中“板的宽度”改成“Small”，边框线的颜色可改成蓝色。

步骤 3：按照国标要求，在边框内写上“&”字符，依次单击“实用”工具栏中的“”和“A”按钮，按 Tab 键修改文本和字体，修改完成后单击放置即可。

技巧：放置字符后，由于栅格具有捕捉功能，可能无法将字符放置在用户想要的位置，这时可选择“工具”→“文档选项”，进入“库编辑器工作台”对话框，将栅格的“捕捉”选项不选中，确定后即可将字符放置在任意位置。切记在放置完成后，必须将栅格的“捕捉”选项再次选中。

步骤 4：放置引脚，在元件的第一部分由引脚 1、2、3 组成一个两输入与非门，加上引脚 14 的 VCC 和引脚 7 的 GND。以下为这 5 个引脚属性的设置。

(1) 引脚 1：名称为 1A，电气类型为 Input。

(2) 引脚 2：名称为 1B，电气类型为 Input。

(3) 引脚 3：名称为 1C，电气类型为 Output，外部边沿为 Dot。

(4) 引脚 14：名称为 VCC，电气类型为 Power，选中“隐藏”属性，连接到“VCC”。

(5) 引脚 7：名称为 GND，电气类型为 Power，选中“隐藏”属性，连接到“GND”。

注意：一般在设计 74 系列元件逻辑符号时，会将 VCC 和 GND 引脚隐藏，并将内部设置连接到 VCC 和 GND，在原理图设计时需特别注意此点，因为在原理图设计时，为了区分不同的电源连接，可能该引脚会接到其他网络上，如+5 V、+3.3 V、SGND、AGND 等。

绘制过程和最终完成的元件符号如图 2-4-3 所示。

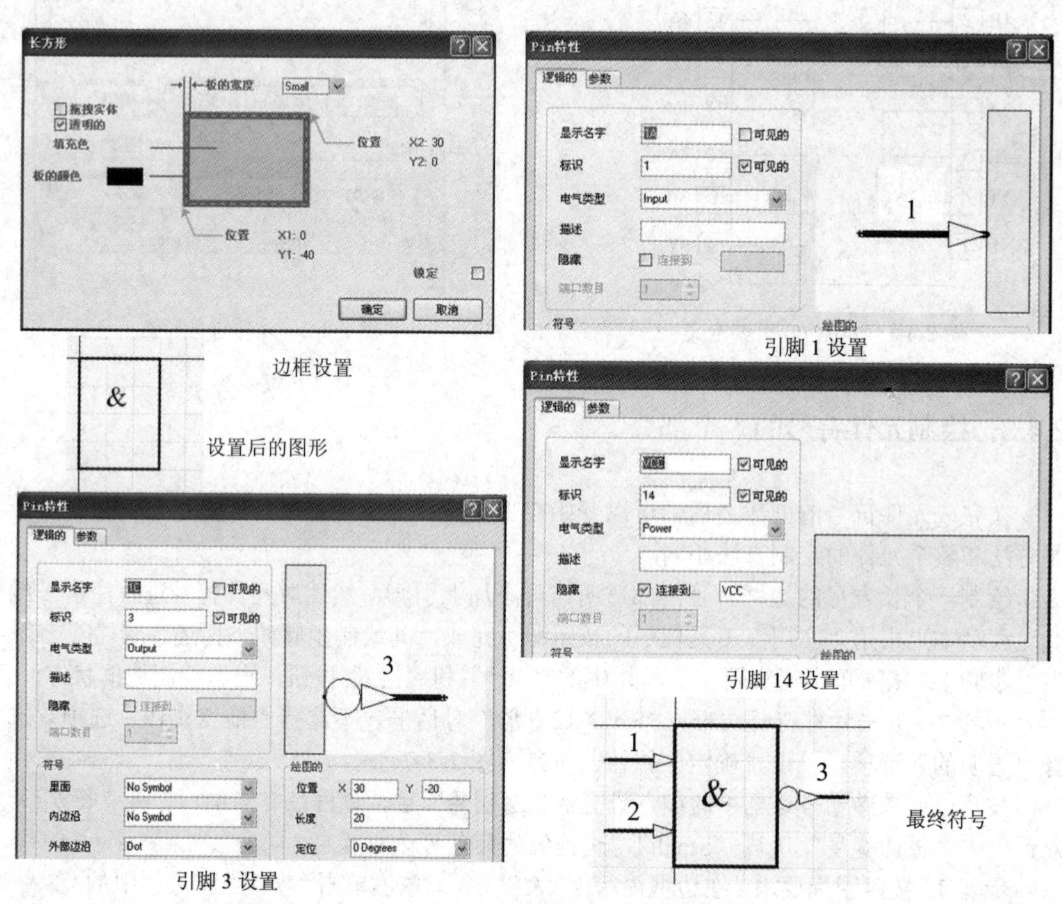

图 2-4-3 绘制过程和最终完成的元件符号

2.4.4 绘制元件符号的另一个部分

在完成元件符号第一部分的绘制后，单击“工具”→“新部件”命令即可新建另一个部分，该部分在元件符号库浏览器中能够显示出来。此时即可在工作窗口中绘制新的元件符号部分。如果设计者对于元件部分的划分或者绘制不满意，可以在元件符号库浏览器中选中对应部分，单击“工具”→“移除部件”命令，直接删除该部分。

元件“74HC00”一共由四个部分组成，这四个部分的符号非常相似，只有引脚名称和标号的区别，图 2-4-4 为绘制的第二部分。

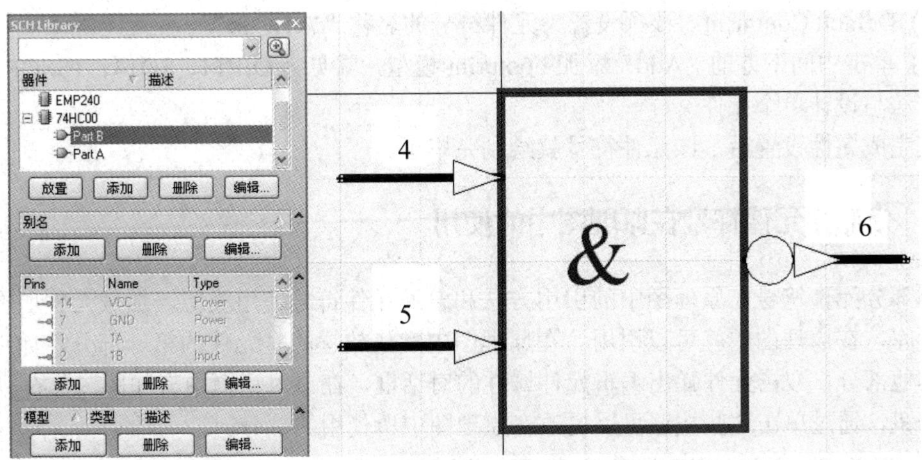

图 2-4-4　“74HC00”的第二部分

按照相同的方法将第三部分、第四部分绘制完成。

2.4.5　设置元件符号属性

完成各个部分的绘制后，单击“工具”→“器件属性”命令，打开“器件属性”对话框，如图 2-4-5 所示。

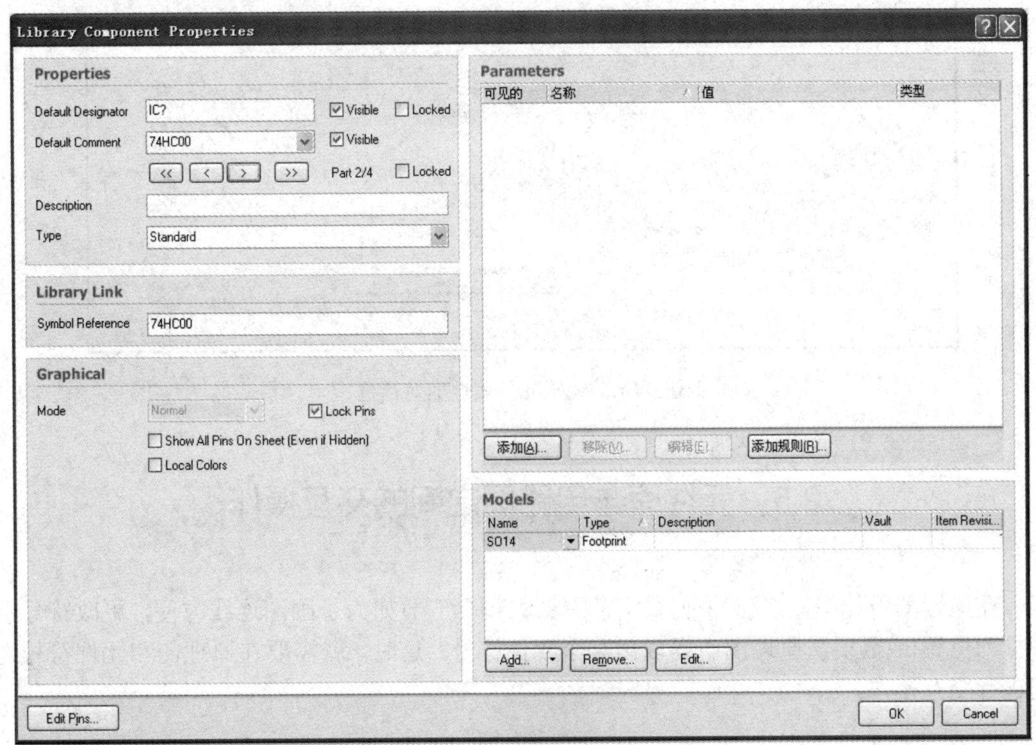

图 2-4-5　“器件属性”对话框

将元件“74HC00”的属性设置如下所述。

(1) Defeult Designator：该项设置为“IC?”。

(2) Default Comment：该项设置为元件符号的名称“74HC00”。

(3) 单击中间下方的“Add”添加 Footprint 模型，常见为 DIP14、SO14、TSSOP14 等，添加方法与设计单个元件一样。

在完成属性设置后，该元件符号就绘制完毕了。

2.4.6　分部分元件符号在原理图中的使用

分部分元件符号在原理图中的引用方法和普通元件符号使用类似，加载元件所在的元件符号库，在原理图中就可以引用。在原理图中默认放置的是元件的第一部分，如果想要使用其他部分，双击元件弹出编辑元件属性的对话框，在该对话框中有如图 2-4-6 所示的一排按钮，通过单击这些按钮可以更改在原理图中所使用的部分。

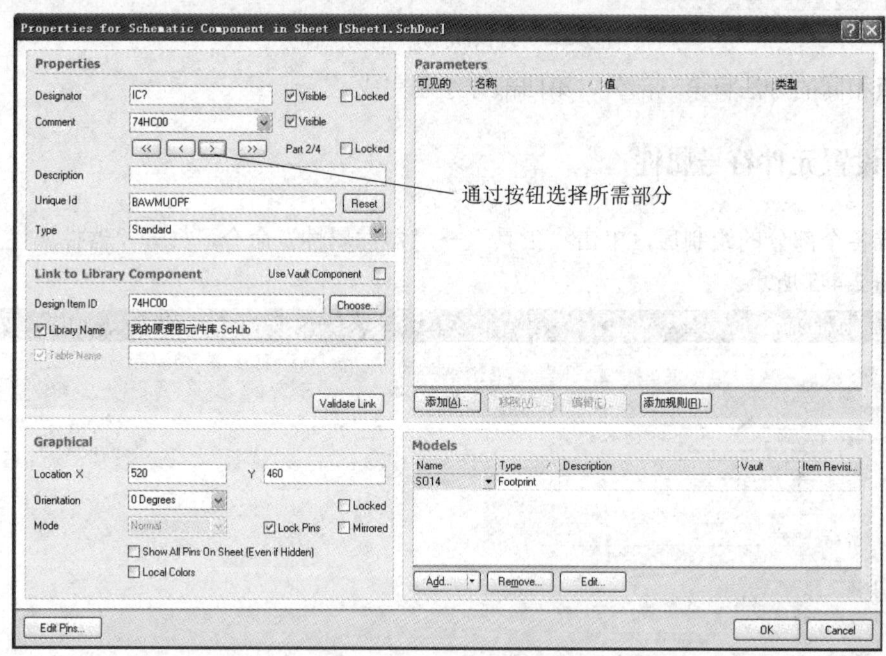

图 2-4-6　编辑元件属性的对话框

2.5　元件库与电路图之间的交互操作

在原理图设计中，常因种种原因需要修改元件符号(如为了画图连线方便，更改符号引脚排列位置)或需要从原理图中提取出某个元件符号，这时，就需要在原理图和元件符号之间进行交互操作。

2.5.1　从原理图生成元件库

从原理图中生成元件库的步骤如下所述。

步骤 1：单击“设计”→“生成原理图库”命令，生成原理图库文件，在生成过程中如果存在同名元件有两种符号或内部定义参数存在差异，则弹出如图 2-5-1 所示的“复制的元件”对话框。

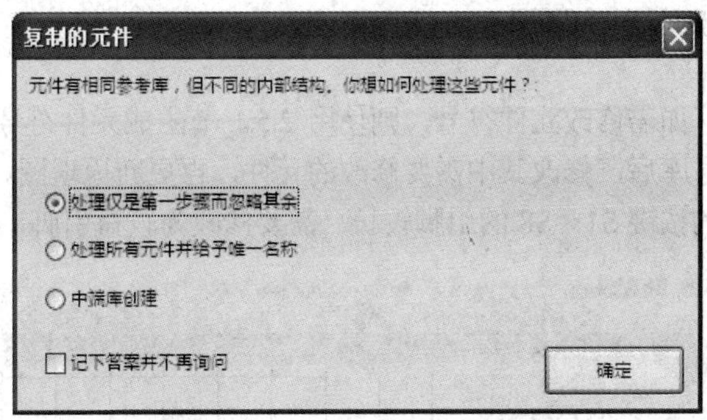

图 2-5-1　“复制的元件”对话框

步骤 2：单击“确定”按钮，弹出如图 2-5-2 所示的信息提示框，提示生成的元件符号库中元件的个数。

图 2-5-2　信息提示框

步骤 3：单击“OK”按钮，生成的元件符号库如图 2-5-3 所示。

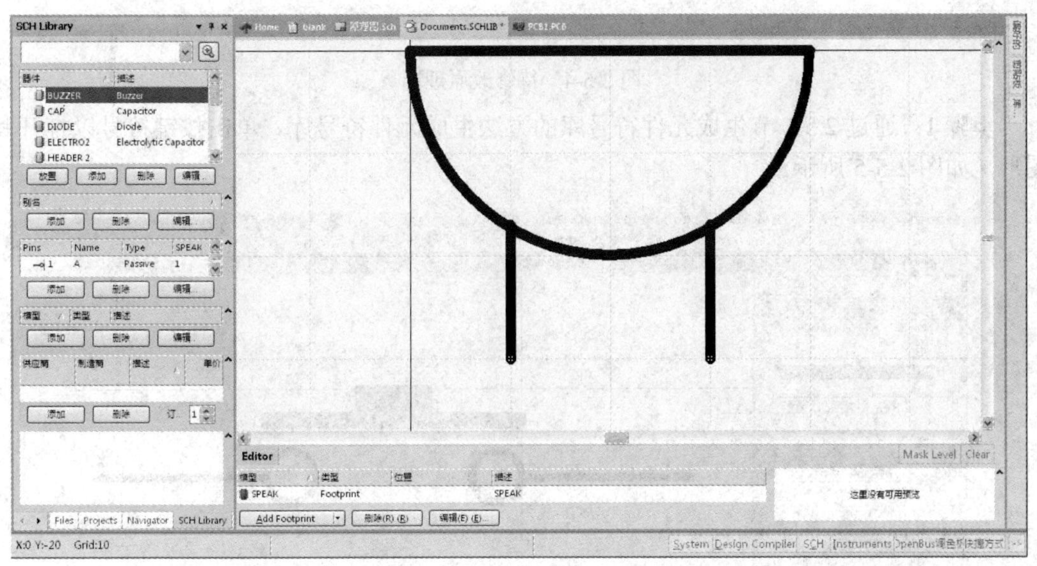

图 2-5-3　生成的元件符号库

生成的元件符号库自动命名为工程名，如工程名为“Documents.PrjPcb”，则生成的元件符号库名为“Documents.SCHLIB”。保存生成的元件符号库。

从原理图中不仅可以生成元件符号库，还可以生成集成库，步骤与生成元件符号库一致，单击“设计”→“生成集成库”命令，一步一步地生成即可。

2.5.2　通过元件库更新原理图

在画好原理图后，如需修改元件符号，则使用 2.5.1 节生成元件符号库的方法生成元件符号库。在生成元件符号库后，修改其中需要修改的元件，再更新原理图。例如，图 2-5-4 为待修改的原理图，图中的按键 S1～S8 的引脚较长，需要修改为较短引脚，其操作步骤如下。

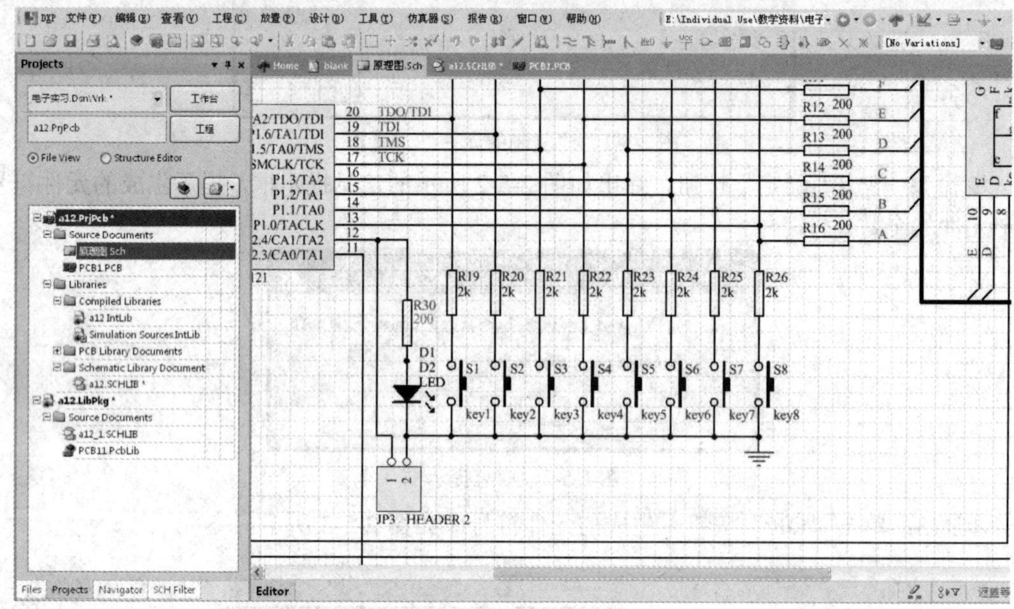

图 2-5-4　待修改原理图

步骤 1：通过 2.5.1 节生成元件符号库的方法生成元件符号库，单击按键符号以打开其图形，如图 2-5-5 所示。

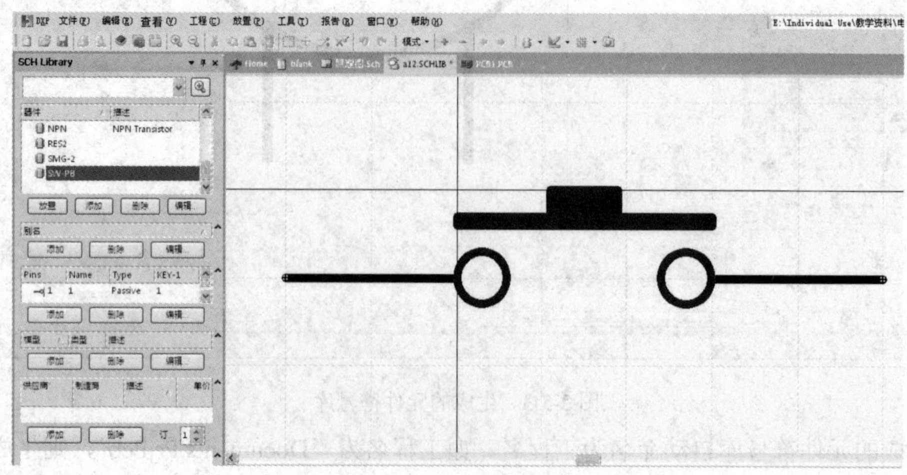

图 2-5-5　按键符号

步骤 2：双击符号引脚，修改引脚长度，得到新的符号如图 2-5-6 所示。

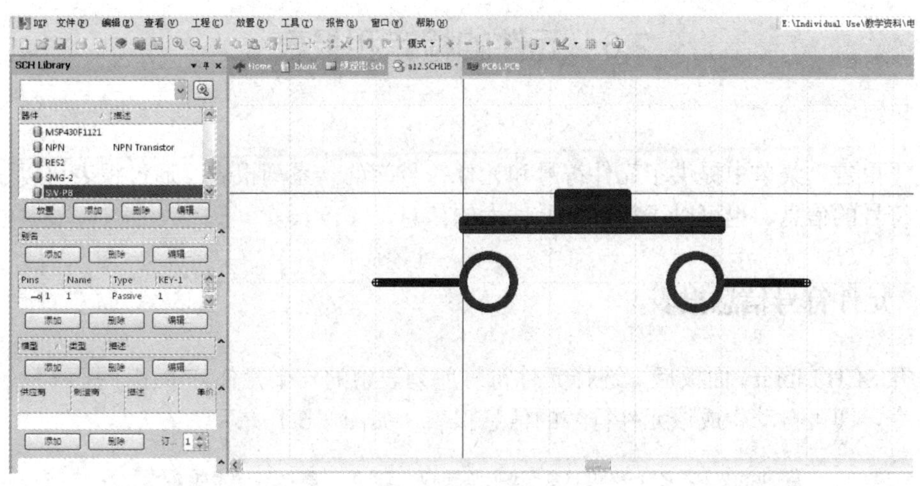

图 2-5-6　修改后的按键符号

步骤 3：单击“工具”→“更新原理图”命令，弹出如图 2-5-7 所示的对话框，告知将要在原理图中修改元件的个数。

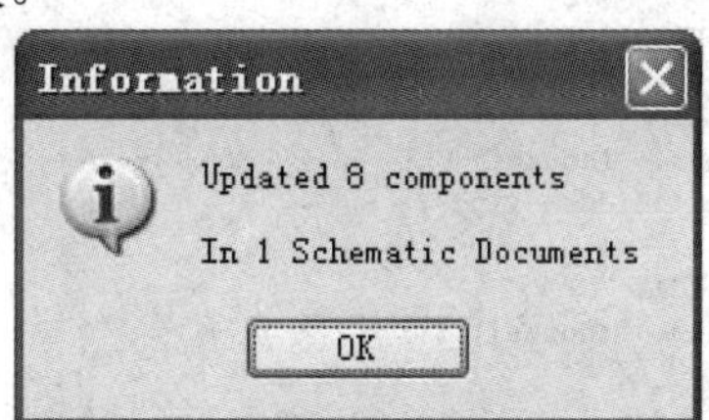

图 2-5-7　更新元件的对话框

步骤 4：查看修改后的原理图，如图 2-5-8 所示，由图可以看出，按键引脚被修改短了。

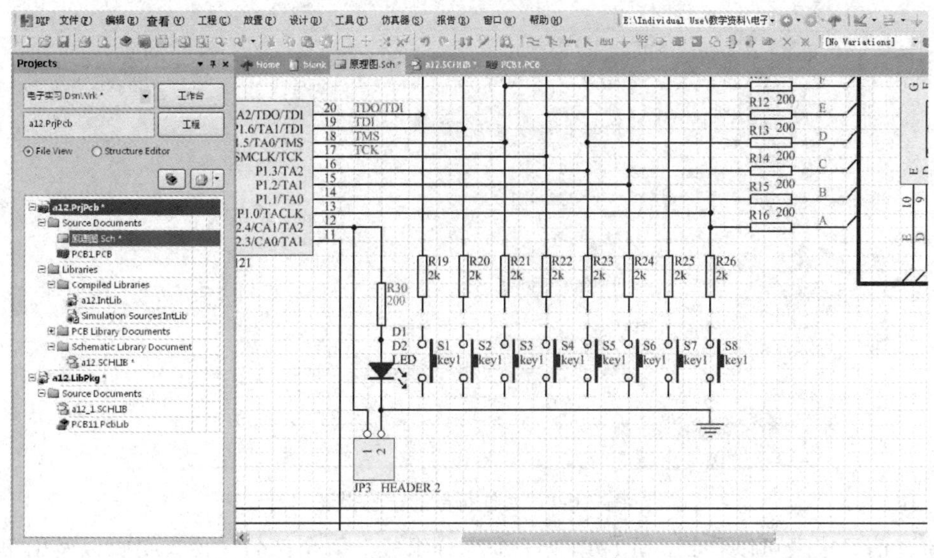

图 2-5-8　修改后的原理图

2.6 元件的检错和报表

在“报告”菜单中提供了元件符号和元件符号库的一系列报表，通过报表可以了解某个元件符号的信息，也可以了解整个元件库的信息。

2.6.1 元件符号信息报表

打开 SCH Library 面板后，选择元件符号库列表中的一个元件，单击“报告”→“器件”命令，即可自动生成该元件符号的信息报表，如图 2-6-1 所示。

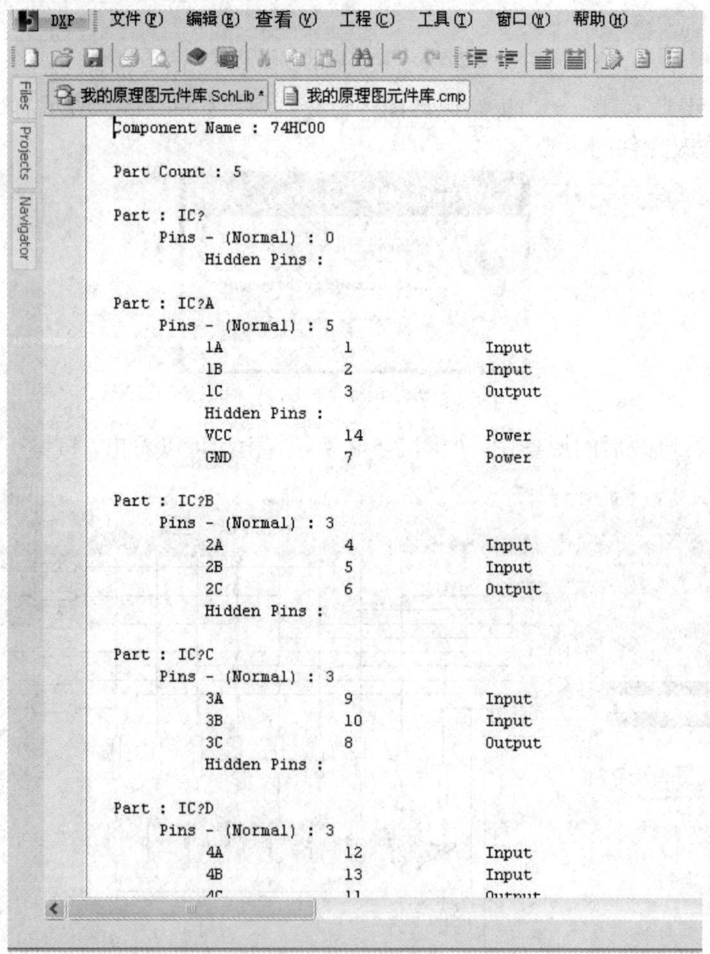

图 2-6-1 元件符号的信息报表

通过信息报表可以看到，元件由若干个部分组成，每个部分包含有引脚以及引脚的各种属性。信息报表中特别给出了元件符号中引脚 14、7 隐藏的信息。

2.6.2　元件符号错误信息报表

Altium Designer 软件提供了元件符号错误的自动检测功能。单击“报告”→“器件规则检查”命令，弹出如图 2-6-2 所示的“库元件规则检测”对话框，在该对话框中可以设置元件符号错误检测的规则。

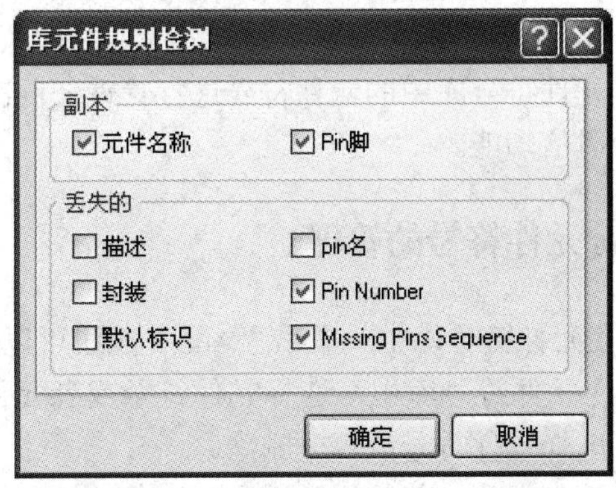

图 2-6-2　“库元件规则检测”对话框

“库元件规则检测”对话框中各项规则的意义如下所述。

1. “副本”选项组

(1) 元件名称：元件符号库中是否有重名的元件符号。

(2) Pin 脚：元件符号中是否有重名的引脚。

2. “丢失的”选项组

(1) 描述：是否缺少元件符号的描述。

(2) pin 名：是否缺少引脚名称。

(3) 封装：是否缺少对应的引脚。

(4) Pin Number：是否缺少引脚号码。

(5) 默认标识：是否缺少默认标号。

(6) Missing Pins Sequence：在一个序列的引脚号码中是否缺少某个号码。

设置完成后，单击“确定”按钮，即可自动生成元件符号的错误信息报表。选中所有的复选框并对元件符号进行检测，生成的错误信息报表如图 2-6-3 所示。

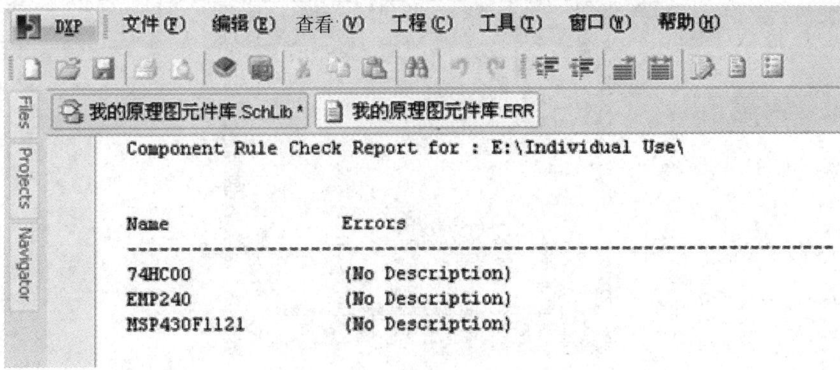

图 2-6-3　错误信息报表

从错误信息报表中可以看出三个元件没有描述。因此通过这项检查，用户可以打开元件符号库中的元件符号，将没有完成的元件绘制完成。除了上述两个报表外，还有库列表和库报告，用户可自行查看。

2.7 元件的管理

在工作面板中可以对元件符号库中的元件符号进行管理，同时它还提供了元件符号库和当前设计原理图之间的通信功能。

2.7.1 元件符号库中对元件符号的管理

(1) 新建元件符号：在元件符号库中，单击“Add”按钮可以新增元件符号。

(2) 删除元件符号：在元件符号库中，选择元件符号或者元件符号的某个部分后，单击“删除”按钮，即可将选择元件符号或部分删除。

注意：删除元件符号没有提示，并且删除后不可恢复。

(3) 编辑元件符号的属性：在元件符号库中，选择元件符号或者元件符号的某个部分后，单击“编辑”按钮，即可编辑该元件符号的属性。

(4) 编辑元件符号的引脚：在元件符号库中，选择元件符号或者元件符号的某个部分后，在面板中将显示该元件符号的引脚(图 2-7-1 为“74HC00”的引脚)。在引脚列表中双击元件，即可弹出“属性编辑”对话框，也可以通过单击“编辑”按钮打开该对话框。

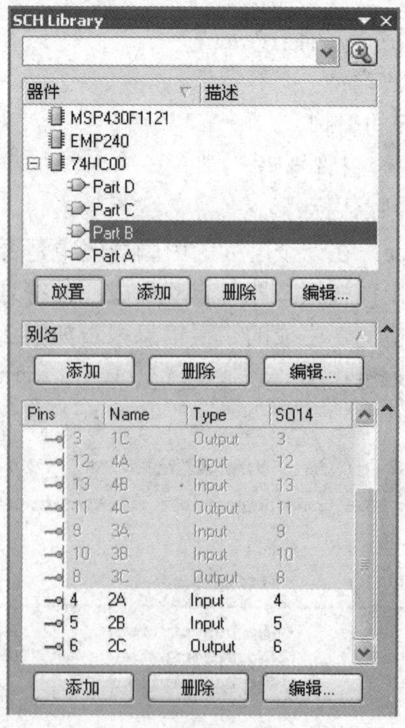

图 2-7-1 元件符号的引脚

2.7.2　元件符号库中元件符号的放入

在工作面板的元件符号列表中选择一个元件符号，单击“放置”按钮，系统将自动跳转到当前的原理图中，鼠标指针上附加着所选择的元件符号，如图 2-7-2 所示，此时即可在原理图中放置该元件符号。

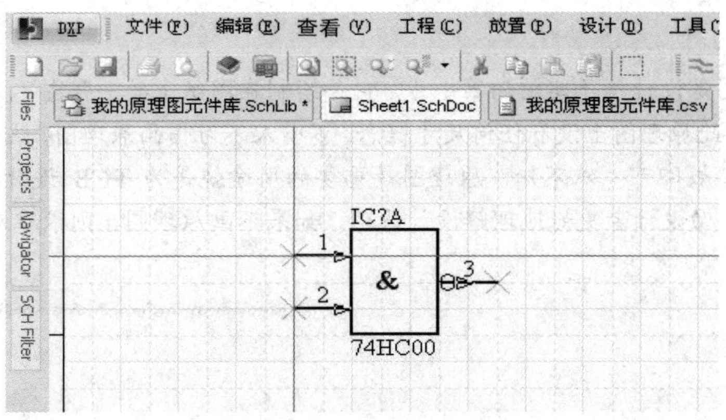

图 2-7-2　元件符号的放置

✧✧✧✧　习　题　✧✧✧✧

1．简述在 Altium Designer 中创建一个元件库的方法。
2．如何设置图纸的大小以及颜色？
3．“Schlib1.SchLib”文件的名称是什么？
4．简述如何添加元件库。
5．简述原理图库中添加一个新元件的方法。
6．简述原理图库中，修改元件管脚属性的方法。
7．简述原理图库中，修改元件名称的方法。
8．简述绘制元件符号边框的步骤。
9．放置一个 GND 引脚并设置符号中可见，引脚长度设置为 20 mil。
10．元件符号模型主要有哪几种？
11．如何为元件添加 Footprint 模型？
12．如何绘制复合封装元件 74HC20？
13．简述如何从原理图生成元件库以及如何通过元件库更新原理图。
14．如何打开元件符号信息报表和错误信息报表？
15．在元件符号库中如何对元件引脚进行编辑？

第3章 原理图设计

设计原理图是设计电子实物的第一步，它是绘制在图纸上的一张图，全部由符号组成，不涉及实物，因此原理图上没有任何尺寸概念。不少人不习惯画原理图，认为只要画出 PCB 图，制作出电路板即可。殊不知，原理图最重要的用途就是为 PCB 设计提供元件信息和网络信息，并帮助设计者更好地理解设计原理，如果不画原理图，则很难看出 PCB 图中的错误。

3.1 原理图设计规范

原理图是 PCB 设计的开始，它定义了 PCB 中的电气连接，给出了 PCB 的封装信息，原理图的设计工作将直接影响下一步的工作。对原理图的设计要求如下：

(1) 准确性。在原理图中一定要有准确的电气连接，否则会造成后续工作的错误。原理图的常见错误有电气连接不正确，元件封装不正确和没有封装。

(2) 层次性。在设计层次性原理图时，准确性不是唯一的要求，而需要掌握设计的层次，根据电路需求选择设计方法。

(3) 美观。单张原理图应该布局合理，清楚易读。此外，在原理图中还应该有适当的注释，方便设计者对原理图的阅读。

1. 一般规则和要求

(1) 按统一的要求设置原理图图纸大小、边框样式、原理图中的图形符号和文字符号。

(2) 应根据产品的电路工作原理，将各元件按从上到下的样式排成一列或数列。

(3) 安排图面时，如电源部分较复杂，则一般安排一页图纸；如非常简单，则一般安排在图纸的一个角落。信号输入端安排在图纸左侧，输出端安排在右侧。

(4) 图中的可动元件(如继电器、开关等)原则上处于断开、不加电的工作位置。

(5) 必须将所有芯片的电源和地引脚全部按要求连接，不用的输入端按工作逻辑关系接相应的高/低电平。

2. 信号完整性及电磁兼容性考虑

(1) 对输入/输出的信号要加相应的滤波/吸收器件，必要时加瞬变电压吸收二极管或压敏电阻。

(2) 高频区的去耦电容要选择低 ESR 的钽电容，尽量不用电解电容。

(3) 去耦电容应在满足纹波要求的情况下选择容值小的电容，以提高其谐振频率。

(4) 各芯片的电源引脚都要加去耦电容，同一芯片中各模块的电源要分别加去耦电容。若为高频，则要在靠近电源引脚的地方加磁珠/电感。

3. PCB完成后原理图与PCB的同步

(1) 对PCB分布参数敏感的元件(如滤波电容、时钟阻尼电阻、高频滤波的磁珠/电感等)的标称值进行核对、优化，若有变更，应及时更新原理图。

(2) 在PCB中更改的元件封装、标号应及时更新原理图。

(3) 在生成BOM文件时，元件明细表中不允许出现无型号的器件，相同型号的器件不允许采用不同的表示方法，如3.3 kΩ的电阻，在原理图中一般标为3.3 K，不可混用3K3、3.3k等表示方法。

(4) 类似功能的元件尽量采用统一封装，如3.3 kΩ的电阻，除非电路中特殊需要，不要在电路中采用0603、0805、1206等多种封装。

4. 原理图设计流程

原理图设计较为复杂，需要按照一定的流程进行。具体的流程如下所述。

步骤1：在工程文件中新建原理图文件。

步骤2：设置原理图图纸及相关信息。原理图图纸是原理图绘制的工作平台，所有的工作都是在图纸上进行的。这一步骤主要是为原理图选择合适的原理图图纸并对其进行合理的设置，使设计更加美观。

步骤3：装载所需要的元件符号库。在原理图设计中使用的是元件符号，因此需要在设计前导入所有需要的元件符号。Altium Designer软件使用元件库来管理所有的元件符号，因此需要载入元件符号库，如果Altium Designer软件中没有画图所需要的元件，则需要自行建立元件符号库，并将其加载。

步骤4：放置元件符号，即将元件符号按照设计原理放置在原理图图纸上。在元件放置过程中另外一个重要工作就是设置元件属性，尤其是元件的标号和封装属性。该项属性将作为网络报表(简称为网络表)的一部分导入到PCB设计中。如果没有元件的标号和封装，将不可能完成PCB的设计。

步骤5：调整原理图中的元件布局。由于在放置元件的过程中往往并排一次到位，有可能元件的位置使得连接线路时并不太方便或原理图不够美观，因此需要对元件进行局部调整。

步骤6：对原理图进行连线。该步骤的主要目的是为元件建立电气连接。在建立连接的过程中可以使用导线和总线，也可以使用网络标号。在建立跨原理图电气连接时将使用端口。该步骤引入的网络信息将作为网络报表的一部分导入到PCB设计中。在完成连线工作后，原理图设计的主要工作已经完成，所有PCB设计需要的信息已经完备，此时可生成网络报表，准备PCB设计。

步骤7：检查原理图的错误并修改。在完成原理图绘制后，Altium Designer软件引入了自动的ERC检测功能，帮助设计者检查原理图。

步骤8：注释原理图。

步骤9：保存并打印输出。

以上流程用于绘制单张原理图。在层次化的原理图设计中，将采用更加复杂的流程，但是层次原理图中的单张原理图绘制仍将采用这个流程。

3.2　原理图的创建

在绘制原理图前需要先建立一个工程文件和原理图文件，在新建工程之前，需要为该工程新建一个文件夹。

1．新建工程文件

步骤 1：单击“文件”→“创建”→“工程”→“PCB 工程”命令，新建一个工程文件。

步骤 2：单击“文件”→“保存工程为”命令，弹出一个保存工程文件的对话框，在该对话框中选择保存文件的路径“E:\AltiumDesignerExample”，将工程文件的名称改为“练习”，如图 3-2-1 所示。

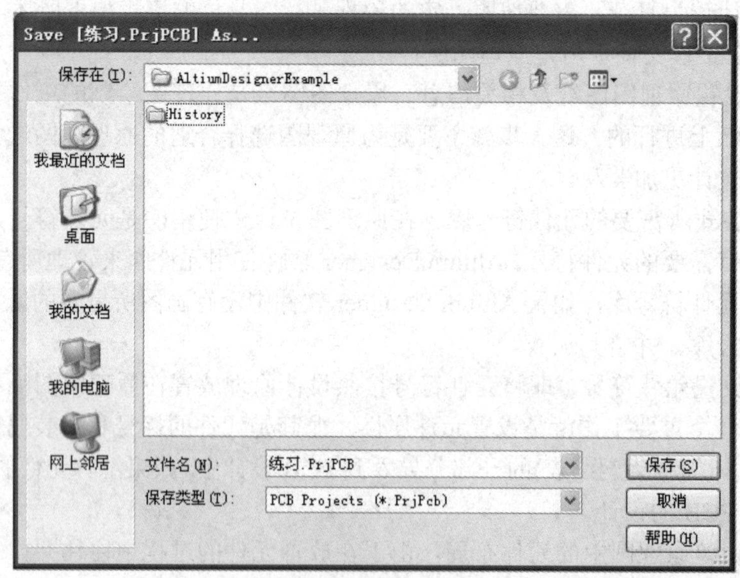

图 3-2-1　保存工程文件

步骤 3：保存完成后，在“AltiumDesignerExample”的文件夹下产生一个名为“练习.PrjPCB”的工程文件。此时建立的工程文件中没有任何单个文件。

建议：不要将工程文件保存在 Altium Designer 软件默认的文件夹“AltiumDesignerExample”中，而应根据实际需要，保存在自己设计的工程项目中。

2．创建原理图

建立工程文件后，需要在工程文件中创建一个原理图文件，用户可以直接在工程文件上进行新建。如果工程文件已经关闭，则需要打开工程文件。

步骤 1：单击“文件”→“打开工程”命令，打开文件夹“AltiumDesignerExample”下的工程文件“练习.PrjPCB”。

步骤 2：单击“文件”→“新建”→“原理图”命令或将鼠标指针移动到工程文件“练习.PrjPCB”上，单击鼠标右键，在弹出的快捷菜单中，选择“给工程添加新的”→“Schematic”命令，即可创建一个原理图文件，如图 3-2-2 所示。

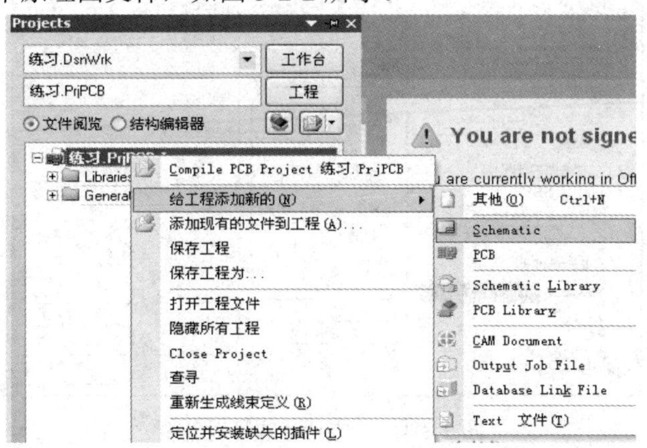

图 3-2-2　创建原理图

步骤 3：创建原理图文件后，原理图设计窗口自动处于编辑状态，如图 3-2-3 所示。

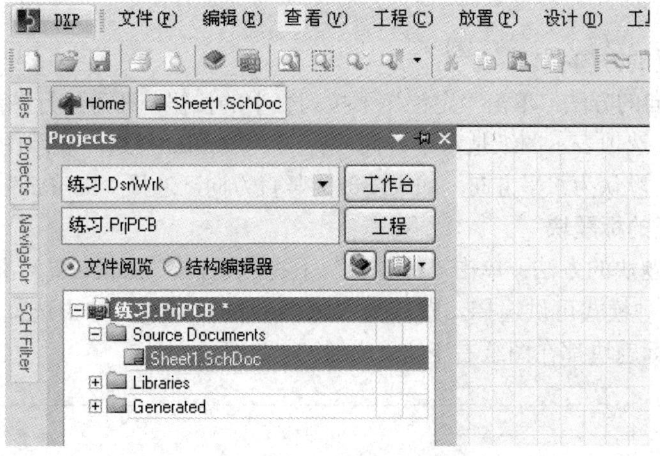

图 3-2-3　处于编辑状态的原理图

步骤 4：创建的原理图的默认名为“Sheet1.SchDoc”，单击“文件”→“保存为”命令，输入需要的文件名即可。

3.3　设计界面和菜单解读

3.3.1　设置图纸参数

用户可以通过不同的方法对原理图进行设置，具体的设置方法如下所述。

将鼠标指针放置在原理图区域中间，单击鼠标右键，在弹出的快捷菜单中单击“选项”→“文档选项”命令或在主菜单中单击“设计”→“文档选项”命令，即可启动原理图的

“文档选项”对话框，如图 3-3-1 所示。在该对话框中可以对图纸的各项参数进行设置。

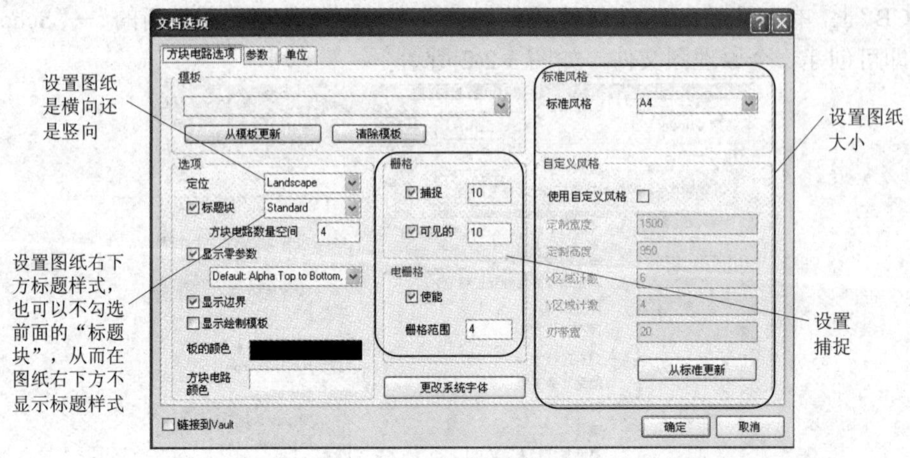

图 3-3-1　“文档选项”对话框

在“文档选项”对话框中包含了“模板”“选项”“栅格”“电栅格”“标准风格”和“自定义风格”这六个选项区以及“更改系统字体”按钮，通过选择不同的选项，可更改各项常见图纸参数。

1．设置图纸的方向

设置图纸方向的方法：单击“定位”下拉列表中的按钮，即可进行图纸方向的选择。其中，“Landscape”选项表示图纸是水平方向放置的；“Portrait”选项表示图纸是竖直放置的。图纸在刚建立时，默认为水平方向，如果要改为竖直方向，选择“Portrait”选项即可。

2．设置图纸的标题块

设置图纸标题块的方法：单击“标题块”下拉按钮，有 Standard(标准型)和 ANSI(美国国家标准协会)两种模式可供选择。默认为 Standard 的标题块。如果选择 ANSI，标题块将发生改变。两种标题块都在图纸右下方，如图 3-3-2 所示。

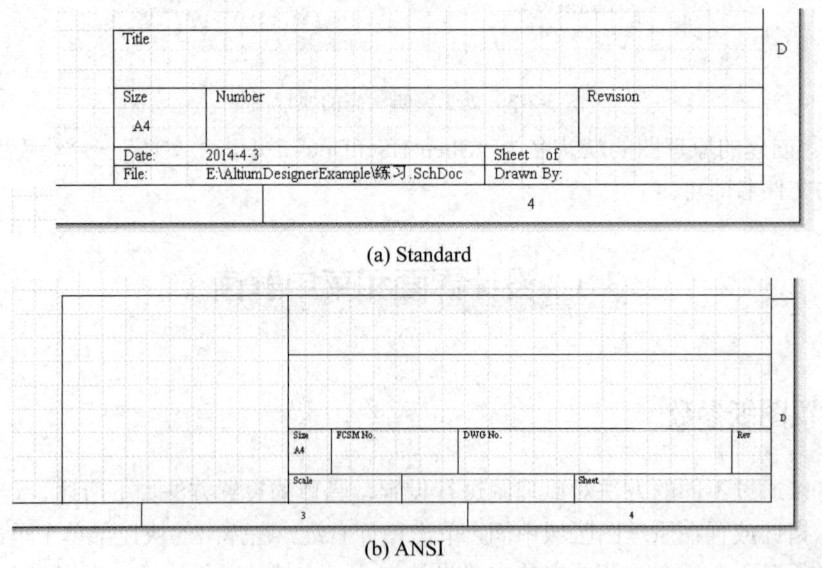

图 3-3-2　图纸标题块

3. 设置图纸边框

(1) 显示零参数：显示参考图纸边框。其下拉列表中有两个选项，分别为从上到下 A 到 D 编号和从下到上 A 到 D 编号(参考默认图纸左右侧栏中的 A、B、C、D)，这个选项一般不作更改。

(2) 显示边界：显示图纸边框。如果取消选择复选框，则不会显示边界。

(3) 显示绘制模板：显示图纸模板图形。这里没有引用模板，所以选择不显示绘制模板。

(4) 板的颜色：选择图纸边框颜色。边框的默认颜色为黑色，也可以自定义边框颜色(通常保持默认颜色不变)。

4. 设置图纸栅格

图纸栅格设置包括三个方面，即图纸的可视栅格、捕捉栅格和电气栅格。其各项设置均可保持默认，分述如下：

(1) 可视栅格：表示可以见到的网格大小，如 10 表示可视的两个点之间有 10 个点，但是这些点用户是看不见的。

(2) 捕捉栅格：表示放置线时可以捕捉到放置端点位置的点。如果可视网格为 10 且捕捉网格也为 10，表示用户放置线的端点位置就在这些可视点上。如果此时的捕捉网格设为 2，则表示放置线的端点位置可放在不可视的点上，此时可发现，画线时的端点不一定都在可视点上，可能在这些可视点之间的空白位置。

(3) 电气栅格：在画原理图导线时，系统会以其设置的值为半径，以光标所在的位置为圆心，对电气节点进行查找，如果在此范围内有电气节点，则光标会自动移动到该电气节点上。

注意：使用默认的“捕捉”和“可见的”参数为 10，不要随便更改，否则在对软件使用不熟练时，会因该参数设置不合理而出现各种问题。

5. 设置图纸尺寸

设置图纸尺寸的方法是单击如图 3-3-1 所示的“标准风格”栏中的下拉按钮，在弹出的下拉列表中选择当前的图纸的尺寸，默认图纸尺寸为 A4。

除了可以直接使用标准图纸之外，用户可以自定义图纸格式，如图 3-3-3 所示，其操作步骤如下：

步骤 1：选中“使用自定义风格”复选框，表示已选择使用自定义图纸。

步骤 2：在各参数文本框中输入对应数值，完成图纸格式的自定义设置。

图 3-3-3 选项区域中各项的意义如下所述。

(1) 定制宽度：自定义图纸的宽度。在该软件中支持的最大自定义图纸的宽度为 6500 mil。

(2) 定制高度：自定义图纸的高度。在该软件中支持的最大自定义图纸的高度为 6500 mil。

(3) X 区域计数：X 轴方向(水平方向)参考边框划分的等分个数。

(4) Y 区域计数：Y 轴方向(垂直方向)参考边框划分的等分个数。

(5) 刃带宽：边框宽度。

图 3-3-3　自定义图纸的设置

6. 设置图纸上的字体

设置图纸上字体的方法：单击“更改系统字体”按钮，即可弹出“字体”对话框，如图 3-3-4 所示。对该对话框中设置字体会改变整个原理图中的所有文字，包括原理图中的元件管脚文字和原理图的注释文字等。通常字体的设置采用默认即可。

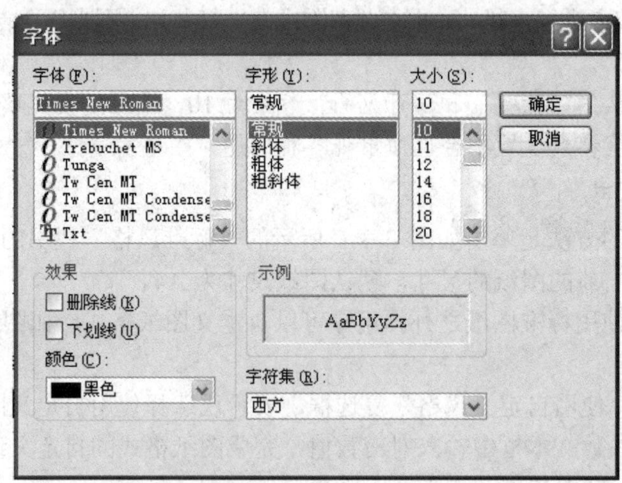

图 3-3-4　“字体”对话框

“字体”对话框中各项的意义包含以下内容：

(1) 字体：选择文字的格式。

(2) 字形：选择文字的样式。

(3) 大小：选择文字的大小。

(4) 效果：设置文字的效果。

(5) 颜色：设置文字的颜色。

(6) 字符集：选择文字所在的语系。

7. 图纸基本选项

设置图纸参数的具体操作如下所述。

步骤1：打开如图3-3-1所示的“文档选项”对话框，单击“参数”标签即可切换到“参数”选项卡，如图3-3-5所示，在该选项卡中可对各项参数进行设置。

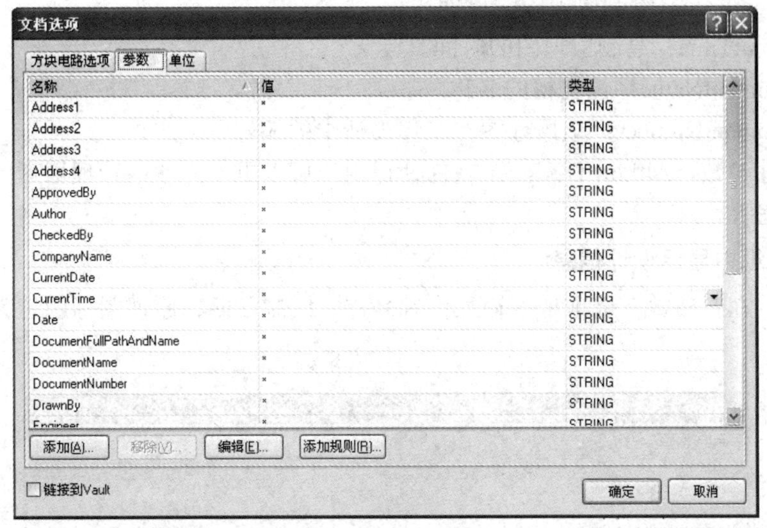

图3-3-5 “文档选项”对话框的“参数”选项卡

步骤2：选择其中的某个选项，单击“编辑”按钮，即可弹出“参数属性”对话框，然后在该对话框中设置图纸参数。图3-3-6为用户在选择“Author”选项并单击“编辑”按钮后弹出的“参数属性”对话框，用户可以在“值”文本框中输入图纸的设计者的名称。

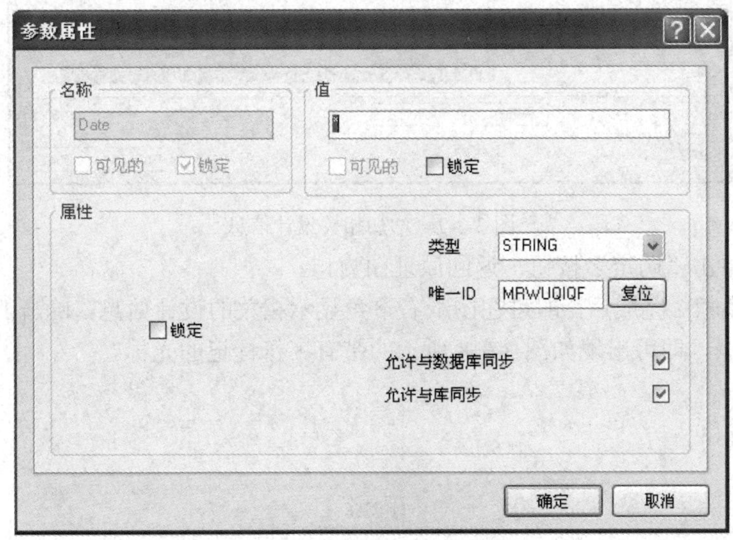

图3-3-6 “参数属性”对话框

在图3-3-5所示的“文档选项”对话框中拖动右侧的滚动条，可以显示其他设置选项，其中常用的选项用途如下所述。

(1) Address：绘制该原理图的公司或者个人的地址。

(2) ApprovedBy：该原理图的核实者。

(3) Author：该原理图的作者。

(4) CheckedBy：该原理图的检查者。

(5) CompanyName：该原理图所属公司。

(6) CurrentDate：绘制原理图的日期。

(7) CurrentTime：绘制原理图的时间。

(8) DocumentName：该文档的名称。

(9) DocumentNumber：该原理图在工程设计中的编号。

通过上述参数，Altium Designer 软件使得用户可以更加方便地管理原理图，使整个软件变得更加完善。

8．在图纸中显示设计信息

步骤 1：在“参数”选项卡中输入作者名称、绘制日期、原理图标题等设计信息，如图 3-3-7 所示。

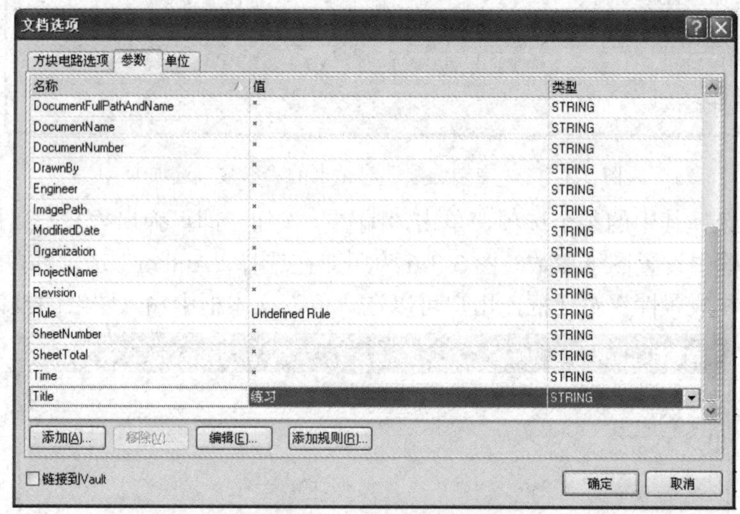

图 3-3-7　增加相关设计信息

步骤 2：单击“确定”按钮，返回原理图窗口。

步骤 3：步骤 2 完成后，即可在图纸右下角显示相关的设计信息，单击“放置”→“文本字符串”命令，即可出现如图 3-3-8 所示的带有字符标记的光标。

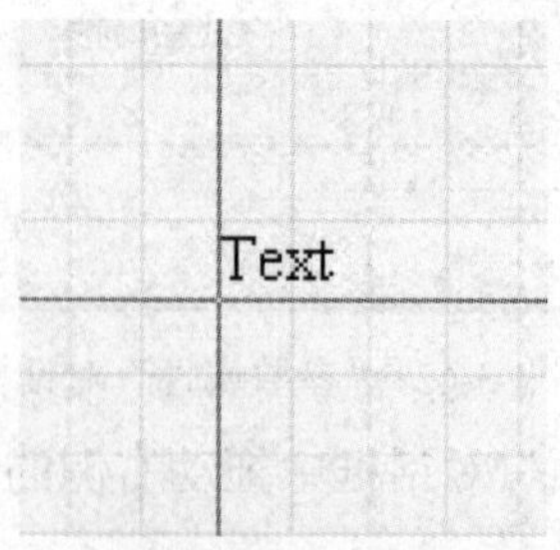

图 3-3-8　带有字符标记的光标

步骤 4：按 Tab 键，弹出一个“注释”对话框，在该对话框的“属性”选项区域中单击“文本”选项的下拉按钮，选择“=Title”选项，如图 3-3-9 所示。

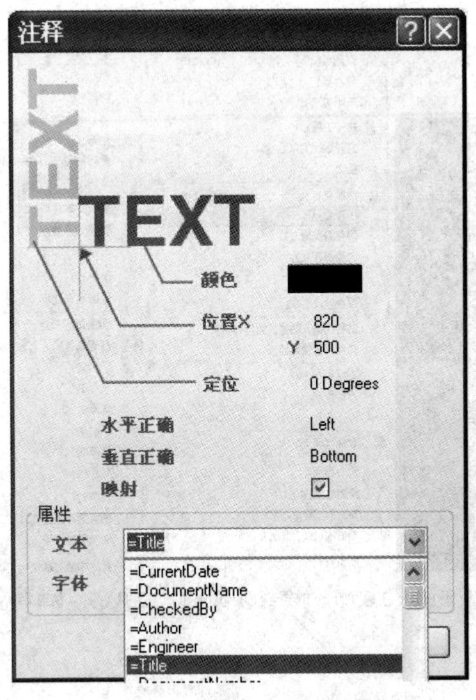

图 3-3-9 选择“=Title”选项

步骤 5：移动鼠标，将带有“练习”字样的光标移动到如图 3-3-10 所示的位置并单击鼠标左键，然后单击鼠标右键结束放置。

Title	练习		
Size A4	Number		Revision
Date:	2014-4-4	Sheet of	
File:	Sheet1.SchDoc	Drawn By:	

图 3-3-10 放置标题名称

步骤 6：使用与上述相同的方法，完成原理图版本、设计者名称、日期的放置。

通过以上设置，用户的图纸中就出现了相关的设计信息、设计者名称、原理图标题、图纸的绘制日期等。

3.3.2 主菜单

原理图的设计界面包括四个部分，分别是主菜单、工具栏、工作面板和工作窗口。其中，主菜单及其下拉菜单如图 3-3-11 所示。

图 3-3-11　原理图设计界面中的主菜单及其下拉菜单

在主菜单中，可以找到所有绘制新原理图所需要的操作，这些操作命令如下所述。

(1) DXP：该菜单中的大部分功能为特殊功能，可以设定界面内容，查看系统信息等。

(2) 文件：主要用于文件操作，包括新建、打开、保存等功能。

(3) 编辑：用于完成各种编辑操作，包括撤销/恢复操作，选中/取消选中、复制、粘贴、剪切、移动、排列、查找文本等功能。

(4) 查看：用于视图操作，包括工作窗口的放大/缩小、打开/关闭工具栏、工作区面板、桌面布局等功能。

(5) 工程：用于完成工程相关的操作，包括新建工程、打开工程、关闭工程、工程比较、在工程中增加文件、增加工程、删除工程等操作。

(6) 放置：用于放置原理图中的各种电气元件符号和注释符号。

(7) 设计：用于对元件库进行操作，包括生成网络表、生成原理图库等操作。

(8) 工具：为设计者提供各种工具，包括 PCB 中元件快速定位查找、原理图中元件快速定位查找、原理图元件标号注解、信号完整性分析等。

(9) 仿真器：用于 VHDL 语言和 Verilog HDL 语言的编辑和仿真。

(10) 报告：产生原理图中的各种报表。

(11) 窗口：改变窗口显示方式，切换窗口。

(12) 帮助：用于初学者快速了解软件的功能及使用方法。

3.3.3　主工具栏

在原理图设计界面中提供了功能齐全的工具栏，主工具栏如图 3-3-12 所示。其中绘制原理图常用的有以下几种。

(1) “标准”工具栏：该工具栏提供了常用的文件操作、视图操作和编辑操作，将鼠标指针放置在图标上，就会显示该图标对应的功能。

(2) “画线”工具栏：该工具栏中列出了绘制原理图所需要的导线、总线、连接端口等工具。

(3) “画图”工具栏：该工具栏中列出了常用的绘图和文字工具等工具。

打开或关闭工具栏的方法：通过主菜单中的“查看”菜单可以很方便地打开或关闭工具栏。单击“查看”菜单，选择“工具栏”选项，在如图 3-3-13 所示的级联菜单中单击下一级各个菜单，可以使相应的工具栏打开或关闭。打开的工具栏将有一个“√”显示；如果要关闭工具栏，只要在打“√”的下一级菜单中单击鼠标左键即可。

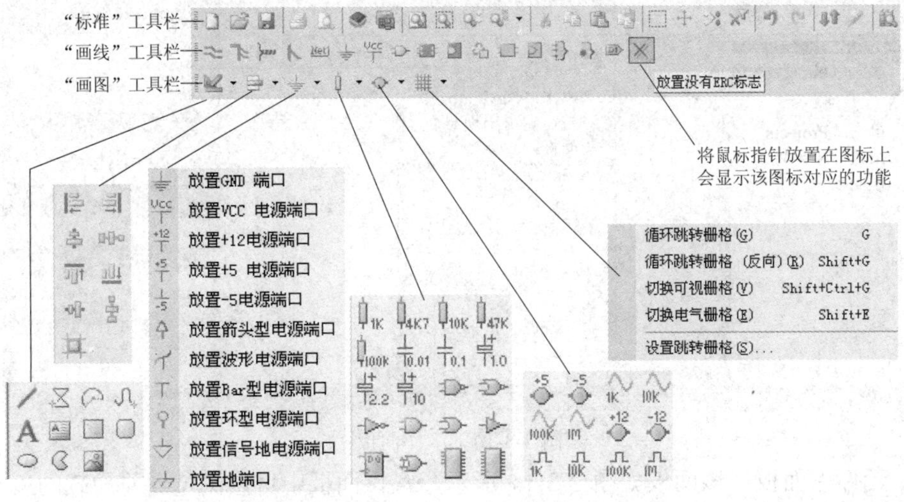

图 3-3-12　主工具栏

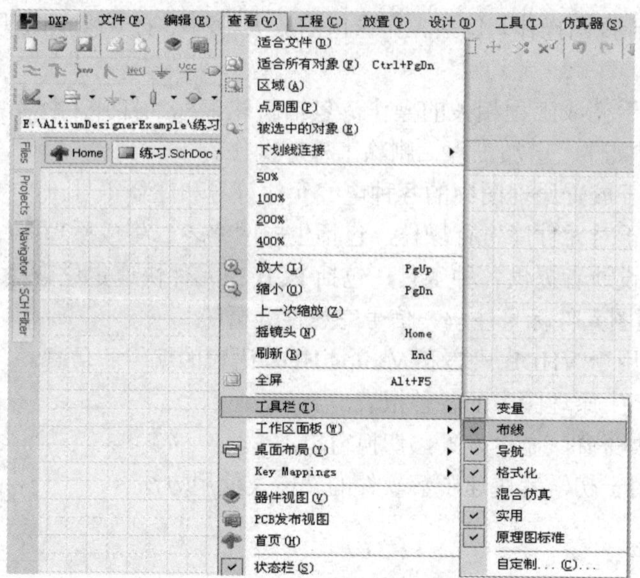

图 3-3-13　打开或关闭工具栏

3.3.4　工作面板

在原理图设计中经常要用到的工作面板(如图 3-3-14 所示)有以下三个。

(1) Projects(工程)面板：该面板如图 3-3-14 所示，在该面板中列出了当前工程的文件列表以及所有的临时文件。在该面板中提供了所有有关工程的功能，可以打开、关闭和新建各种文件，还可以在工程中导入文件、比较工程中的文件等。

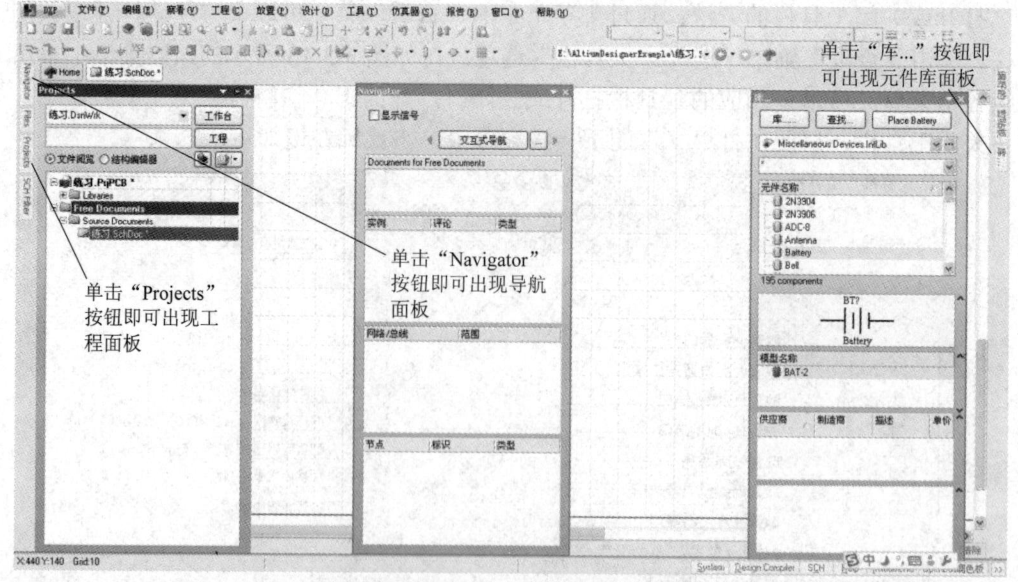

图 3-3-14　工作面板

(2) 元件库面板：该面板如图 3-3-14 所示，在该面板中可以浏览当前加载的所有元件库。通过该面板可以在原理图中放置元件，还可以对元件的封装、SPICE 模型和 SI 模型进行预览。

(3) Navigator(导航)面板：该面板在分析和编译原理图后能够提供原理图的所有信息，通常用于检查原理图。

3.3.5　缩放工作窗口

单击主菜单中的“查看”选项，即可在鼠标指针下方显示出子菜单，如图 3-3-11 所示。该菜单中包含缩放工作所需的所有选项。

1. 在工作窗口中显示选择的内容

(1) 适合文件：在工作窗口显示当前的整个原理图。

(2) 适合所有对象：在工作窗口显示当前原理图中所有的元件。

(3) 区域：在工作窗口中显示一个区域。其具体的操作方法是：先选择该菜单选项，指针将变成十字形状显示在工作窗口中，在工作窗口中单击鼠标左键，确定区域的一个顶点，移动鼠标确定区域的对角顶点后即可确定一个区域，再单击鼠标左键，在工作窗口中将显示刚才选择的区域，如图 3-3-15 所示。

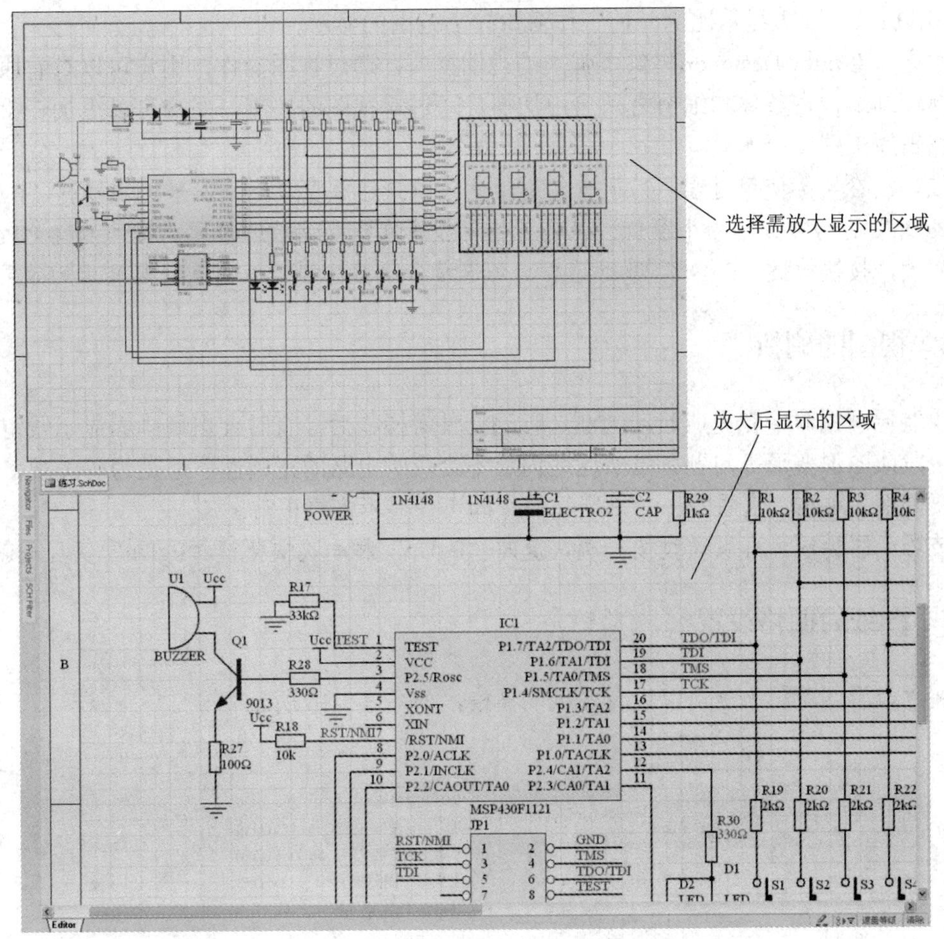

图 3-3-15　选择区域的显示

(4) 被选中的对象：选中一个元件后，单击该菜单命令，即可在工作窗口中心显示该元件。

(5) 点周围：在工作窗口显示一个坐标点附近的区域。具体操作为：单击该菜单选项，鼠标指针将变成十字形状显示在工作窗口中，移动鼠标到想要显示的点，单击鼠标左键后移动鼠标，在工作窗口中将显示一个以该点为中心的虚线框，确定虚线框后，单击鼠标左键，在工作窗口中即可显示虚线框所包含的范围。

(6) 全屏：将原理图在整个 Altium Designer 软件的设计窗口中显示。

2. 显示比例的缩放

显示比例的缩放操作包括按照比例显示原理图，放大和缩小原理图以及整体显示原理图，它们一起构成了“查看”菜单的第二部分。其各项的含义如下所述。

(1) 50%：工作窗口中显示 50%大小的实际图纸。

(2) 100%：工作窗口中显示正常大小的实际图纸。

(3) 200%：工作窗口中显示 200%大小的实际图纸。

(4) 400%：工作窗口中显示 400%大小的实际图纸。

(5) 缩小：缩小显示比例，使工作窗口更大范围的显示。

(6) 放大：放大显示比例，使工作窗口较小范围的显示。

总之，Altium Designer 提供了强大的视图操作，通过视图操作，用户可以查看原理图的整体和细节，在整体和细节之间自由切换。通过对视图的控制，用户可以更加轻松地绘制和编辑原理图。

技巧：在实际使用过程中，很少使用上述菜单来缩放窗口，一般采用快捷键“PgUp”和“PgDn”进行放大和缩小窗口。将鼠标指针放置在需要缩放的位置，按快捷键“PgUp”进行放大，按快捷键“PgDn”进行缩小，可连续多次按快捷键，达到需要显示的效果。

3.3.6 视图的刷新

绘制原理图时，在完成滚动画面、移动元件等操作后，有时会出现画面显示残留的斑点、线段或图形变形等问题。虽然这些内容不会影响电路的正确性，但是为了美观，通常也需要处理。单击“查看”→“刷新”命令即可使显示恢复正常。

技巧：同样地，可以通过按一次快捷键“PgUp”和一次快捷键“PgDn”实现刷新。

3.3.7 图纸的栅格设置

在“查看”菜单中也可以设置图纸的栅格，如图 3-3-16 所示。

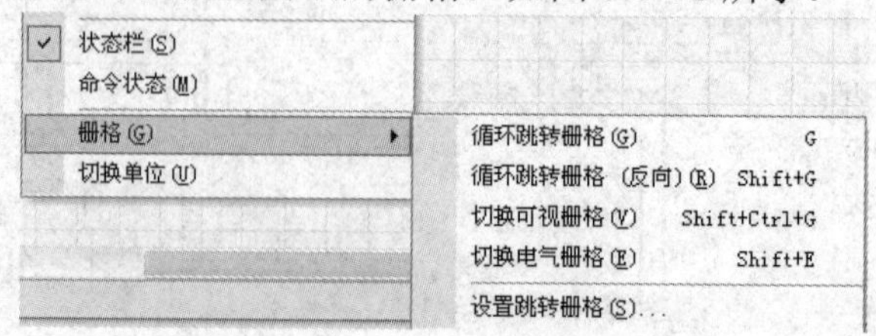

图 3-3-16 图纸的栅格设置

下面对常用的三项图纸栅格设置进行介绍：

(1) 切换可视栅格：是否显示/隐藏栅格。

(2) 切换电气栅格：电气栅格设置是否有效。

(3) 设置跳转栅格：单击“设置跳转栅格”按钮，将弹出如图 3-3-17 所示的对话框，在该对话框中可以设置栅格间距。

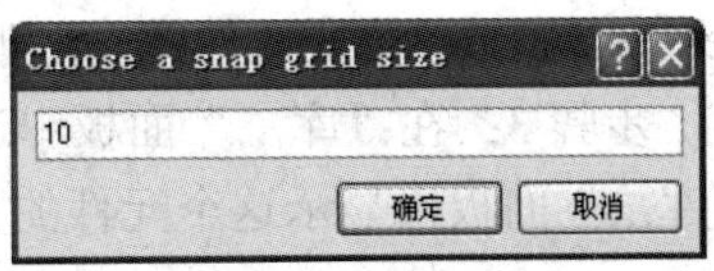

图 3-3-17 设置栅格间距

建议：栅格间距应采用默认值，修改该值可能会引起与内部其他值不相同的问题，导致画图出现异常。

3.4 放置元件

原理图中有两个基本要素：元件符号和线路连接。绘制原理图的主要操作就是将元件符号放置在原理图图纸上，然后用导线或总线将元件符号中的引脚连接起来，建立正确的电气连接。放置元件符号前，需要知道元件符号在哪一个元件库中，并将该元件库载入。

3.4.1 添加元件库

1. 启动元件库

Altium Designer 支持单独的元件库或元件封装库，也支持集成元件库，它们的扩展名分别为 SchLib 和 IntLib。启动元件库的方法如下所述。

步骤 1：单击主菜单中的“设计”→“浏览库”命令或单击屏幕右上方的“库...”按钮，弹出“库...”面板，如图 3-4-1 所示。

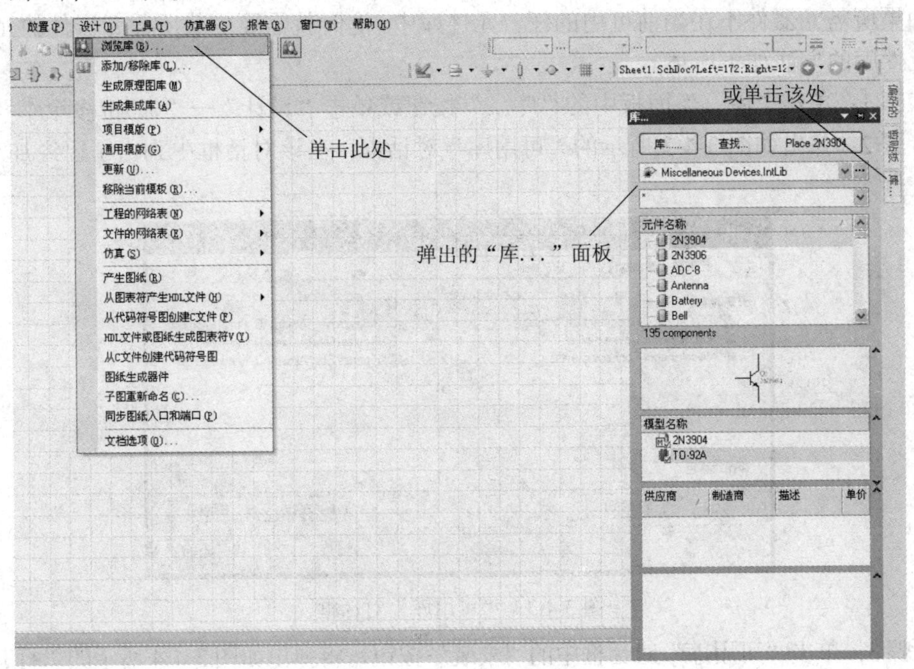

图 3-4-1 启动元件库

步骤 2：在“库...”面板中默认打开的是 Altium Designer 软件自带的“Miscellaneous Devices.IntLib”集成元件库，元件的元件符号、封装、SPICE 模型、SI 模型都集成在该库中。

步骤 3：在“库...”面板中选择一个元件，如数码管元件“Dpy Yellow-CA”，将会在“库...”面板中显示这个元件的元件符号、封装、SPICE 模型、SI 模型，如图 3-4-2 所示。

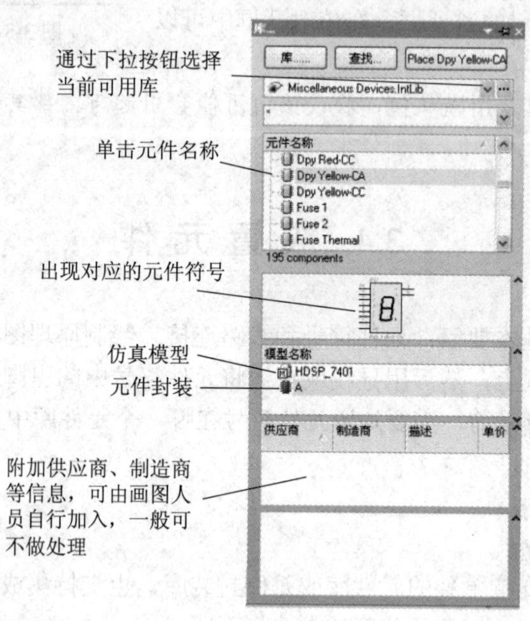

图 3-4-2　元件“Dpy Yellow-CA”的“库...”面板

2．添加元件库

如果所需元器件不在当前可用的任一元件库中，这时就需要加载所需元器件的元件库。加载元件库的方法如下所述。

步骤 1：单击“库...”面板中的“库...”按钮或单击“设计”→“添加/移除库”命令。

步骤 2：弹出如图 3-4-3 所示的“可用库”对话框，在该对话框中列出了已经加载的元件库文件。

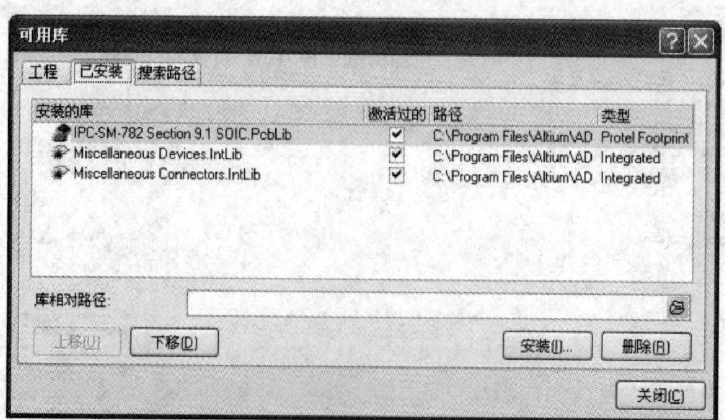

图 3-4-3　“可用库”对话框

步骤 3：单击“可用库”对话框中的“安装”按钮，将弹出如图 3-4-4 所示的“打开”对话框，可以在该对话框中选择需要加载的元件库，单击“安装”按钮即可加载被选中的元件库。

图 3-4-4　“打开”对话框

Altium Designer 软件默认的库文件位于其安装目录下的 Library 文件夹中，在此文件夹下有许多库目录，可以打开后选择加载。如果要加载 PCB 的库文件，则在 Library 文件夹目录的下一级目录 PCB 文件中查找并加载。

提示：不同软件版本的库文件有所不同，部分新版软件的库文件未放入安装文件中，需另行加载。

步骤 4：选择加载库文件后即可返回“可用库”对话框，该对话框将列出所有可用的库文件。

步骤 5：在库文件列表中可以更改元件库位置，在如图 3-4-3 所示的列表框中，选中一个库文件，该文件将以高亮显示。单击“上移”按钮，可以将该库文件在列表中上移一位；单击“下移”按钮，可以将该库文件在列表中下移一位。

3. 卸载库文件

加载元件库以后，可以将其卸载，卸载方法是：选择图 3-4-3 中的元件库，单击“删除”按钮，即可卸载选中的元件库。

提示：在设计工程中卸载元件库，只是表示在该工程中不再引用该元件库，并没有真正删除软件中的元件库，下次需要使用时还可以再次加载该元件库，不用担心由于单击“删除”按钮而找不到文件。

3.4.2　搜索元件

在元件库中手工查找元件符号，要求用户对每个元件库非常熟悉。但是实际情况可能并非如此，用户有时并不知道元件在哪个元件库中。此外，当用户面对的是一个庞大的元件库时，逐个地寻找列表中的每个元件也是一件非常麻烦的事情，而且工作效率很低。Altium Designer 软件提供了强大的元件搜索功能，可以帮助用户在元件库中轻松地搜索元件。搜索方法如下所述。

步骤 1：在如图 3-4-2 所示的“库”面板中，单击“查找”按钮，弹出如图 3-4-5 所示的“搜索库”对话框。

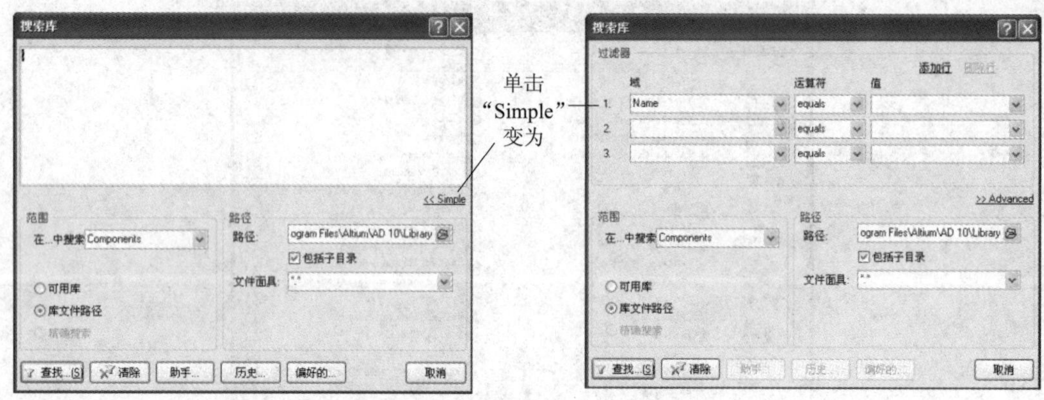

图 3-4-5　“搜索库”对话框

在“搜索库”对话框中，可以设置查找元件的域、元件搜索的范围、元件搜索的路径，元件搜索的运算符及值。

步骤 2：设置元件查找的类型。在图 3-4-5 中的“范围”选项区内单击“在...中搜索”后面的下拉按钮，将出现四种查找类型，分别为“元件”“封装”“3D 模式”和“数据库元件”，单击需要的查找类型查找即可。

步骤 3：设置元件搜索的范围。Altium Designer 软件支持两种元件搜索范围：一种是在当前加载的搜索元件库中搜索；另一种是在指定路径下的所有元件库中搜索。

在“范围”选项区中选中“可用库”单选按钮，表示搜索范围是之前加载的所有元件库；选中“库文件路径”单选按钮，则表示在右边“路径”选项区中指定的路径下搜索元件。

建议：一般选择“库文件路径”搜索元件，优点是“可用库”一般也包含在“库文件路径”的文件夹下，除非元件是自己设计的且未放在默认路径中；缺点是“库文件路径”搜索时间比“可用库”搜索时间长。

例如，搜索元件“7400”，则在如图 3-4-5 所示的“搜索库”对话框中输入“74*00”，如图 3-4-6 所示，同时在“搜索”选项区域选择好路径即可搜索。元件搜索结果如图 3-4-7 所示。

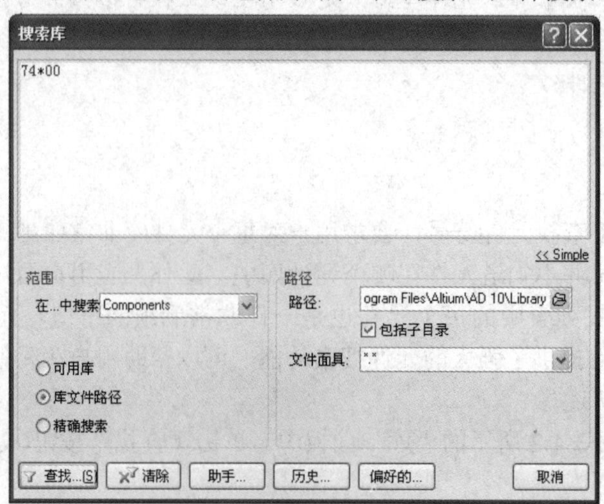

图 3-4-6　搜索元件“7400”

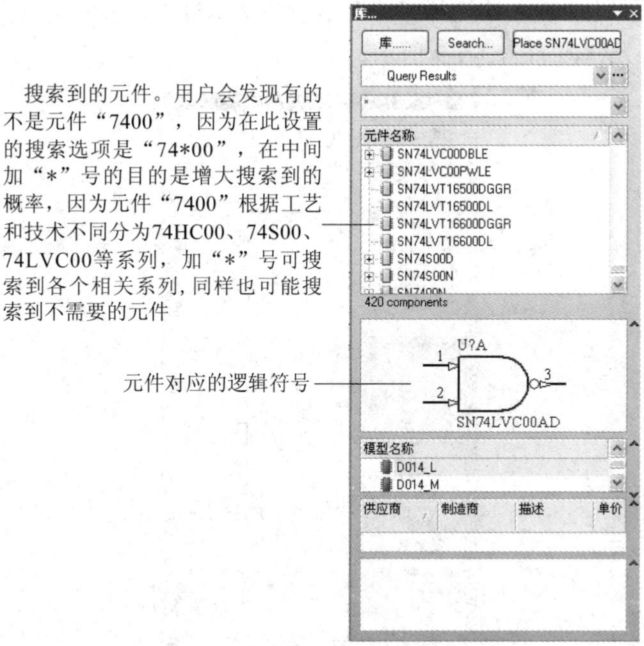

搜索到的元件。用户会发现有的不是元件“7400”，因为在此设置的搜索选项是“74*00”，在中间加“*”号的目的是增大搜索到的概率，因为元件“7400”根据工艺和技术不同分为74HC00、74S00、74LVC00等系列，加“*”号可搜索到各个相关系列，同样也可能搜索到不需要的元件

元件对应的逻辑符号

图 3-4-7　元件搜索结果

建议：建议采用带“*”号的模糊搜索形式，增大搜索到所需元件的概率。

找到符合用户要求的元件，在如图 3-4-7 所示的“元件名称”区域中双击符合要求的元件，即可将其放置在图纸中。如果搜索到的元件所在的元件库没有添加在可见库中，则会弹出一个如图 3-4-8 所示的提示安装元件库的信息提示框，表明该元件库没有安装，需要用户进行添加。

图 3-4-8　提示安装元件库的信息提示框

单击“是”按钮将会安装该元件库，同时元件会随着鼠标出现在原理图中，单击鼠标左键即可放置该元件。

3.4.3　放置元件

在 Altium Designer 软件中放置元件的方法有两种：一是通过“库...”面板放置；二是通过菜单放置。

1．通过元件库面板放置

步骤 1：打开“库...”面板，载入所要放置元件所在的库文件。例如，需要放置第 2 章所设计的元件库“我的原理图元件库.SchLib”中的元件“MSP430F1121”，加载这个元件库的方法可参考 3.4.1 节。

提示：如果用户不知道元件所在的元件库，则可以按照前面介绍的方法进行搜索，然后加载相应的元件库即可。

步骤 2：加载元件库后，并将其选中，在如图 3-4-2 所示的下拉列表中选择“我的原理图元件库.SchLib”文件。

步骤 3：单击鼠标左键，该元件库即可出现在文本框中，在“元件名称”区域中将显示元件库中的所有元件，如图 3-4-9 所示。

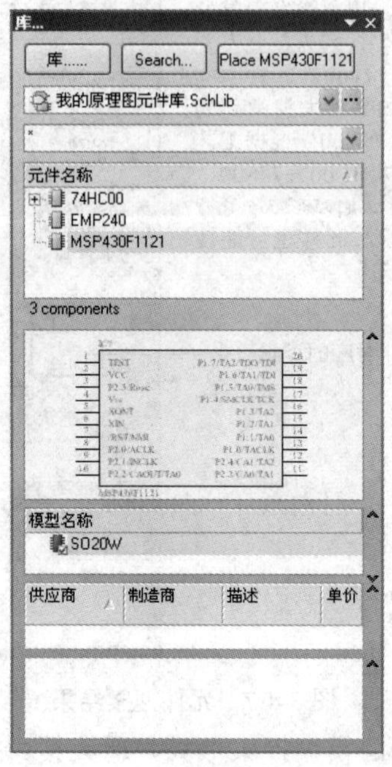

图 3-4-9　元件库中的元件列表

步骤 4：在如图 3-4-9 所示的对话框中选择需要放置的元件，此时该元件将以高亮显示，且在元件符号窗口显示该元件符号。

步骤 5：选中元件“MSP430F1121”后，单击“库...”面板上方的“Place MSP430F1121”按钮或双击元件“MSP430F1121”的名称，鼠标指针将变成十字形状并附加元件“MSP430F1121”的符号显示在工作窗口中，如图 3-4-10 所示。

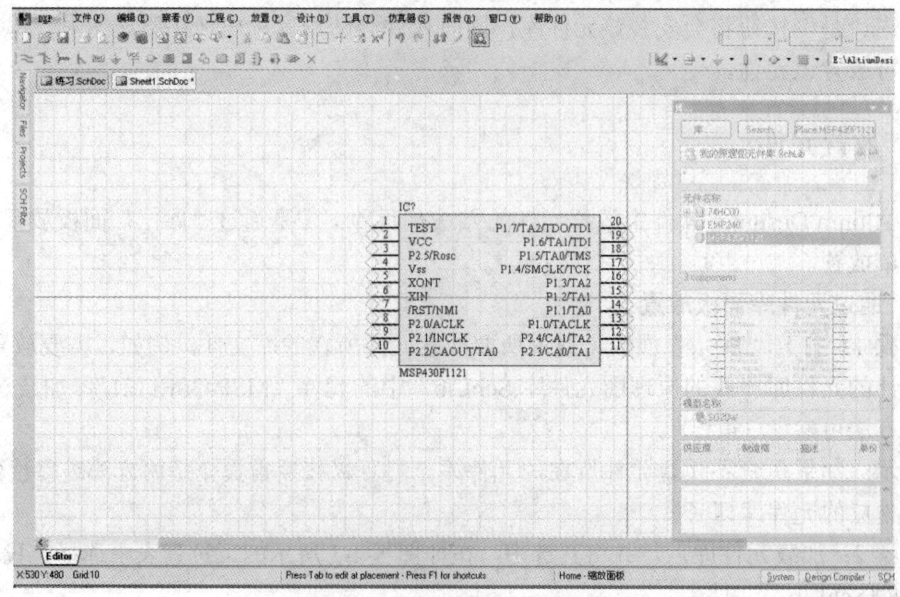

图 3-4-10　放置元件时的鼠标状态

步骤 6：移动鼠标指针到原理图中合适的位置，单击鼠标左键，元件将被放置在鼠标指针停留的地方，此时鼠标指针仍然保持图 3-4-10 所示的状态，可以继续放置该元件。在完成放置后，单击鼠标右键，鼠标指针即可恢复成正常状态。

步骤 7：完成一些元件的放置后，可以对元件位置进行调整，设置这些元件的属性，然后重复刚才的步骤，放置其他元件。

2．通过菜单放置

单击主菜单中的“放置”→“器件”命令，弹出如图 3-4-11 所示的“放置端口”对话框。该对话框中显示出了被放置元件的部分属性，其中包括：

(1) 标识：被放置元件在原理图中的标号。这里放置的元件为集成电路，因此采用 IC 作为元件标号。

(2) 注释：被放置元件的说明。

(3) 封装：被放置元件的封装。如果元件为集成元件库的元件，则在本栏中将显示元件的封装。否则需要自己定义封装。

图 3-4-11　“放置端口”对话框

注意：Altium Designer 软件中的“放置端口”对话框翻译得有问题，应为“放置器件”，实际单击的命令也是“放置”→“器件”。菜单中还有“放置”→“端口”命令，用于放置端口，读者不要混淆。

步骤 1：单击如图 3-4-11 所示对话框中的“选择”按钮，将弹出如图 3-4-12 所示的“浏览库”对话框。在其“库”的下拉列表中选择“我的原理图元件库.SchLib”，然后选择元件“MSP430F1121”。

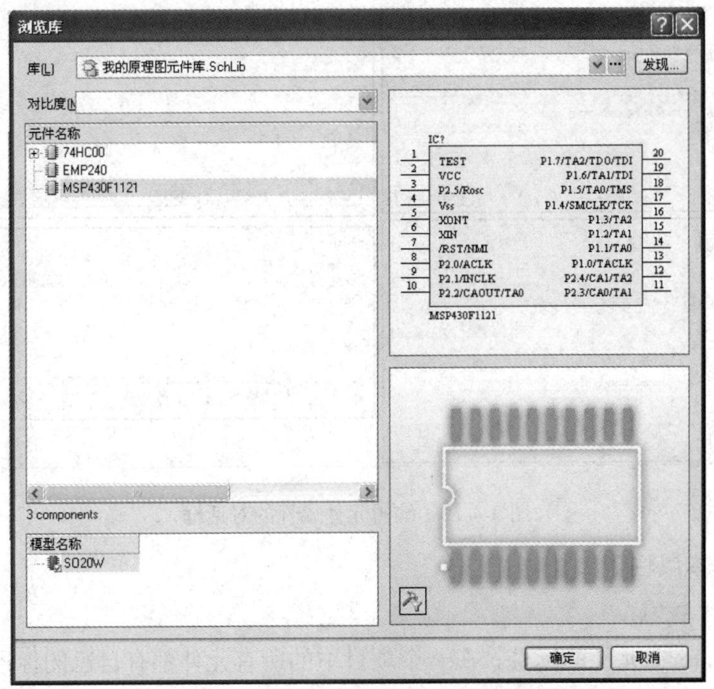

图 3-4-12　“浏览库”对话框

步骤 2：单击“确定”按钮，在“放置端口”对话框中将显示选中的元件，如图 3-4-11 所示。

步骤 3：单击“确定”按钮，此时，鼠标指针带着元件符号处于放置状态，连续单击鼠标左键可以放置多个元件，放置完成后，单击鼠标右键即可退出。

建议：放置元件时，并不需要将原理图上的所有元件一次性放置完。通常的做法是根据画图需要，边放置元件边画图，直至完成整个电路为止。

3.4.4 设置元件属性

在放置元件之后，需要设置元件属性。设置元件属性一方面确定了后面生成网络报表时的部分内容；另一方面也会影响元件在图纸上的摆放效果。此外，在 Altium Designer 软件中，还可以设置部分布线规则以及对元件的所有管脚进行编辑。

设置元件的属性，首先需要进入编辑元件属性的对话框。在原理图图纸中，双击想要编辑的元件，系统会自动弹出如图 3-4-13 所示的编辑元件属性的对话框。除了这种方法外，在放置元件的过程中，按 Tab 键也可以弹出编辑元件属性的对话框。

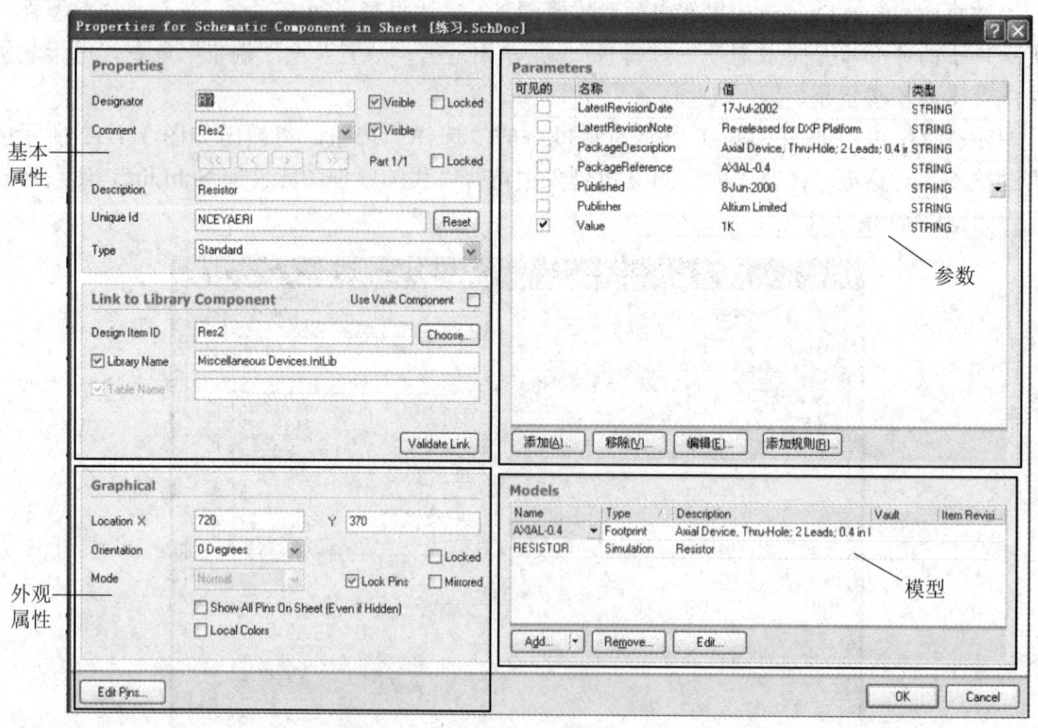

图 3-4-13　编辑元件属性的对话框

1．元件基本属性

1)　“属性”选项

(1) Designator：元件的标号。在一个项目中的所有元件都有自己的标号，用于区别其他元件，因此，在同一工程项目中，元件的标号不能重复。

(2) Comment：对元件的说明。

(3) Description：对元件的描述。

(4) Unique ID：该元件的唯一 ID 值。

(5) Type：元件的类型。

在“Designator”选项和“Comment”选项后面包含“Visible”复选框，其功能为决定对应的内容是否在原理图中显示。如选中“Visible”复选框，则表示相应内容将会在原理图中显示出来。

提示：对于设计者而言，一般主要关心“Designator”和“Comment”这两个选项。

2) “库链接”选项

(1) Design Item ID：就是元件的名字，可以单击后面的“Choose”按钮，重新选择其他元件。

(2) Library Name：该元件所在的元件库(这一项一般不改)。

提示：单击“Design Item ID”选项后面的“Choose”按钮重新选择其他元件后，单击“OK”按钮，原理图中原来的元件符号会更改为重新选择的其他元件符号，即这一项选择可以直接改变元件的类型。

2．元件外观属性

(1) Location(位置)：该元件在图纸上的位置。原理图图纸上的位置是通过元件的坐标来确定的，其中坐标原点为图纸的左下角顶点。直接在 X 和 Y 文本框中输入数值即可改变元件的位置。

技巧：一般不通过修改该参数来改变位置，而是在原理图中将鼠标指针放置在需改变位置的元件上，按住鼠标左键不放，拖动到需要的位置即可。

(2) Orientation(方向)：该元件的旋转方向。其提供了 0 Degrees、90 Degrees、180 Degrees 和 270 Degrees 这四种旋转角度。单击下拉按钮，弹出一个选择旋转角度的下拉列表，从中即可设置元件的旋转方向。

技巧：一般不通过修改该参数来改变方向，而是在原理图中将鼠标指针放置在需改变方向的元件上，按住鼠标左键不放，单击一次空格键逆时针旋转 90°，多次按空格键直至到需要角度。

(3) Mirrored(镜像)：是否将该元件镜像显示。选中该复选框即可使得元件镜像显示。

技巧：一般不通过修改该参数来实现镜像，而是在原理图中将鼠标指针放置在需改变方向的元件上，按住鼠标左键不放，选中该元件，按 X 键或 Y 键来实现。

(4) Show All Pins On Sheet [Even if Hidden](显示所有管脚[即使管脚是隐藏的])：是否显示该元件的隐藏管脚。有些元件在使用时会有管脚需要悬空，有时在一个设计中元件的某些管脚没有用到，在这些情况下都可以在绘制元件符号时将这些管脚隐藏起来。在原理图中引用该元件符号时，隐藏的管脚将不会显示出来，如果想要显示隐藏的管脚，选中该复选框即可。

(5) Local Colors(本地颜色)：设置本地的元件符号颜色。选中该复选框，将出现颜色色块，单击颜色块，将会弹出如图 3-4-14 所示的“选择颜色”对话框。在该对话框中可以设置元件符号填充颜色、边框颜色和管脚颜色，一般情况下保持默认即可。

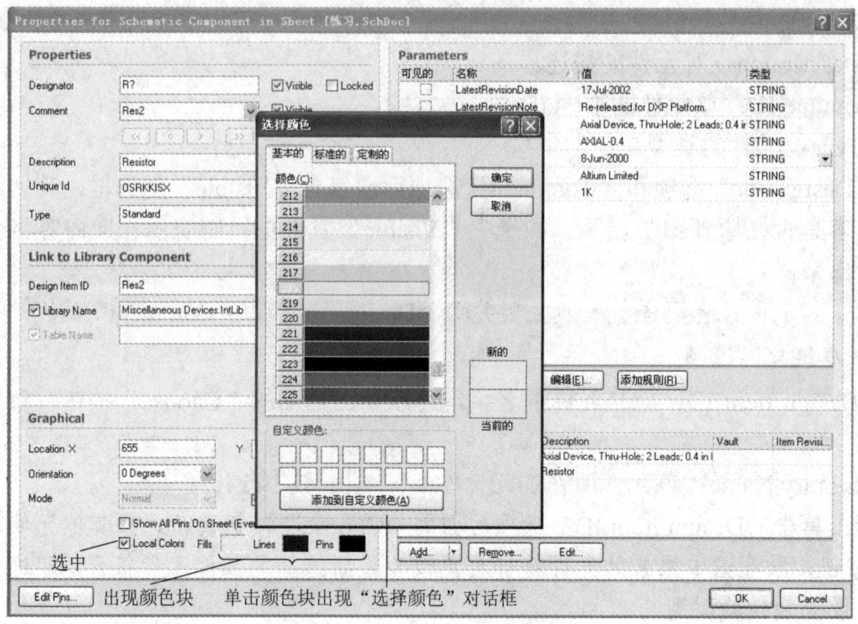

图 3-4-14　修改元件颜色

(6) Lock Pins(锁定管脚)：设置是否锁定管脚位置。如果取消选择该复选框，用户可以在原理图中改变管脚位置。

(7) Locked(锁定元件)：设置是否锁定元件位置。

3. 元件的参数

元件的参数如图 3-4-13 所示，双击其中的某一选项，即可对相关参数进行设置。其参数如下所述。

(1) 名称：参数的名称。在该栏中可以设置该参数在原理图中是否可见。

(2) 值：参数的取值。在该栏中可以设置该参数在原理图中是否可见及是否锁定。

(3) 属性：参数的属性，包括参数的位置、颜色、字体、旋转角度等。

除了系统给出的默认参数，用户也可以根据需要新增或者删除自己定义元件的参数。常用的方法如下：

(1) 单击图 3-4-13 中的“添加”按钮，即可弹出“参数属性”对话框。用户可以根据实际情况设置对话框，完成设置后单击“确认”按钮，即可在参数列表中添加新定义的参数选项。

(2) 单击图 3-4-13 中的“移除”按钮，设计者可以删除相应的参数选项。

(3) 单击图 3-4-13 中的“添加规则”按钮，用户可以在原理图中定义布线规则。

4. 元件的模型

元件模型如图 3-4-13 所示，在该项中可以设置元件的封装。单击图 3-4-13 中的“Add”按钮，可以添加 Footprint 模型、SI 模型等。具体添加方法可参考第 2 章的 2.3.5 节。

在普通设计中通常涉及的模型只有元件封装。设置元件封装的步骤如下所述。

步骤 1：选中如图 3-4-13 所示的元件封装选项，该项将以高亮显示，单击“Edit”按钮，弹出如图 3-4-15 所示的“PCB 模型”对话框。

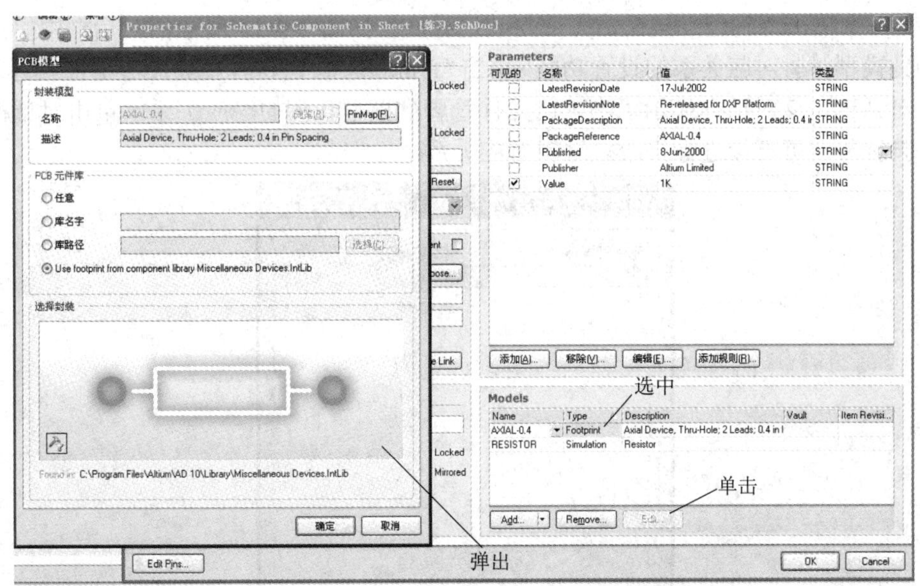

图 3-4-15 “PCB 模型”对话框

步骤 2：加载封装所在的库。Altium Designer 支持的封装库包括集成元件库和普通的封装库，该栏的默认设置为“Use footprint from component library Miscellaneous Devices.IntLib”，表示采用集成元件库中与元件符号关联的封装，此时无须加载其他封装库。“PCB 元件库”中各项的含义如下所述。

(1) 选中“任意”单选按钮，表示在所有加载了的元件库中选择封装。

(2) 选中“库名字”单选按钮，表示在指定名称的元件库中选择封装。

(3) 选中“库路径”单选按钮，表示在指定路径下的元件库中选择封装。

如用户选中“任意”单选按钮，再单击“浏览”按钮，将弹出如图 3-4-16 所示的“浏览库”对话框，在该对话框中先选择元件所在的元件库，然后选择元件对应的封装，其中电阻“RES”采用“AXIAL-0.4”的封装形式。

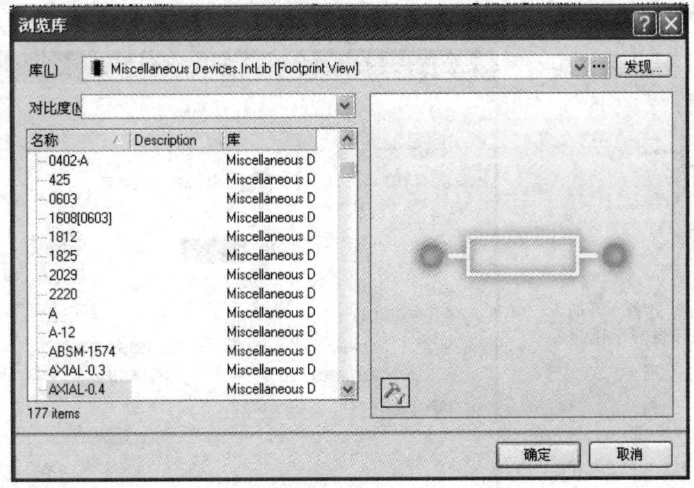

图 3-4-16 在“浏览库”对话框中选择元件封装

步骤 3：单击“确定”按钮，完成封装选择。在如图 3-4-15 所示的对话框中提供了元件管脚到模型管脚对应关系的设置功能。单击“PinMap”按钮将弹出如图 3-4-17 所示的“模型图”对话框。该对话框显示了当前的元件管脚到模型管脚的对应关系。单击对话框中的模型管脚标号即可直接进行修改，编辑对应关系。

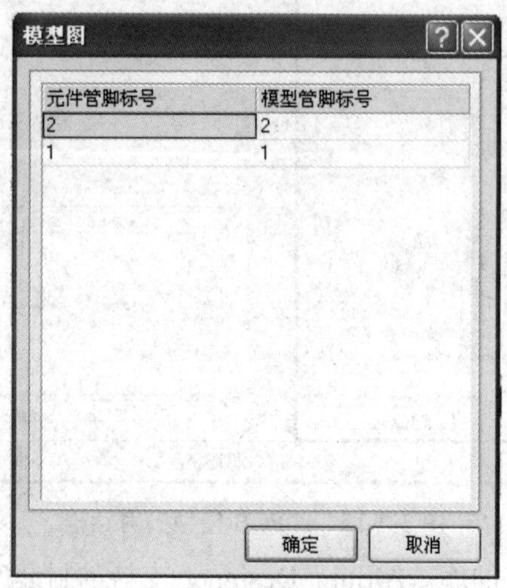

图 3-4-17　“模型图”对话框

如果没有所需要的管脚封装，可以通过单击图 3-4-16 中的“发现”按钮来查找元件的封装，或自行设计封装再加载封装。

5．元件说明文字

在原理图中的每个元件都有自己的说明文字，包括元件的标号、说明及取值，这些元件属性可以直接在原理图中进行设置。在原理图中双击想要设置的内容即可，如双击“R？”，如图 3-4-18 所示。

如果想要编辑元件说明文字，在原理图中双击放置元件的“注释”文字，将弹出如图 3-4-18 所示的“参数属性”对话框。设计者可自行设置元件标号的各项内容。如果在设计中没有显示元件说明的必要，则不选“可见的”选项即可隐藏。

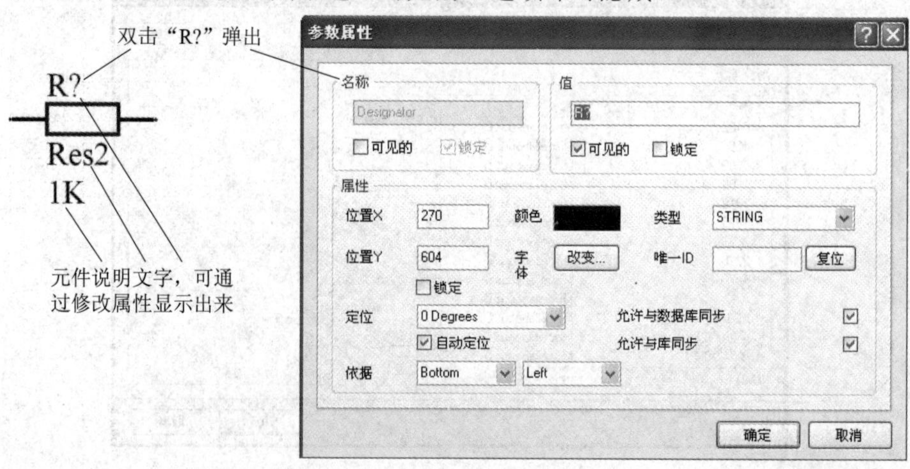

图 3-4-18　“参数属性”对话框

建议：很少这样修改说明文字，一般在放置元件时，按 Tab 键，弹出如图 3-4-13 所示的编辑元件属性的对话框，在该对话框中多个参数可一次性修改完成。

3.5 对元件的基本操作

3.5.1 选择对象

在原理图中，单个对象的选取非常简单，只需要在工作窗口中用鼠标单击即可选中。元件被选中的状态如图 3-5-1 所示。

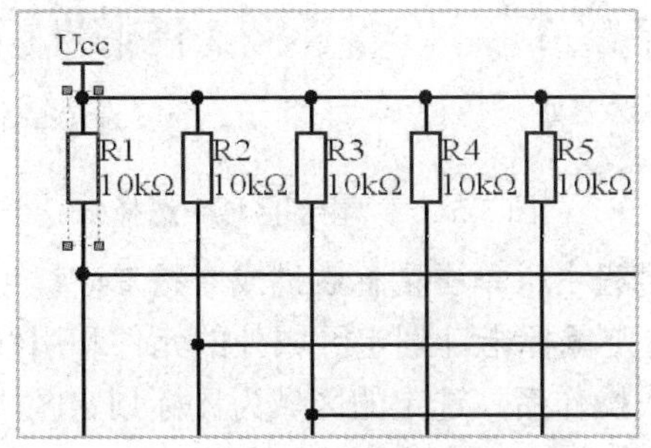

图 3-5-1 元件被选中的状态

除了单个元件的选择，Altium Designer 软件还提供了其他的元件选择方式，其在“选中”选项的级联菜单中列举了出来，如图 3-5-2 所示。

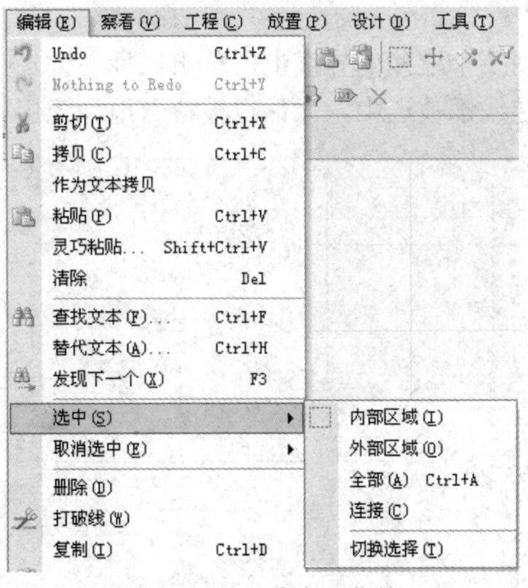

图 3-5-2 “选中”菜单

(1) 内部区域：用于选定鼠标指针划定区域内的元件和引线。

① 单击“编辑”→“选中”→“内部区域”命令，鼠标指针将变成十字形状显示在工作窗口中。

② 单击鼠标左键确定区域的一个顶点，然后移动鼠标，在工作窗口中将显示一个虚线框，该虚线框就是将要确定的区域。

③ 单击鼠标确定区域的对角顶点，此时在区域内的对象将全部处于选中状态，如图 3-5-3 所示。

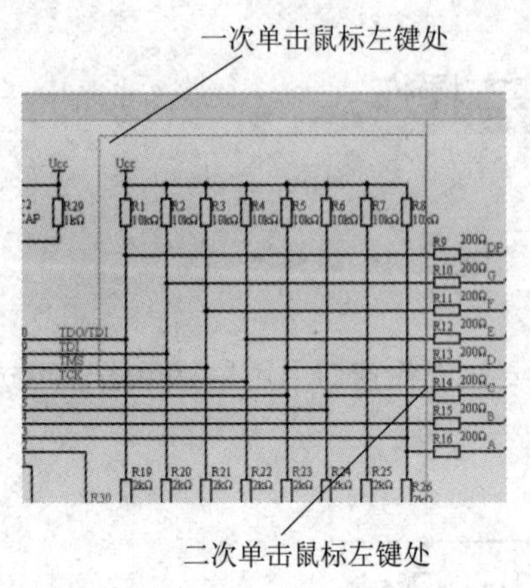

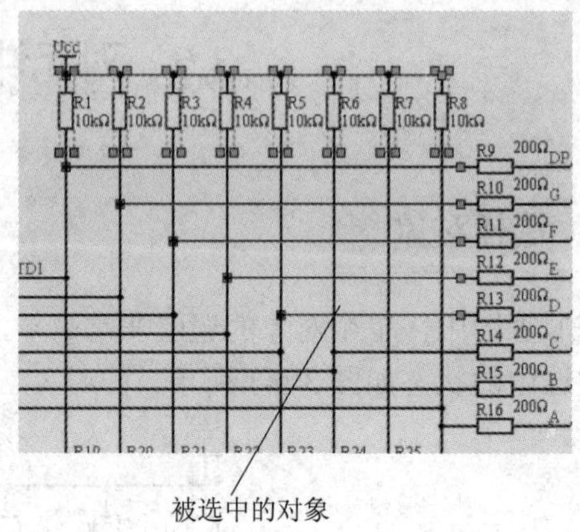

图 3-5-3　“内部区域”选择

提示： 在执行该操作过程中，单击鼠标右键或者按 Esc 键可退出该操作。

(2) 外部区域：用于选定鼠标指针划定区域外的元件和引线，其操作方法与选择内部区域的方法相同，只是完成操作后，选定的区域为鼠标划定区域的外围。

(3) 全部：用于选定整个当前工作原理图中的所有对象。

(4) 连接：选择一个连接上的所有导线。

① 单击“编辑”→“选中”→“连接”命令，鼠标指针变成十字形状并显示在工作窗口中。

② 将鼠标指针移动到某个连接的导线上，单击鼠标左键。

③ 该连接上所有的导线都被选中，元件也被特殊地标记出来了，如图 3-5-4 所示。

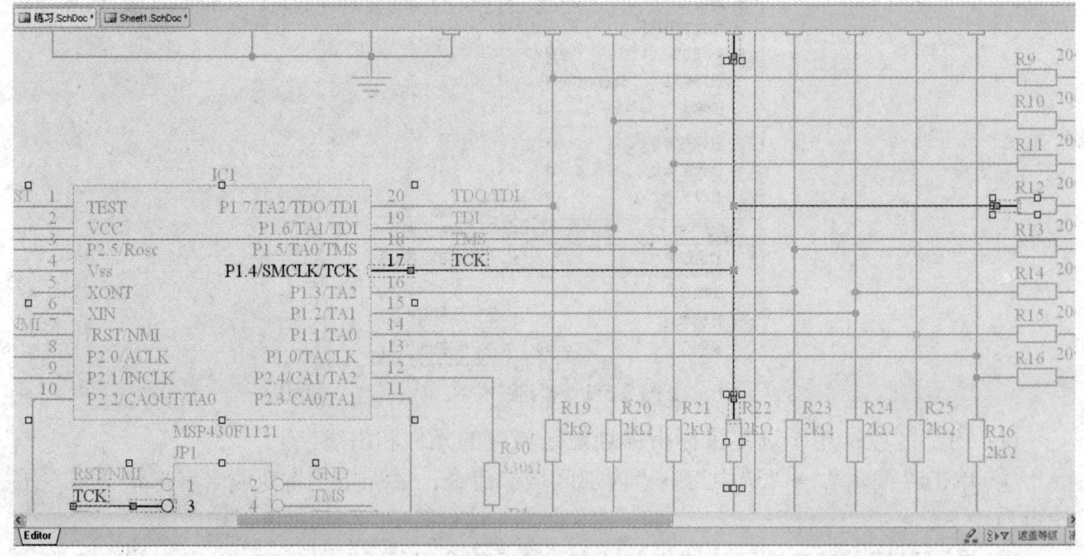

图 3-5-4　选择一个连接上的所有导线

此时，鼠标指针的形状仍为十字形状，重复步骤②、③可以选择其他连接的导线。

注意：在原理图中，"连接"不是指必须要用导线将每个需要相连的元件画到一起，而是定义为一个"网络"，将同一网络特性的元件引脚连接到一起，如图3-5-4所示的"TCK"。

(5) 切换选择：转换对象的选中状态，即将选中的对象变成未被选中的，将未被选中的变为选中的。

① 单击该菜单选项，鼠标指针变成十字形状并显示在工作窗口中。

② 将鼠标指针移动到某个连接的导线上，单击鼠标左键。

③ 该对象状态发生变化，鼠标指针仍为十字形状。

④ 重复步骤②、③，单击其他想要改变状态的对象。

⑤ 完成选择后，单击鼠标右键或者按Esc键退出该操作。

(6) 取消对象的选择：在工作窗口中如果有被选中的对象，则此时在工作窗口的空白处单击鼠标，可以取消对当前所有选中对象的选择；如果当前有多个对象被选中，而只想取消其中单个对象的选中状态，则可以将鼠标指针移动到该对象上，单击鼠标左键即可取消对该对象的选择，而其他对象仍保持选中状态。

技巧：如果在原理图中需要随机选择几个元件，这时可先按Shift键，再将鼠标指针移动到需要选择的元件上，单击鼠标左键选择元件，再移动到下一目标单击鼠标左键，直至完成需要选择的元件为止，放开Shift键。

3.5.2 移动对象

选择对象后，就可以执行移动操作了。该操作可以直接执行，也可以通过工具栏中的按钮执行，具体操作方法如下：

1．直接移动对象

在选中需要移动的对象时，将鼠标指针移动到对象上，当鼠标指针变成移动形状后，按住鼠标左键不放，同时拖动鼠标，这时选中的对象将随着鼠标指针移动，移动到合适的位置后松开鼠标左键即可。

2．使用工具栏中的按钮移动对象

步骤1：选择需要移动的对象。

步骤2：单击工具栏中的"移动"按钮或单击"编辑"→"移动"→"移动选择"命令，如图3-5-5所示，鼠标指针将变成十字形状。移动鼠标指针到选中对象上，单击鼠标左键，元件即可随着鼠标指针移动。

步骤3：移动鼠标指针到目的位置，单击鼠标左键，完成对象的移动。在移动过程中，如果在选择对象的同时选中多个元件，即可完成多个元件的同时移动。

技巧：在使用工具栏移动对象的过程中，单击鼠标右键或者按Esc键可退出移动操作。

注意：移动元件是为了方便连接，在绘制原理图时常常需要对部分元件进行移动，并对元件的标注位置进行适当的调整。

建议：一般常采用直接移动对象的方法移动对象。

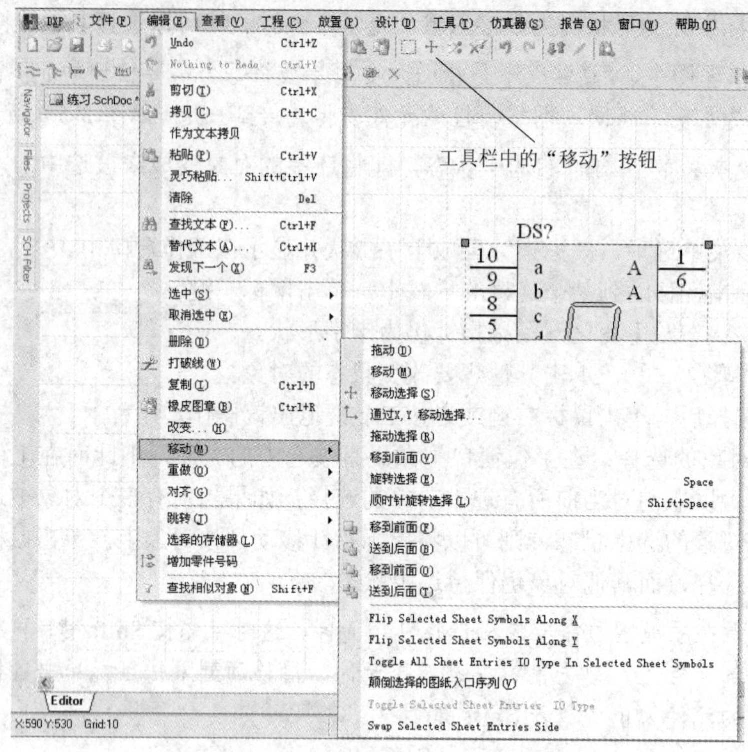

图 3-5-5 移动对象的选择菜单

3.5.3 删除对象

在 Altium Designer 软件中可以直接删除对象，也可以通过菜单删除对象。具体有以下几种操作方法。

1. 直接删除对象

在工作窗口中选择对象后，按 Delete 键可以直接删除选择的对象。

2. 通过菜单删除对象

步骤 1：打开“编辑”菜单，选择“删除”选项，鼠标指针变成十字形状并显示在工作窗口中。

步骤 2：移动鼠标，在想要删除的对象上单击鼠标左键，即可将其删除。

步骤 3：此时鼠标指针仍为十字形状，可以继续删除对象。

步骤 4：删除对象后，单击鼠标右键或者按 Esc 键退出该操作。

技巧：按快捷键“e”和“d”(即先按键盘上的“e”，再按“d”)，鼠标指针变成十字形状并显示在工作窗口中，继续步骤 2、3、4 即可。

3.5.4 操作的撤销和恢复

在 Altium Designer 软件中可以撤销上一步已经执行的操作。例如，如果用户误删除了某些对象，单击“编辑”→“Undo”命令或者单击工具栏中的按钮，即可撤销删除操作。但是，操作的撤销不能无限制地执行，由内部参数决定。

操作的恢复是指用户可以取消撤销，恢复之前的操作。该操作可以通过单击“编辑”→“Redo”命令或者单击工具栏中的按钮执行。

修改撤销次数的参数的方法如下所述。

步骤1：单击“工具”→“设置原理图参数”命令，弹出如图3-5-6所示的“参数选择”对话框。

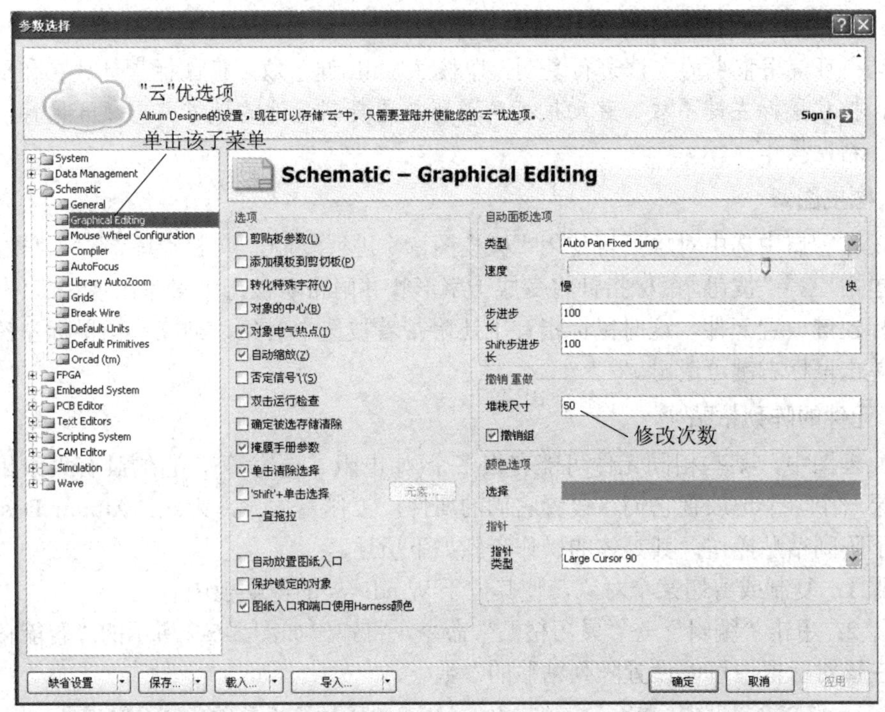

图3-5-6 “参数选择”对话框

步骤2：单击“Schematic”→“Graphical Editing”命令，修改堆栈尺寸，默认为50，建议修改到100左右即可，过大会使临时文件增大，计算机反应时间变长，速度变慢，影响操作。

3.5.5 复制、剪切和粘贴对象

若在同一个电路图中需要使用同样的元件，可以利用元件的复制功能来完成操作。

1. 复制对象

在工作窗口中选中对象后即可复制该对象。单击“编辑”→“复制”命令或按Ctrl+C组合键，即可完成对选中对象的复制，复制内容将保存在Windows的剪贴板中。

2. 剪切对象

在工作窗口中选中对象后即可剪切该对象。单击“编辑”→“剪切”命令或按Ctrl+X组合键，即可完成对选中对象的剪切。此时，工作窗口中的该对象被删除，该对象已保存在Windows的剪贴板中。

3．粘贴对象

在完成对象的复制或剪切后，该复制或剪切的对象已保存在 Windows 的剪贴板中，此时可以执行粘贴操作。其操作步骤如下所述。

步骤 1：单击“编辑”→“粘贴”命令或按 Ctrl+V 组合键，鼠标指针将变成十字形状并附带着剪贴板中的对象出现在工作窗口中。

步骤 2：移动鼠标指针到合适的位置，单击鼠标左键，剪贴板中的内容将被放置在原理图上，被粘贴的内容和复制/剪切的对象完全一样，它们具有相同的属性。

技巧：可使用拖曳的方法进行复制，即按住 Shift 键不放，将鼠标指针放在需要复制的元件上，按住鼠标左键不放，移动鼠标到需要放置复制元件的地方，再放开鼠标，即可完成复制、粘贴操作。

4．橡皮图章

在工作窗口中选中对象后可使用“橡皮图章”进行复制，单击“编辑”→“橡皮图章”命令或单击“ ”按钮，鼠标指针将变成十字形状并附带着被选中对象出现在工作窗口中。单击鼠标左键放置元件，这时鼠标指针上还附带着被选中对象，继续单击鼠标左键可继续放置，单击鼠标右键可退出。

5．元件的阵列粘贴

在原理图中，某些相同元件可能有很多个(如电阻、电容等)，它们具有大致相同的属性。如果一个一个地放置它们，设置它们的属性，工作量太大，为此，Altium Designer 软件提供了阵列粘贴操作。其具体的操作步骤如下所述。

步骤 1：复制或剪切某个对象，使其位于 Windows 的剪贴板中。

步骤 2：单击“编辑”→“灵巧粘贴”命令，将弹出如图 3-5-7 所示的“智能粘贴”对话框，在该对话框中可以设置阵列粘贴的参数。

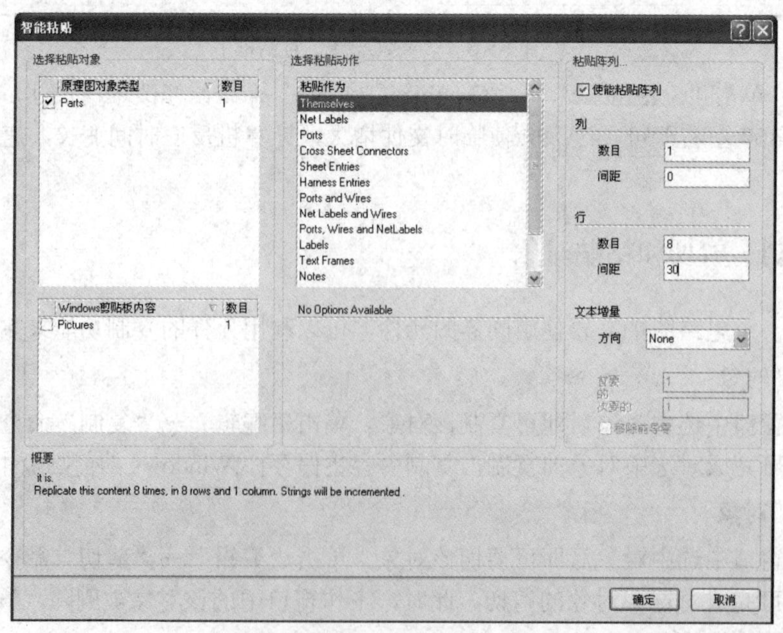

图 3-5-7 “智能粘贴”对话框

首先选中“使能粘贴阵列”复选框，即可显示该区域的一些默认设置。“智能粘贴”对话框中各项参数的意义如下：

(1) “列”区域的选项说明如下所述。

① 数目：指在水平方向上排列的元件的数量，可以设置为默认值。

② 间距：指在垂直方向上元件之间的距离，可以设置为默认值。

(2) “行”区域的选项说明如下所述。

① 数目：指元件在垂直方向上排列的个数。例如，用户设置为8个，如图3-5-7所示。

② 间距：指在垂直方向上元件之间的距离。这个值越大，元件在垂直方向上的距离也就越大。如果设置得过小，则元件在垂直方向上会离得很近，此时还需要拖动分离，此值可设置为30。

步骤3：单击“确定”按钮后，在原理图中移动鼠标到合适的位置，单击鼠标左键完成放置。元件阵列粘贴的结果如图3-5-8所示。

步骤4：在进行元件阵列粘贴后，用户同样可以选择该元件，并对其属性进行编辑。

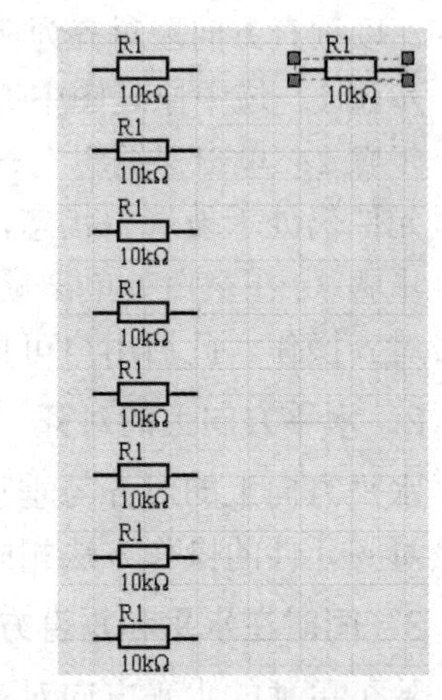

图3-5-8 元件阵列粘贴的结果

3.5.6 元件对齐操作

为了原理图的美观，同时为了方便元件的布局及连接导线，Altium Designer软件提供了元件的排列和对齐功能。图3-5-9为“编辑”菜单中“对齐”命令的下一级菜单，通过该菜单可以执行对齐操作。

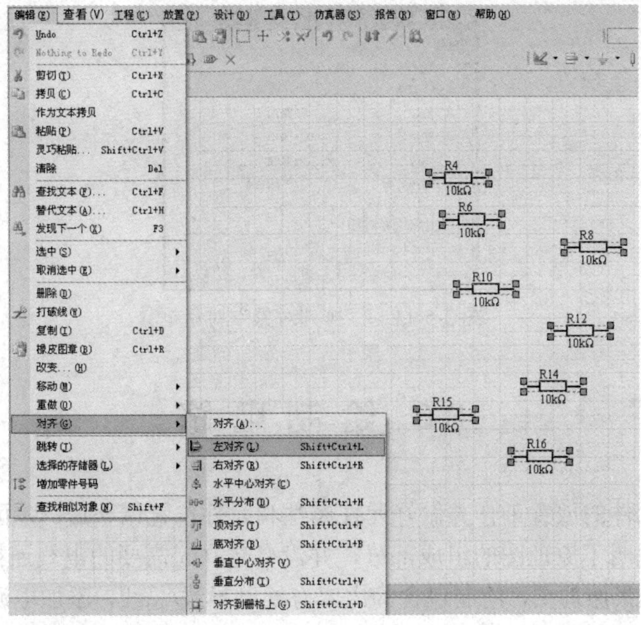

图3-5-9 对齐操作的菜单

通过元件对齐操作，可以对元件进行精确定位。在原理图中的对齐有水平对齐和垂直对齐两种。

1. 垂直方向上的对齐

垂直方向上的对齐是指所有选中的元件在水平方向上的坐标不变，而以垂直方向上(左、右或者居中)的某个标准进行对齐。以垂直方向左对齐为例，具体的操作步骤如下所述。

步骤 1：选中原理图中所有需要对齐的元件。

步骤 2：单击“编辑”→“对齐”→“左对齐”命令，此时元件仍处于被选中状态，如图 3-5-10 所示。

步骤 3：在空白处单击鼠标左键，取消元件的选择状态，完成对齐操作。此后用户可再自行调整。

2. 水平方向上的对齐

水平方向上的对齐与垂直方向上的对齐相类似，选择元件及对齐元件的操作方法相同。

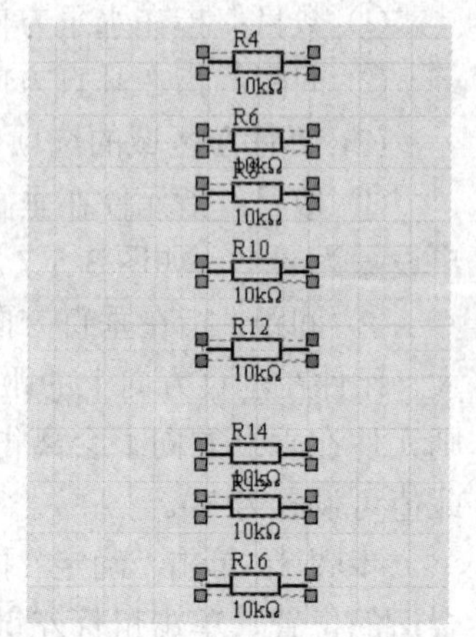

图 3-5-10　左对齐后的元件排列

3. 同时在水平和垂直方向上对齐

除了单独的水平方向对齐或垂直方向对齐外，Altium Designer 软件还提供了同时在水平方向和垂直方向上的对齐操作，具体的操作步骤如下所述。

步骤 1：选择需要对齐的元件。

步骤 2：单击“编辑”→“对齐”→“对齐”命令，弹出如图 3-5-11 所示的“排列对象”对话框。

步骤 3：在“排列对象”对话框中设置水平和垂直方向的对齐标准，单击“确定”按钮，结束对齐操作。

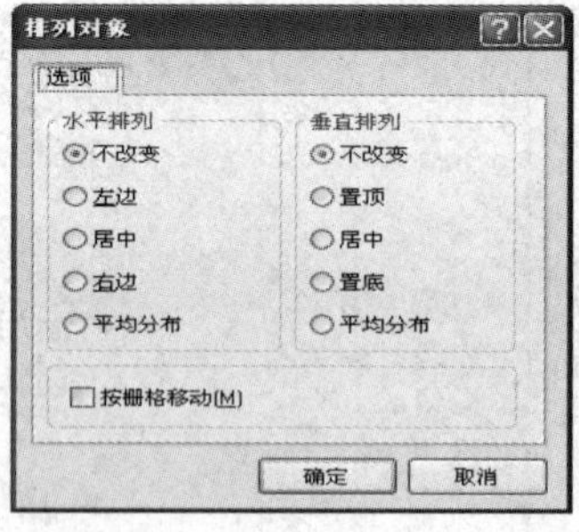

图 3-5-11　“排列对象”对话框

3.6 绘制电路

在完成部分元件的放置工作并做好元件属性和元件位置调整后，便可以开始绘制电路。元件的放置只是说明了原理图的组成部分，并没有建立起需要的电气连接，因此需要进行电路绘制。对于单张原理图，绘制包含的内容有绘制导线/总线，添加电源/接地，设置网络标号，放置输入/输出端口等。

3.6.1 工具栏

1."布线"工具栏

"布线"工具栏如图 3-6-1 所示，该工具栏提供导线绘制、端口放置等操作。

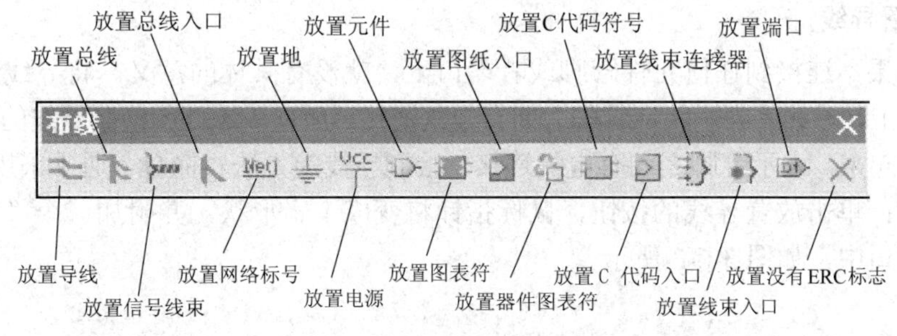

图 3-6-1 "布线"工具栏

2."实用"工具栏

"实用"工具栏如图 3-6-2 所示。该工具栏包含实用、对齐、电源、器件、仿真源、栅格等工具栏。图中只给出了"实用"工具栏和"电源"工具栏的说明，"排列"工具栏可参考 3.5.6 节的元件对齐；"器件"工具栏可用于放置器件，不过常采用 3.4 节所讲的方法，本栏的方法很少用；"仿真源"工具栏用于信号的仿真，本书不讲解仿真内容，具体请参考其他相关书籍；"栅格"工具栏的用法可参考 3.3.7 节。

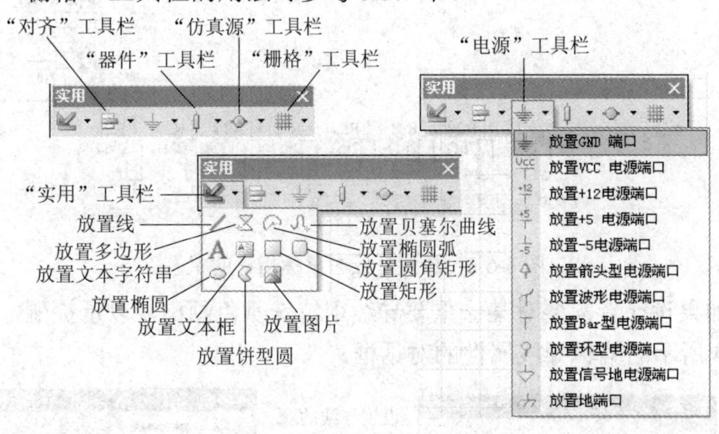

图 3-6-2 "实用"工具栏

在现今电子设计中，尤其是在高速电子设计中，电路的地线一般分开处理，常见的有电源地、信号地和与大地相连的机箱地。为了能在电路设计中分清楚各种"地""电源"，工具栏中给出了多种表示"电源"和"地"的符号，其功能相同，只是表示不同的网络，接到不同的供电端口上。

注意："实用"工具栏中的"放置线"工具的功能与"布线"工具栏中的"放置导线"工具的功能不同，虽然画出的线看起来一样，几乎没有区别，但是"实用"工具栏中的"放置线"工具画的线没有电气特性，它无法导入电路板的设计中，形成真正的用铜做的导线，"布线"工具栏中的"放置导线"工具画的导线有电气特性，它可以导入电路板的设计中，形成真正的用铜做的导线。

3.6.2 绘制导线

导线是电气连接中最基本的组成单位，原理图上的任何电气连接都是通过导线建立起来的。

1. 放置导线

导线如果不连接到任何元件管脚或者端口上，就没有具体的意义。将导线连接到具体元件的管脚上，导线才表示相应管脚之间有电气连接。所以，原理图绘制导线的目的是将元件管脚连接起来，表示管脚之间有电气连接。绘制导线的方法较简单，通常采用如下方法。

步骤 1：单击放置导线的按钮，鼠标指针将变成十字形状，并附加一个“×”标记显示在工作窗口中，如图 3-6-3 所示。

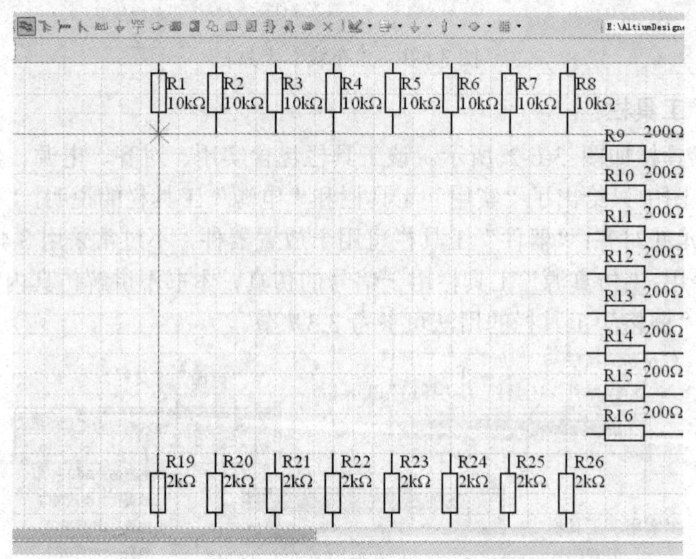

图 3-6-3　放置导线时鼠标指针的状态

步骤 2：如果设计者需要对某一重要导线用特殊颜色画出，以示提醒，可以按 Tab 键，弹出如图 3-6-4 所示的编辑导线属性的对话框。

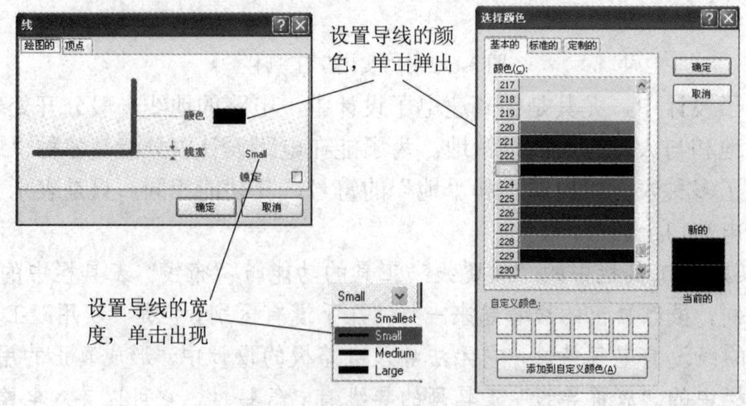

图 3-6-4　编辑导线属性的对话框

提示：一般情况下，不需要编辑导线属性，因此该步骤可以省略。如果画完导线后需要修改属性，可以双击该导线，进入编辑导线属性的对话框。

步骤 3：将鼠标指针移动到需要建立电气连接的一个元件管脚上，单击鼠标左键确定导线的起点。导线的起始点一定要设置到元件的管脚上，否则绘制的导线将不能建立起电气连接。移动鼠标指针到元件的管脚上，如果出现一个元件引脚与导线相连接的标识(即一个红色的“×”标记)，则说明可以建立电气连接。

注意：如果在元件库设计时，未将元件引脚放置在栅格捕捉点上，该元件在放入原理图后，导致画导线时会捕捉不上，即无法出现红色的“×”标记，导致电路图绘制错误(初学者经常犯这种错误)，而在打印出的图纸上往往还无法看出这种错误。

步骤 4：移动鼠标，随着鼠标的移动将出现尾随鼠标指针的导线。移动鼠标指针到需要建立连接的元件管脚上，单击鼠标左键，此时一根导线即可绘制完成。

步骤 5：此时鼠标指针仍处于如图 3-6-3 所示的状态，此时可以以刚才绘制的元件管脚为起点，重复步骤 4 连接下一个元件管脚。

步骤 6：在以这个元件管脚为起始点的电气连接建立完成后，单击鼠标右键，结束这个元件管脚起始点的导线绘制。

步骤 7：此时可以重新选择需要绘制连接的元件管脚作为导线起始点，不需要以刚才的元件管脚为导线起始点。重复步骤 1、2、3、4 进行绘制，绘制完成后单击鼠标右键即可退出绘制状态。导线的绘制过程如图 3-6-5 所示。

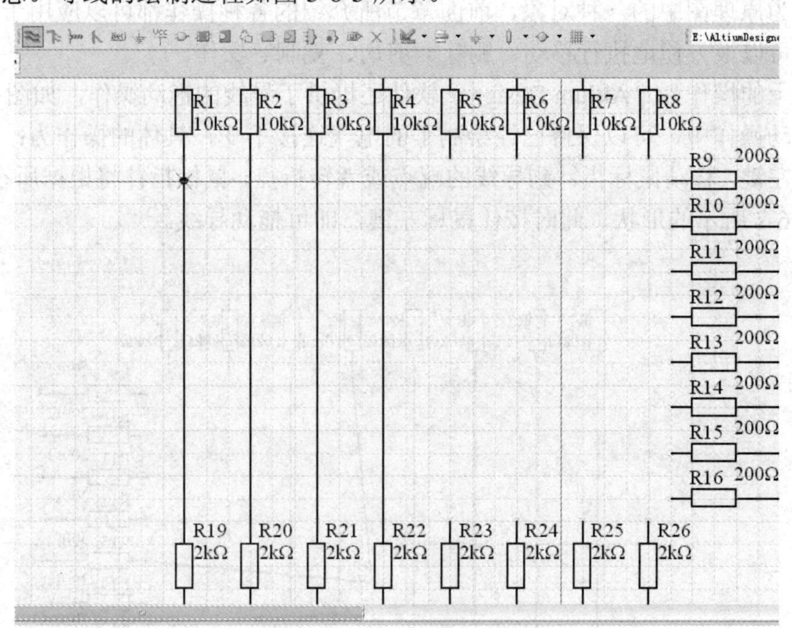

图 3-6-5 导线的绘制过程

提示：导线将两个管脚连接起来后，这两个管脚具有电气连接，任意一个建立起来的电气连接将被称为一个网络，每一个网络都有自己唯一的名称。

在导线的绘制过程中，因为有其他元件相隔或者有美观上的要求而需要转折时，在转折处单击鼠标左键即可确定转折点，每一次转折需要单击鼠标左键一次。转折后可以继续向目标元件绘制导线。图 3-6-6 为绘制包含转折的导线过程。

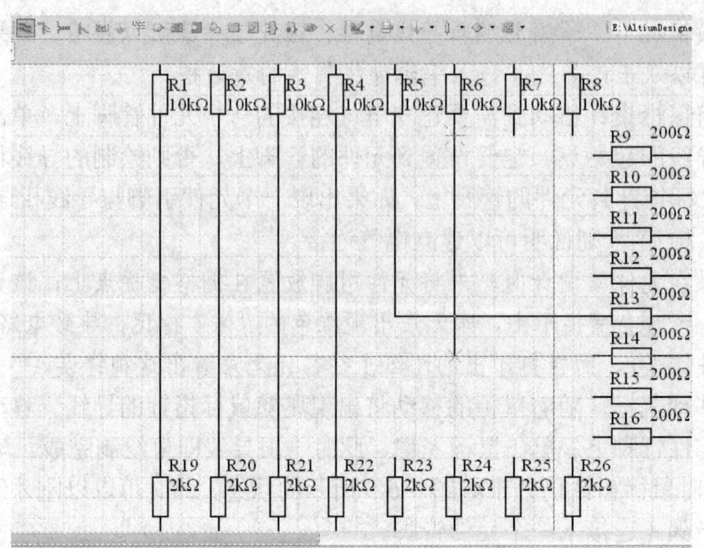

图 3-6-6　绘制包含转折的导线过程

注意：绘制导线只能用“布线”工具栏中的“放置导线”工具，不能用“实用”工具栏中的“放置线”工具。

2. 导线的拖动操作

导线作为原理图中的一种对象，前面章节所介绍的各种操作都可以应用于导线上。选中导线后，可以很方便地执行移动、删除、剪切、复制等操作。

除了以上的操作外，Altium Designer 软件还提供了导线的拖动操作，如图 3-6-7 所示。在导线的拖动操作中，可以保持已经绘制了的电气连接不变，具体的操作为：在一根导线上单击鼠标左键，移动鼠标指针到导线的端点或者转折点，鼠标指针将根据所在位置不同，变成如图 3-6-7 所示的形状，此时按住鼠标左键，即可拖动导线。

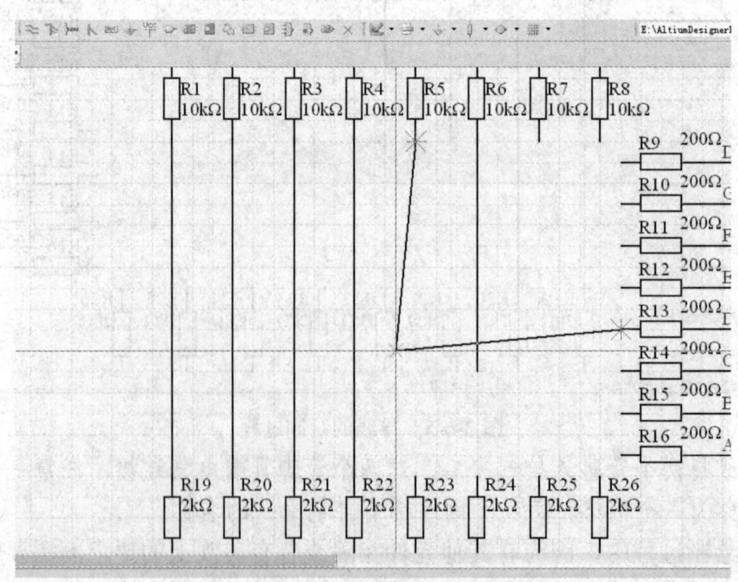

图 3-6-7　导线的拖动操作

通过导线的拖动可以很方便地延长导线，也可以改变转折点的位置，但不改变导线的连接性质，这和普通的移动操作是相同的。

3.6.3　放置电路节点

对于 T 字形状导线的连接，软件会自动在 T 字形状导线的会合处放置节点。而对于十字形状导线的连接，软件无法判别这两根线是否需要连接，则不会自动放置节点，需要手工放置。

电路节点的作用是确定两条交叉的导线是否有电气连接。如果导线交叉处有电路节点，说明两条导线在电气上连接，它们连接的元件管脚处于同一网络，否则认为没有电气连接。电路节点如图 3-6-8 所示。

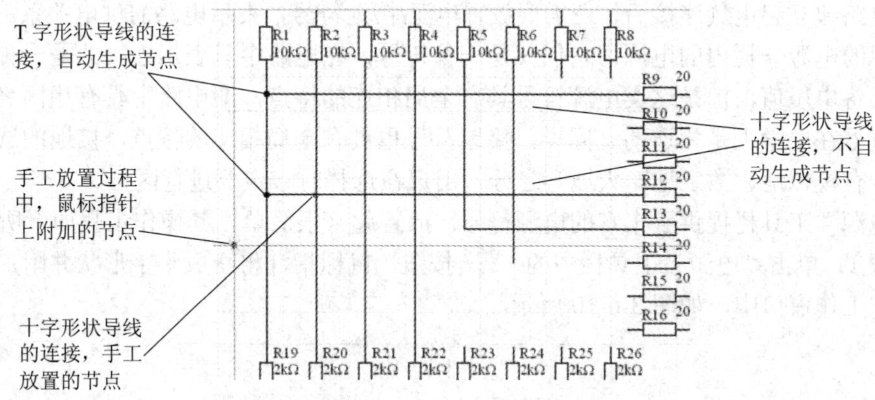

图 3-6-8　电路节点

放置电路节点的操作步骤如下所述。

步骤 1：单击“放置”→“手工节点”命令，鼠标指针将变成十字形状，并附加电路节点出现在工作窗口中，如图 3-6-8 所示。

步骤 2：如果需要修改节点参数，可以按 Tab 键，弹出“连接”对话框，如图 3-6-9 所示。

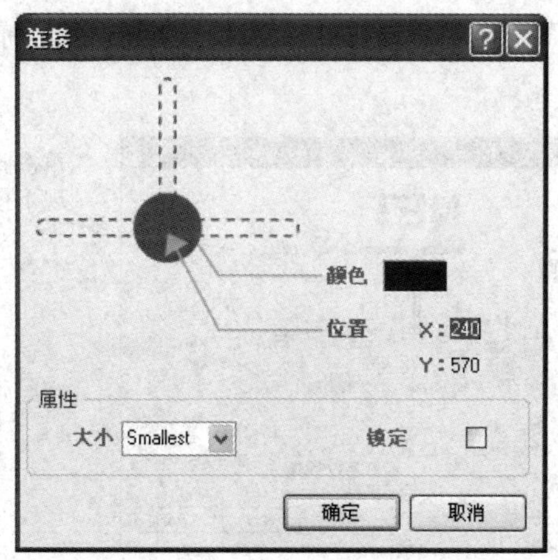

图 3-6-9　“连接”对话框

在“连接”对话框中可以更改电路节点的颜色、位置、是否锁定以及节点的大小等参数。

提示：一般情况下不需要编辑电路节点属性，该步骤可以省略。如果放置完后需要修改属性，可以双击该电路节点，进入“连接”对话框。

步骤 3：移动鼠标指针到需要放置电路节点的地方，单击鼠标左键，此时即可放置一个电路节点。

步骤 4：此时鼠标指针仍处于如图 3-6-8 所示时的状态，重复步骤 3，可以继续放置电路节点。

步骤 5：放置完电路节点后，单击鼠标右键或者按 Esc 键即可退出放置电路节点的操作。

3.6.4　放置电源/接地符号

在电路建立起电气连接后，还需要放置电源/接地符号，表示电路的供电关系。“实用”工具栏中的电源一栏内的电源，它们仅是一种符号，在电路中只表示连接的是一种电源，本身不具备电压值，但是这类电源符号具有全局相连的特点，即电路中具有相同名称的多个电源符号在电学上是相连的。同样，接地符号也具有全局相连的特点，接地的选择不是任意的，有模拟地、数字地、大地等之分，用户在选择时一定要进行区分。

“电源”工具栏提供了丰富的电源符号，放置起来很简单。其操作步骤如下所述。

步骤 1：单击“电源”工具栏中的 VCC 按钮，鼠标指针将变成十字形状并附加电源符号显示在工作窗口中，如图 3-6-10 所示。

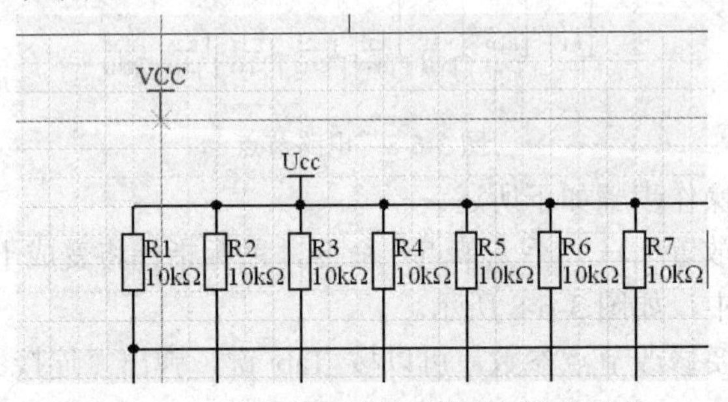

图 3-6-10　放置电源符号时的鼠标指针形状

步骤 2：如果需要编辑电源符号属性，可以按 Tab 键，弹出“电源端口”对话框，如图 3-6-11 所示。

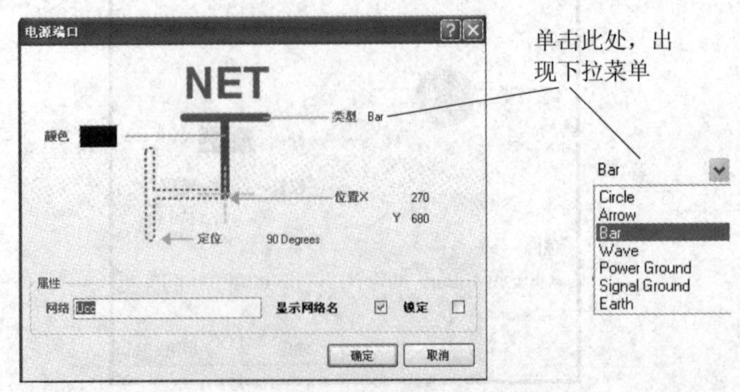

图 3-6-11　“电源端口”对话框

“电源端口”对话框中各项的意义如下所述。

(1) 颜色：该电源符号的颜色。此栏中通常保持默认设置。

(2) 类型：设置电源符号的风格。单击下拉按钮，出现一个下拉菜单，如图 3-6-11 所示。

(3) 位置：电源符号的位置。

(4) 方向：电源符号的旋转角度。

(5) 网络：电源符号的网络名称。

注意：网络是电源符号最重要的属性，它确定了符号的电气连接特性，不同风格的电源符号，如果网络(Net)属性相同，则是同一个网络，这告诉我们，不可只看外形，实际上需要注意内部电气特性，软件只识别电气特性。

提示：如果在放置好电源符号后，需要对电源符号属性进行设置。双击电源符号，即可弹出如图 3-6-11 所示的对话框。

步骤 3：移动鼠标指针到合适的位置，单击鼠标左键即可放置电源符号，之后鼠标指针又变成十字形状并附加电源符号显示在工作窗口中，单击左键可继续放置电源符号。

步骤 4：单击鼠标右键，退出放置电源符号，鼠标指针恢复到正常状态。

步骤 5：连接电源符号到元件的电源管脚上，或在步骤 3 中直接将电源符号放置在元件的电源管脚上。

3.6.5 放置网络标号

在 Altium Designer 软件中，除了通过在元件管脚之间连接导线表示电气连接之外，还可以通过放置网络标号(又称为网络标签)来建立元件管脚之间的电气连接。

在原理图中，网络标号将被附加在元件的管脚、导线、电源/接地符号等具有电气特性的对象上，用于说明被附加对象所在的网络。具有相同网络标号的对象被认为电气连接在一起，它们连接的管脚被认为处于同一个网络中，而且网络的名称即为网络标号名。在绘制大规模电路原理图时，网络标号是相当重要的，具体的网络标号应用环境为：

(1) 在单张原理图中，通过设置网络标号可以避免复杂的连线。

(2) 在层次性原理图中，通过设置网络标号可以建立跨原理图图纸的电气连接。

将网络标号放置在与元件引脚相连的导线上，即该引脚被定义成所设置网络标号的名称，相同名称的网络标号的元件引脚连接在一起。具体的网络标号放置步骤如下：

步骤 1：单击“Net1”按钮或单击“放置”→“网络标号”命令，鼠标指针将变成十字形状并附有网络标号的标记显示在工作窗口中，如图 3-6-12 所示。

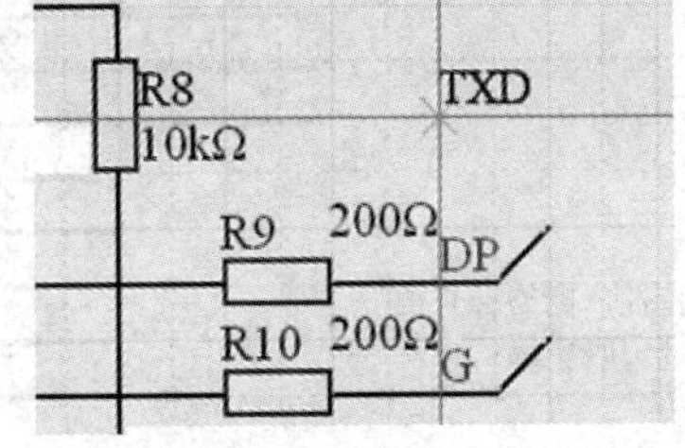

图 3-6-12 附有网络标号的鼠标指针

提示：鼠标指针上所附带的网络标号名为上次使用时所设置的名称。

步骤 2：按 Tab 键，弹出“网络标签”对话框，如图 3-6-13 所示，用于修改网络标号的属性。

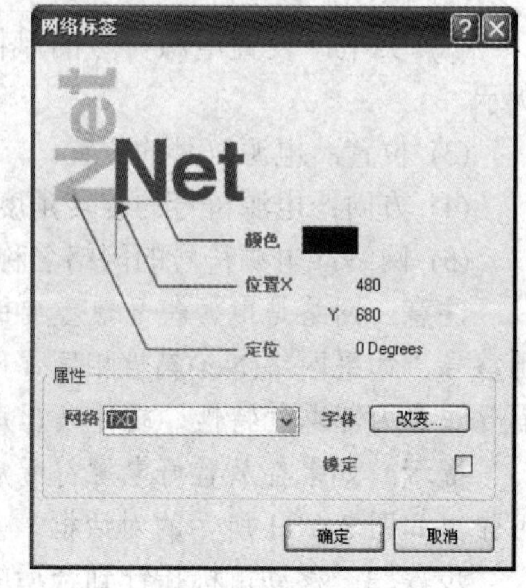

图 3-6-13　“网络标签”对话框

“网络标签”对话框中网络标号包含如下的属性。

(1) 颜色：该网络标号的颜色。此栏中通常保持默认设置。

(2) 位置：该网络标号的位置。此栏一般不修改，而是在原理图中直接移动网络标号。

(3) 方向：该网络标号的旋转角度。此栏一般不修改，而是在原理图中使用鼠标左键选中网络标号不放开，按空格键旋转角度。

(4) 网络：该网络标号所在的网络。这是网络标号最重要的属性，它确定了该网络标号的电气特性。具有相同“Net”属性值的网络标号，它们相关联的元件引脚被视为同一网络，之间有电气连接特性。

步骤 3：移动鼠标指针到网络标号所要指示的导线上，此时鼠标将显示红色的“×”标记，提醒设计者鼠标指针已经到达合适的位置。

注意：在原理图中，为了避免出现过多的连接导线，很多元件是用网络标号来连接的。这时要注意，放置网络标号，移动网络标号到元件引脚时，要确定该网络标号与导线之间有电气特性，只有移动到元件引脚上出现了“×”标记的提示，才能说明已经连接成功，如图 3-6-14 所示。如果网络标号没有放置正确，那么在转换成 PCB 时，会发现有很多元件没有导线连接，只是一个个孤立存在着。

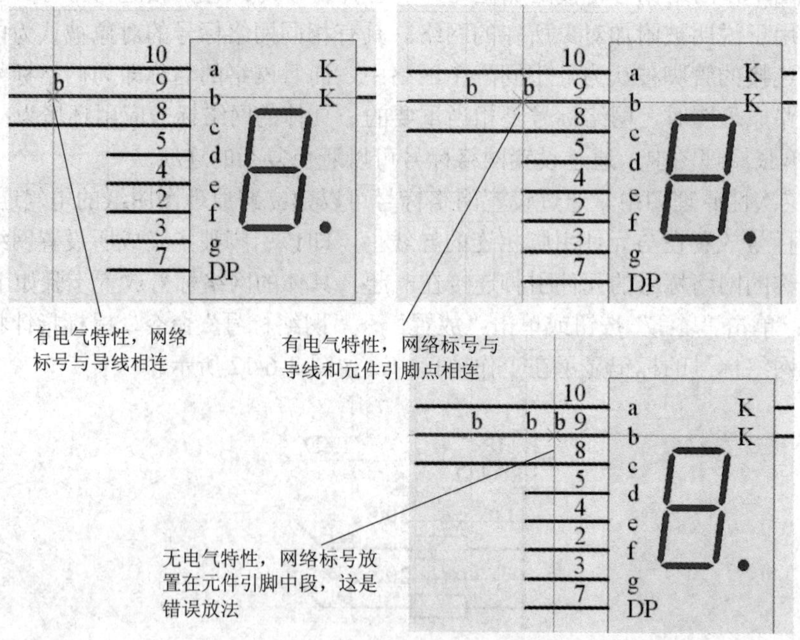

图 3-6-14　网络标号与导线连接判别

步骤4：单击鼠标左键，网络标号将出现在导线上方，名称为网络标号名。

步骤5：重复步骤2、3、4，为其他本网络中的元件管脚设置网络标号名。

步骤6：在完成一个网络设置后，单击鼠标右键或者按Esc键，即可退出网络标号的放置操作。

提示：当在原理图中放置网络标号时，软件会自动检测网络标号名称的最后几个字符是否为数字，如为数字，软件会自动增加名称。如当放置P10时，单击左键放置一个名称为P10的网络标号，这时鼠标指针上将附有一个为P11的网络标号，单击左键即可放置一个为P11的网络标号，这时鼠标指针上又将附有一个为P12的网络标号。该特点便于设计者批量放置网络标号。

如果需要修改已放置好的网络标号名，双击该网络标号便会弹出“网络标签”对话框，修改参数即可。

3.6.6 绘制总线分支和总线

在复杂的电子系统的原理图设计中，涉及大量的连接线路，此时可采用总线来连接，这样既可以减小连接线的工作量，也可使电路图更加美观。

1. 绘制总线分支

绘制总线之前需要对元件管脚进行网络标号标注，表明电气连接，图3-6-15为绘制总线前元件的网络标号标注。

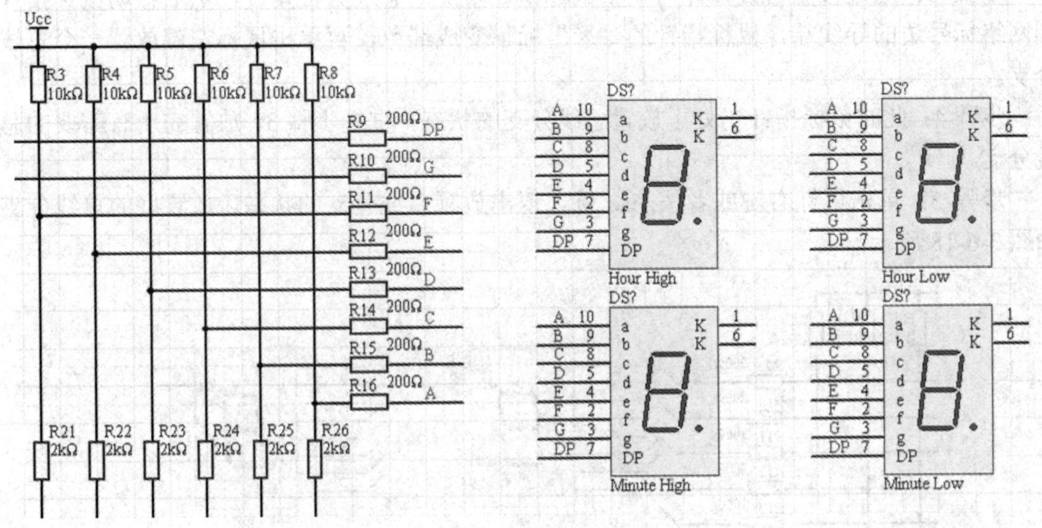

图3-6-15 绘制总线前元件的网络标号标注

根据3.6.5节所介绍的知识，放置好网络标号的原理图已经建立了电气连接。但是为了使原理图美观易读，需要绘制总线。绘制总线之前需要画总线分支，总线分支用于连接总线和元件管脚之间的导线，放置总线分支的步骤如下所述。

步骤1：单击“布线”工具栏中的“ ”按钮或单击“放置”→“总线进口”命令，鼠标指针变成十字形状并附有总线分支显示在工作窗口中，如图3-6-16所示。

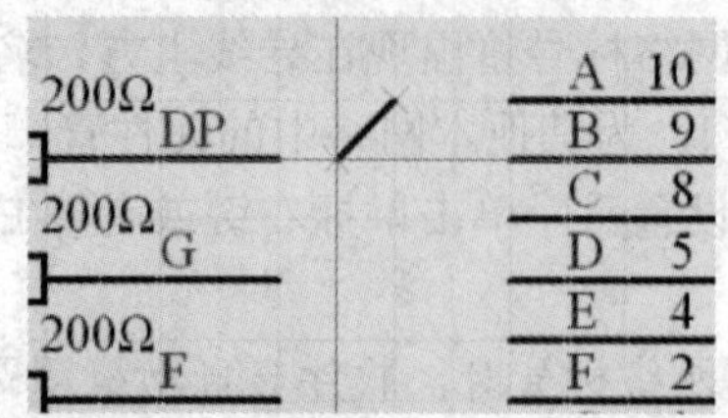

图 3-6-16　绘制总线分支的鼠标指针

步骤 2：如需修改总线分支属性，可按 Tab 键，弹出如图 3-6-17 所示的“总线入口”对话框，在该对话框中，可以设置总线分支的起点/终点位置、颜色以及线宽。

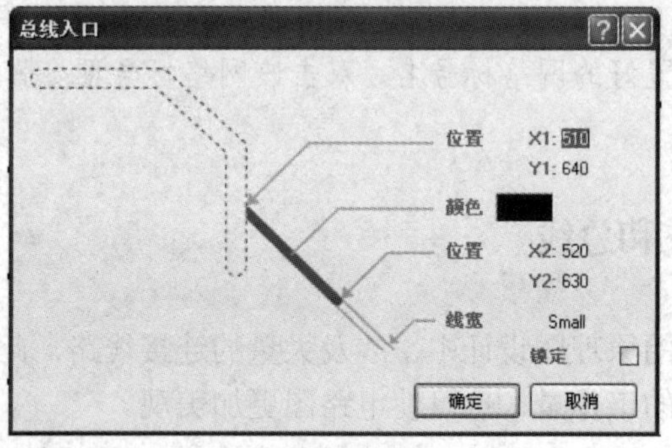

图 3-6-17　“总线入口”对话框

提示：如果在放置好总线分支后，需要对总线分支属性进行设置。双击总线分支符号，即可弹出如图 3-6-17 所示的对话框，一般无须修改。

步骤 3：通过按空格键，即可调整鼠标指针附加的总线分支角度，然后移动鼠标指针到网络标号边的导线端，鼠标指针的“×”标记变成红色，再单击鼠标左键放置一个总线分支。

步骤 4：此时鼠标指针仍处于放置总线分支的状态，重复步骤 3，放置完所有需要的总线分支。

步骤 5：单击鼠标右键或者按 Esc 键，退出放置总线分支的状态。放置好的总线分支如图 3-6-18 所示。

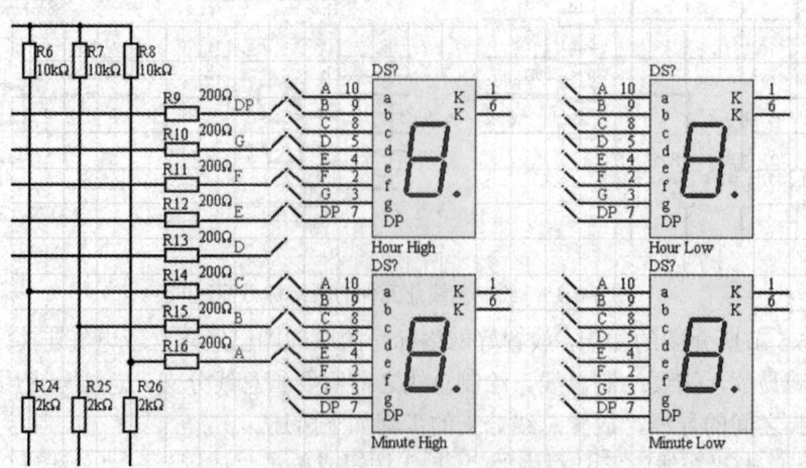

图 3-6-18　放置好的总线分支

2. 绘制总线

在放好总线分支后就需要放置总线，指示出电路网络的连接关系。操作步骤如下所述。

步骤 1：单击“画线”工具栏中的“ ”按钮，鼠标指针将变成十字形状并显示在工作窗口中。

步骤 2：如需编辑总线属性，可按 Tab 键，即可弹出如图 3-6-19 所示的“总线”对话框。

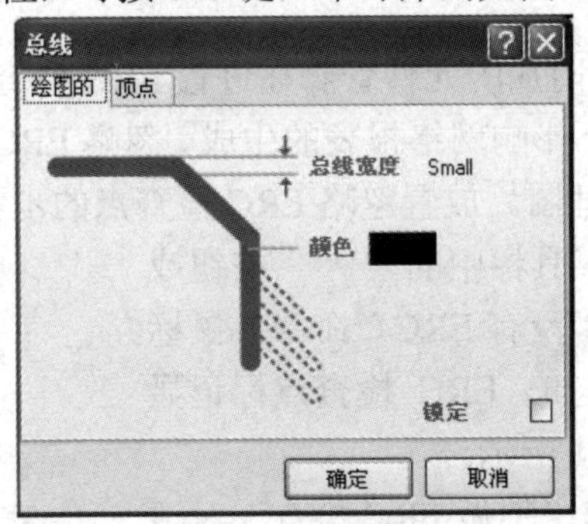

图 3-6-19 “总线”对话框

在“总线”对话框中，可以设置总线的宽度、颜色等属性。

提示： 双击总线，同样可以弹出“总线”对话框。

步骤 3：与绘制导线的步骤类似，单击鼠标左键确定导线的起点，移动鼠标，通过单击鼠标左键确定总线的转折点和终点。与绘制导线不同的是，总线的起点和终点不需要和元件的管脚相连接，只需要和总线分支相连即可。

步骤 4：在绘制完一条总线后，鼠标指针仍处于绘制总线状态，重复步骤 3 可以绘制其他总线。

步骤 5：在完成总线绘制后，单击鼠标右键或者按 Esc 键即可退出绘制状态。绘制好的总线的电路如图 3-6-20 所示。

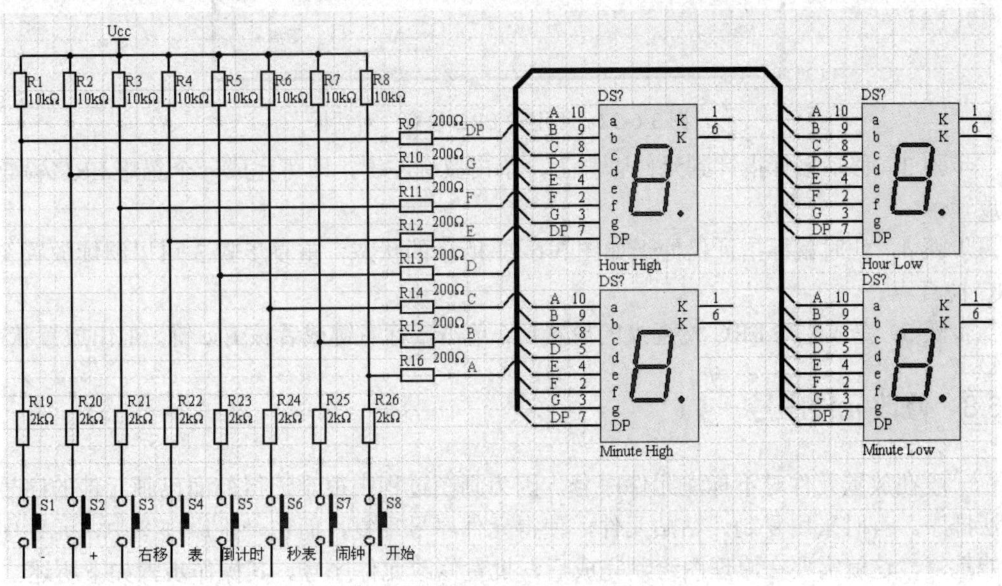

图 3-6-20 绘制好的总线的电路

提示：总线分支和总线没有电气特性，只是电路连接的一种形象表示，不画并不影响电路的正确性，不会导致电路板设计错误，但影响读者对原理图的阅读，建议读者在设计时画上总线分支和总线，提高原理图的规范性、可读性。

3.6.7 放置忽略 ERC 检查点

忽略 ERC 检查点是指所附加的元件管脚在进行 ERC 检查时，如果出现错误或者警告，错误和警告将被忽略过去，不影响网络报表的生成。忽略 ERC 检查点本身并不具有任何的电气特性，主要用于检查原理图。放置忽略 ERC 检查点的步骤如下所述。

步骤 1：单击“布线”工具栏中的“×”按钮或单击“放置”→“指示”→“没有 ERC”命令，鼠标指针将变成十字形状并附有忽略 ERC 检查点标记显示在工作窗口中，如图 3-6-21 所示。

步骤 2：按 Tab 键，弹出“不做 ERC 检查”对话框，如图 3-6-22 所示。忽略 ERC 检查点标记并没有什么电气特性，只有颜色和位置两种属性。该步骤一般可省略。

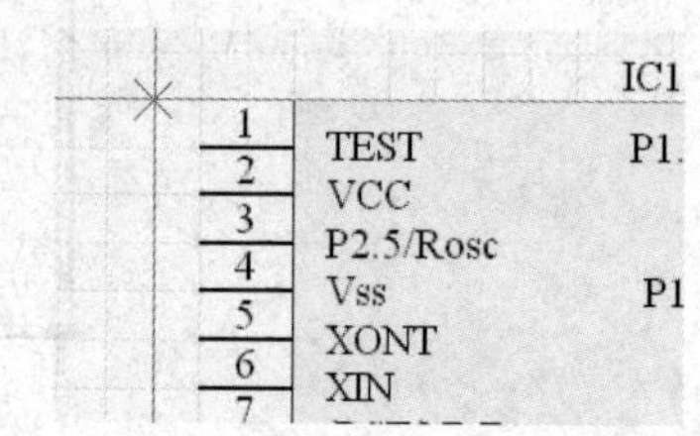

图 3-6-21 放置忽略 ERC 检查点的鼠标指针

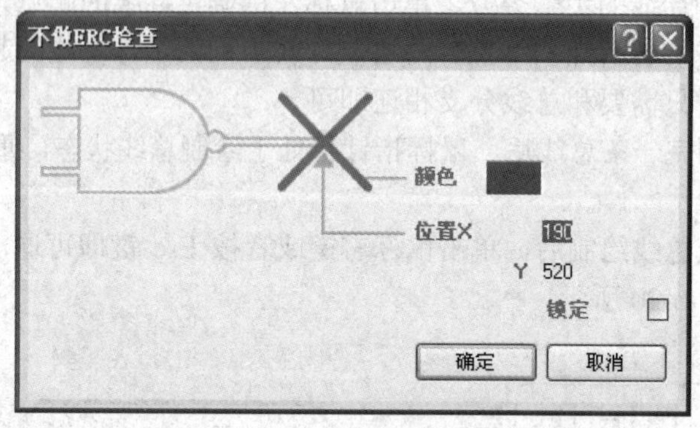

图 3-6-22 “不做 ERC 检查”对话框

步骤 3：移动鼠标指针到元件管脚上，单击鼠标左键，即可完成一个忽略 ERC 检查点的放置。

步骤 4：此时鼠标指针仍处于如图 3-6-21 所示的状态，重复步骤 3 可以继续放置忽略 ERC 检查点。

步骤 5：完成忽略 ERC 检查点的放置后，单击鼠标右键或者按 Esc 键，退出放置状态。

3.6.8 修改元件序号

一般在放置元件时不标注元件序号，因为画图过程中很难记得前面已画元件的序号，无法排序。有时采用复制、粘贴元件，使得元件序号重复，而在一张原理图中，元件序号不能重复，这就需要在原理图绘制完成后，批量修改元件序号。其操作步骤如下所述。

步骤 1：单击“工具”→“注释”命令。弹出“注释”对话框，如图 3-6-23 所示。

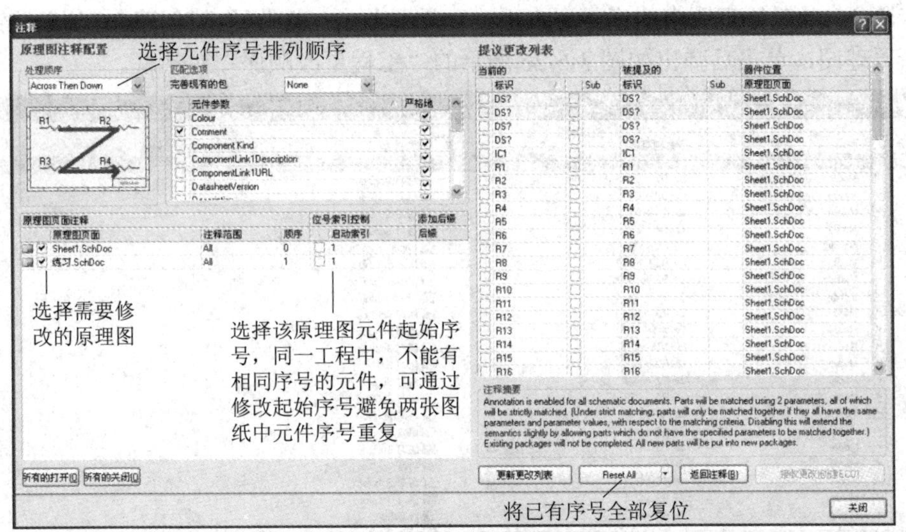

图 3-6-23　“注释”对话框

步骤 2：单击“Reset All”按钮，弹出如图 3-6-24 所示的信息提示框。单击“OK”按钮进行复位。

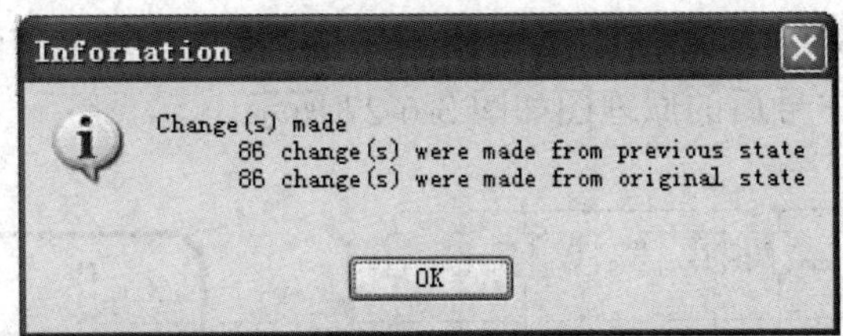

图 3-6-24　元件序号复位的信息提示框

步骤 3：单击“更新更改列表”按钮，弹出类似于图 3-6-24 所示的信息提示框，单击“OK”按钮进行更新，更新后的“注释”对话框如图 3-6-25 所示。

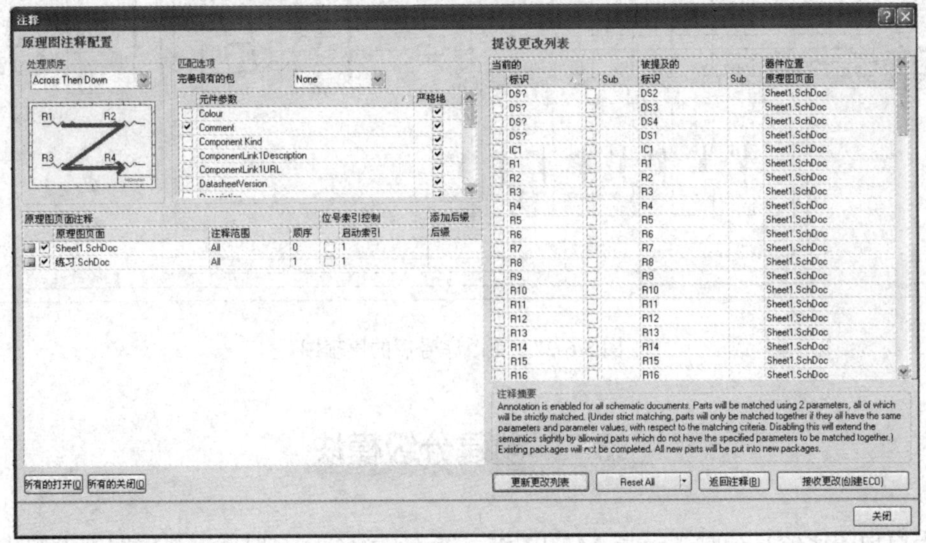

图 3-6-25　更新后的“注释”对话框

步骤 4：此时原理图中的序号还未更改，需要单击“接收更改(创建 ECO)”按钮来允许更新原理图，单击后弹出如图 3-6-26 所示的“工程更改顺序”对话框。

工程更改顺序

修改					状态		
使能	作用	受影响对象		受影响文档	检测	完成	消息
	Annotate Component(62)						
☑	Modify	D1 -> D3	In	练习.SchDoc			
☑	Modify	D2 -> D4	In	练习.SchDoc			
☑	Modify	D3 -> D1	In	练习.SchDoc			
☑	Modify	D4 -> D2	In	练习.SchDoc			
☑	Modify	DS? -> DS1	In	Sheet1.SchDoc			
☑	Modify	DS? -> DS2	In	Sheet1.SchDoc			
☑	Modify	DS? -> DS3	In	Sheet1.SchDoc			
☑	Modify	DS? -> DS4	In	Sheet1.SchDoc			
☑	Modify	IC1 -> IC2	In	练习.SchDoc			
☑	Modify	JP1 -> JP2	In	练习.SchDoc			
☑	Modify	JP4 -> JP1	In	练习.SchDoc			
☑	Modify	R2 -> R26	In	练习.SchDoc			
☑	Modify	R2 -> R27	In	练习.SchDoc			
☑	Modify	R3 -> R28	In	练习.SchDoc			
☑	Modify	R4 -> R29	In	练习.SchDoc			
☑	Modify	R5 -> R30	In	练习.SchDoc			
☑	Modify	R6 -> R31	In	练习.SchDoc			
☑	Modify	R7 -> R32	In	练习.SchDoc			
☑	Modify	R8 -> R33	In	练习.SchDoc			
☑	Modify	R9 -> R34	In	练习.SchDoc			
☑	Modify	R10 -> R35	In	练习.SchDoc			

生效更改　执行更改　报告更改(R)...　☐仅显示错误　关闭

图 3-6-26　“工程更改顺序”对话框

步骤 5：单击“执行更改”按钮，系统将自动按要求更改原理图中的元件序号。更改成功，则在图 3-6-26 中的“状态”的“检测”和“完成”项中打绿色的“√”，不成功则打红色的“×”。更改序号后的原理图如图 3-6-27 所示。

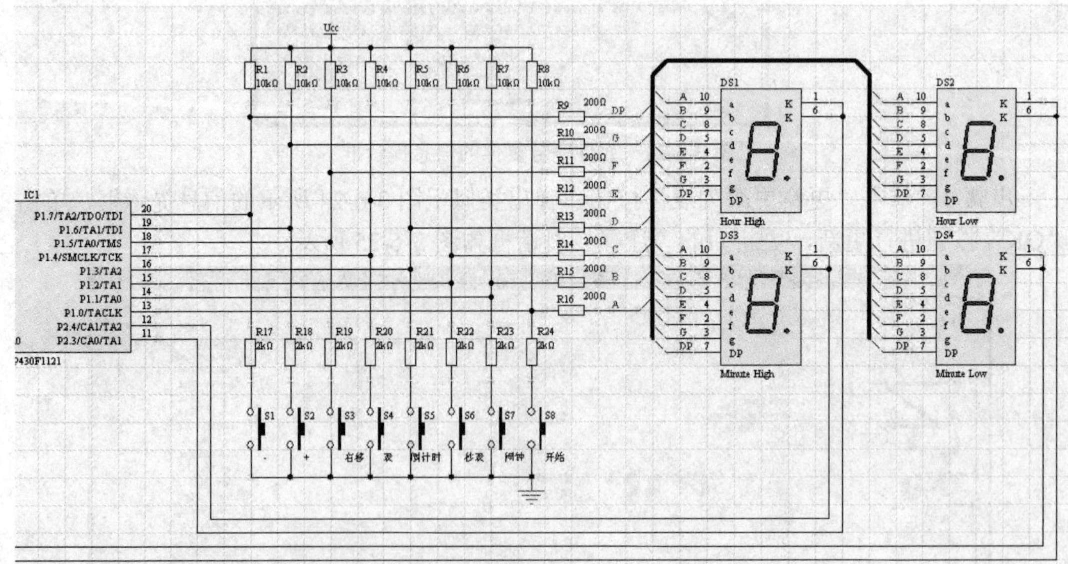

图 3-6-27　更改序号后的原理图

3.7　创建分级模块

当原理图比较复杂时，一张 A4 的图纸可能无法画全，这时就需要将图纸设置成 A3、A2 或者 A1，较大的图纸在打印时会自动被缩小成符合打印纸的大小，而一般的打印机只能打印 A4 纸，缩小后的图纸观察分析电路比较困难，这时，最好的处理方法就是将电路分成模块，将各个模块作为子图，然后通过总图相连。

分级模块由两种方法建立：一种是先设计总图，由总图生成子图；另一种是先设计子图，由子图导出总图。

3.7.1 放置电路方块图

电路方块图是层次式电路设计中不可缺少的图件，它代表一个子原理图文件。为了便于理解，可以形象地将一个电路方块图比喻为一个大的元器件，它是由另一张(或数张)电路图所组成的元器件。它与一般元器件不同的是，它使大型的电路设计更具有层次感，降低电路设计和分析难度，便于阅读和理解。放置电路方块图的步骤如下所述。

步骤 1：单击“布线”工具栏中的“ ”按钮或单击“放置”→“图表符”命令，即进入放置电路方块图状态，鼠标指针变为十字形状并附加一个电路方块图，如图 3-7-1 所示。

图 3-7-1 附有电路方块图的鼠标指针

步骤 2：按 Tab 键，弹出“方块符号”对话框，用于编辑电路方块图属性，如图 3-7-2 所示。

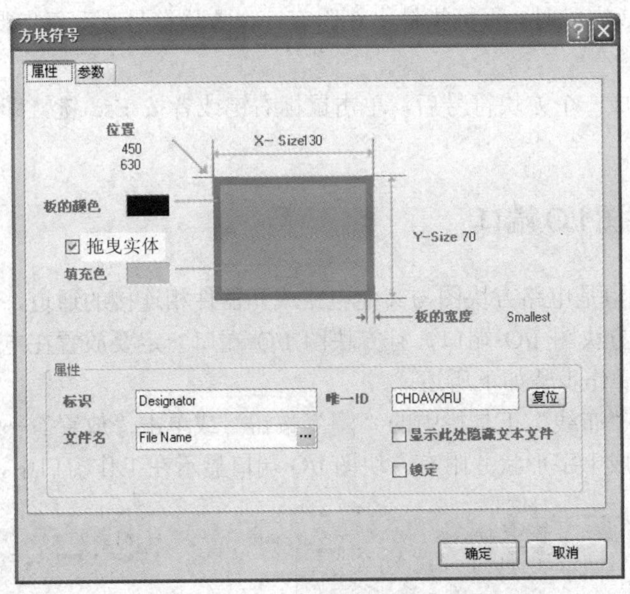

图 3-7-2 “方块符号”对话框

“方块符号”对话框中各项参数的意义如下所述。

(1) 位置：设置电路方块图左上角的坐标值，一般不通过该处修改，在原理图中直接放置即可。

(2) X-Size：设置电路方块图的宽度。

(3) Y-Size：设置电路方块图的高度。一般不在该处修改，在原理图中选中方块，在拖曳点拖曳到所需要的大小即可。

(4) 拖曳实体：设置是否允许在原理图中拖曳实体修改大小。

(5) 板的宽度：设置电路方块图边框线的宽度。

(6) 板的颜色：设置电路方块图边框线的颜色。

(7) 填充色：设置电路方块图内的填充颜色。

(8) 标识：设置该电路方块图的名称。

(9) 文件名：设置该电路方块图所链接的原理图的文件名称。

提示：最重要的是设置文件名，它决定了将要自动生成子原理图的名称，还可以修改一下标识，其他参数可默认。

步骤 3：单击鼠标左键，放置方块符号在左上角，移动鼠标指针，修改方块符号的大小，到合适位置后单击鼠标左键，完成一个方块符号的放置，如图 3-7-3 所示。

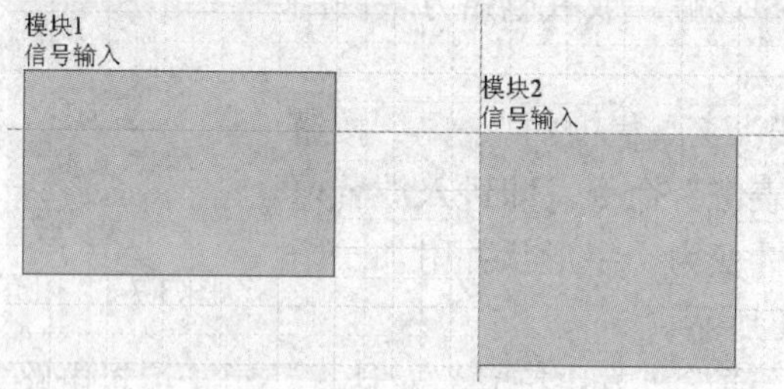

图 3-7-3　放置好的方块符号

步骤 4：步骤 3 完成时，鼠标指针上还附有一个方块符号，重复步骤 3，可继续放置方块符号。

步骤 5：在完成一个方块符号后，单击鼠标右键或者按 Esc 键，即可退出方块符号的放置操作。

3.7.2　放置方块图 I/O 端口

方块图 I/O 端口是电路方块图与其他电路或元器件相连接的通道，所以只要有电路方块图的存在，就有方块图 I/O 端口，且方块图 I/O 端口一定要放置在电路方块图上。放置方块图 I/O 端口的操作步骤如下所述。

步骤 1：单击“布线”工具栏中的“ ”按钮，或单击“放置”→“添加图纸入口”命令，鼠标指针变成十字形状并附有方块图 I/O 端口显示在工作窗口中，如图 3-7-4 所示。

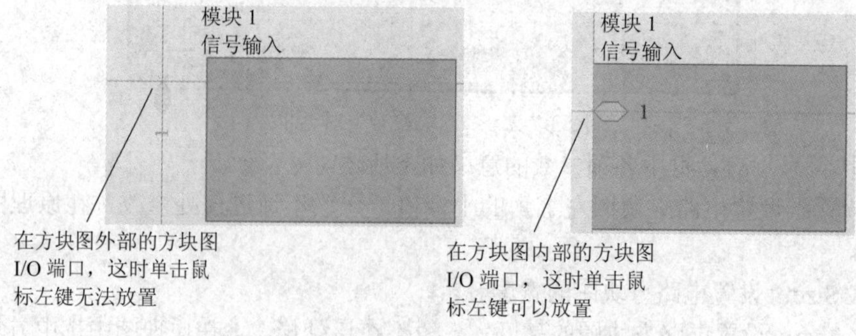

图 3-7-4　附有方块图 I/O 端口的鼠标指针

步骤 2：如需编辑方块图 I/O 端口属性，可按 Tab 键，弹出如图 3-7-5 所示的“方块入口”对话框，在该对话框中可以设置方块图 I/O 端口的各项参数。

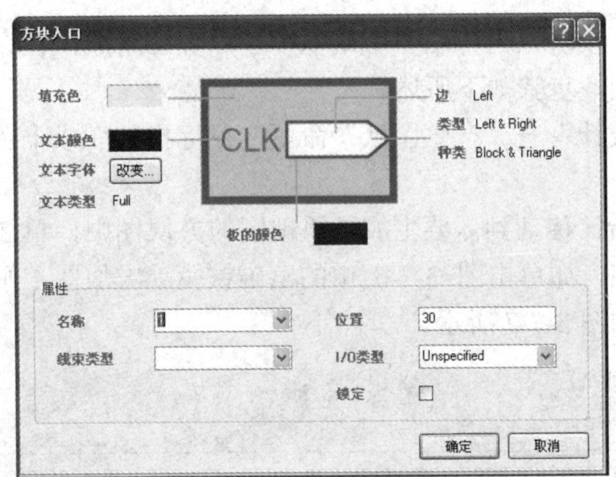

图 3-7-5　“方块入口”对话框

“方块入口”对话框中部分参数的意义如下所述。

(1) 填充色：设置方块图 I/O 端口的填充颜色。

(2) 文本颜色：设置方块图 I/O 端口名称的颜色。

(3) 文本字体：设置方块图 I/O 端口名称的字体。

(4) 板的颜色：设置方块图 I/O 端口的边框线颜色。

(5) 边：设置方块图 I/O 端口放在电路方块图的左边、右边、上边或下边。

(6) 类型：设置方块图 I/O 端口的箭头方向，包括无箭头(None)、箭头向右(Right)、箭头向左(Left)、双箭头(Left & Right)等。

(7) 种类：设置方块图 I/O 端口的形式，也就是信号传输方向。

(8) 名称：设置方块图 I/O 端口的名称。

(9) 位置：设置方块图 I/O 端口的位置。从方块图的上边界开始，往下一格的位置为 10，再下一格的位置为 20，以此类推。

(10) I/O 类型：设置方块图 I/O 端口的输入和输出方向。

提示：如果在放置好方块图 I/O 端口后，需要对方块图 I/O 端口属性进行设置，双击方块图 I/O 端口符号，即可弹出如图 3-7-5 所示的“方块入口”对话框。

步骤 3：在修改完方块图 I/O 端口参数后，将鼠标指针放置在需要放置方块图 I/O 端口的地方，单击鼠标左键放置方块图 I/O 端口。

步骤 4：此时，鼠标指针仍处于放置方块图 I/O 端口的状态，重复步骤 2、3，放完所有需要的方块图 I/O 端口。

步骤 5：单击鼠标右键或者按 Esc 键，退出放置方块图 I/O 端口状态。放置好方块图 I/O 端口的方块图如图 3-7-6 所示。

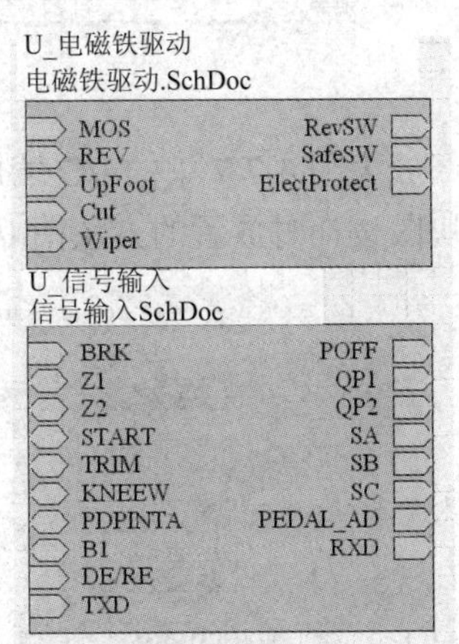

图 3-7-6　放置好方块图 I/O 端口的方块图

3.7.3　由方块图生成子原理图

方块图相当于一个模块，内部由一个或多个子原理图组成，在完成方块图设计后，可由方块图生成子原理图，步骤如下所述。

步骤 1：单击“设计”→“产生图纸”命令，鼠标指针变成十字形状并显示在工作窗口中。

步骤 2：将鼠标指针移动到需要生成子原理图的方块图中，单击鼠标左键，即可生成相应方块图的子原理图，如单击图 3-7-6 中的电磁铁驱动方块图，则自动生成名称为电磁铁驱动的子原理图，如图 3-7-7 所示。

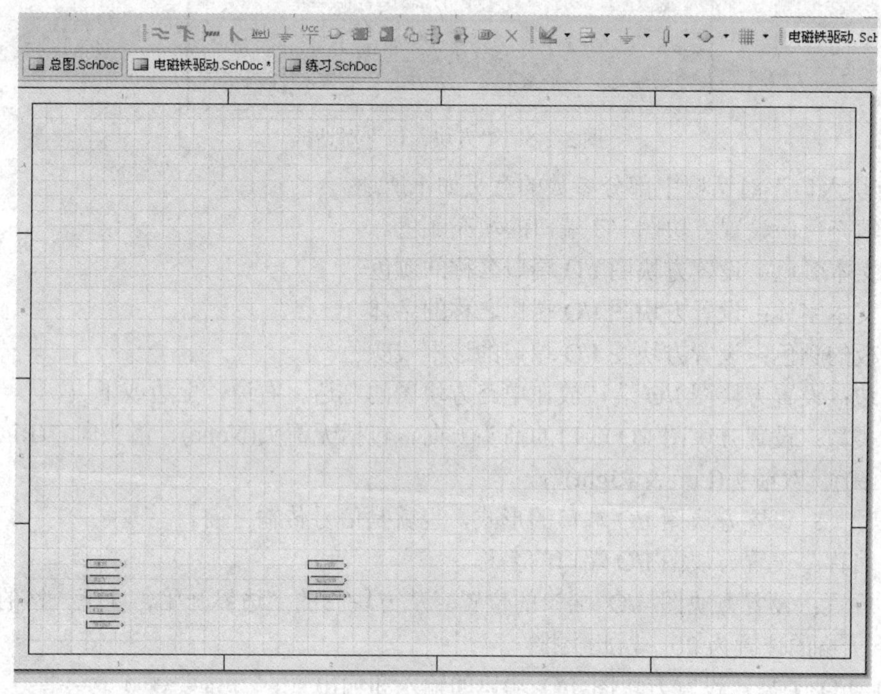

图 3-7-7　自动生成的子原理图

放大图 3-7-7 中的 I/O 端口，如图 3-7-8 所示。由图可以看出，生成子原理图中包含有方块图设计时放置的方块图 I/O 端口。

图 3-7-8　子原理图中的 I/O 端口

生成子原理图后，用户就可以在该原理图中设计需要的子模块电路。

3.7.4　放置 I/O 端口

原理图中的 I/O 端口(以下简称端口)不但可以由方块图生成子原理图时自动生成，还可以由设计者在原理图中自行放置，其放置步骤如下所述。

步骤 1：单击“布线”工具栏中的“ ”按钮或单击“放置”→“端口”命令，鼠标指针变成十字形状并附加一个端口标记显示在工作窗口中，如图 3-7-9 所示。

图 3-7-9　放置 I/O 端口时的鼠标指针

步骤 2：如需编辑 I/O 端口属性，可按 Tab 键，弹出如图 3-7-10 所示的“端口属性”对话框，在该对话框中可以设置 I/O 端口的各项参数。

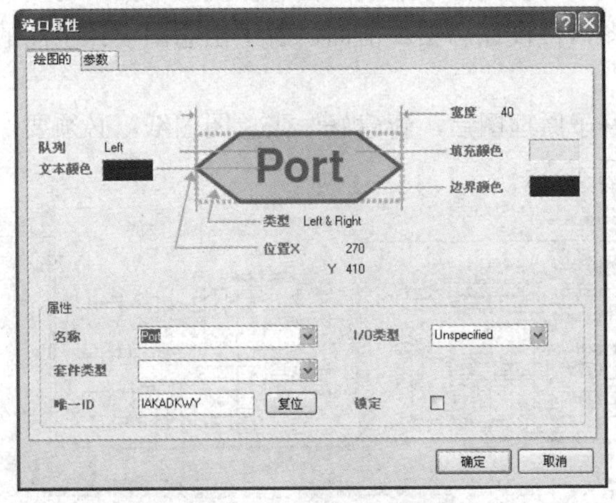

图 3-7-10　“端口属性”对话框

“端口属性”对话框中各项参数含义如下所述。

(1) 队列：设置端口的对齐。

(2) 文本颜色：设置文字的颜色。

(3) 宽度：设置端口的宽度。

(4) 边界颜色：设置端口的边框颜色。

(5) 填充颜色：设置端口的填充颜色。

(6) 位置：设置端口的位置。

(7) 名称：设置端口的名称。这是端口最重要的属性之一(具有相同名称的端口被认为存在电气连接)，在该下拉列表中可以直接输入端口名称。

(8) I/O 类型：设置端口的电气特性。该项包含一个下拉列表，在该下拉列表中可以设置端口的电气特性，这对以后的电气法测试提供一定的依据，它是端口的另一重要属性。Altium Designer 提供以下四种端口类型。

① Unspecified：表示未指明或者不确定。

② Output：表示端口用于输出。

③ Input：表示端口用于输入。

④ Bidirectional：表示端口为双向型，既可以输入，也可以输出。

步骤 3：移动鼠标指针到合适的位置，单击鼠标左键，确定端口的一端。

步骤 4：移动鼠标调整端口的长度，单击鼠标左键，确定端口的另一端。

步骤 5：此时已经完成一个端口的放置，鼠标指针仍处于如图 3-7-9 所示的状态。重复步骤 2、3、4 可以继续放置其他的端口。

步骤 6：单击鼠标右键或者按 Esc 键，即可退出放置端口的状态。

提示：在放置 I/O 端口后，如果需要修改端口属性，双击端口，即可进入如图 3-7-10 所示的“端口属性”对话框。

3.7.5 由原理图生成方块图

设计分级模块，既可以先设计总图，由总图生成子图，再设计子图；又可以先设计子图，由子图生成总图，再设计总图。前面讲解了由总图设计子图的方法，下面说明由子图设计总图的方法。

步骤 1：设计好子原理图后，新建好一张总图图纸，必须要保证总图和子图在同一工程中，如图 3-7-11 所示。

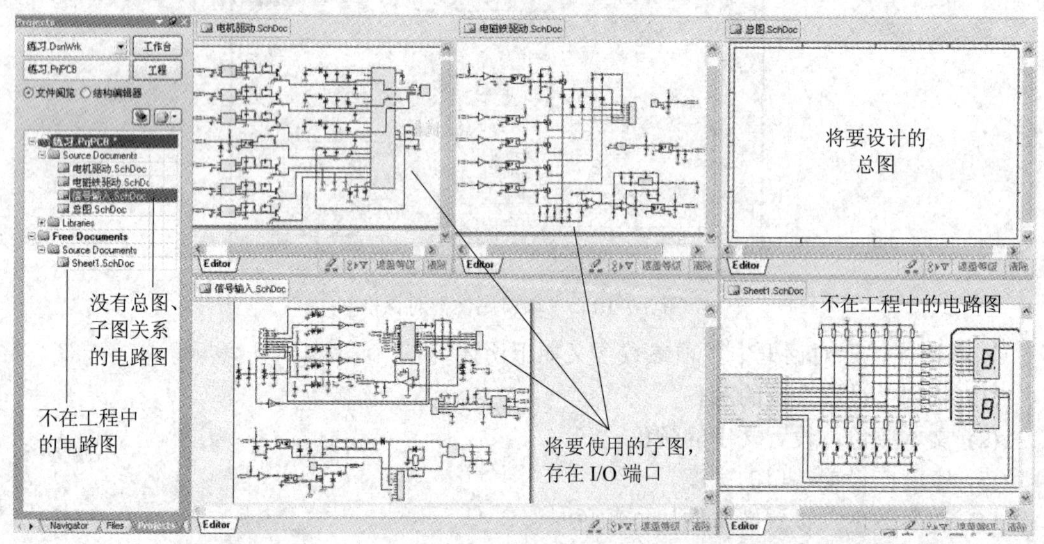

图 3-7-11　准备好的原理图

步骤 2：将总图作为工作窗口，单击“设计”→“HDL 文件或图纸生成图表符 V”命令，将弹出如图 3-7-12 所示的对话框。

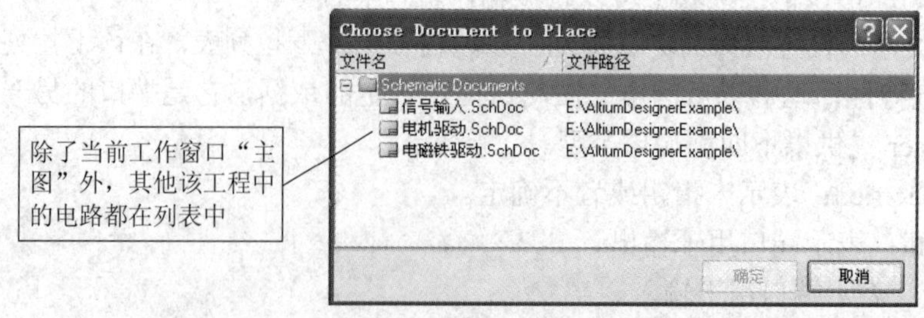

图 3-7-12　选择文档生成图表符的对话框

步骤 3：选择需要生成图表符的电路图，单击“确定”按钮，这时，鼠标指针将附有一个该电路图所生成的图表符，并显示在工作窗口中，如图 3-7-13 所示。

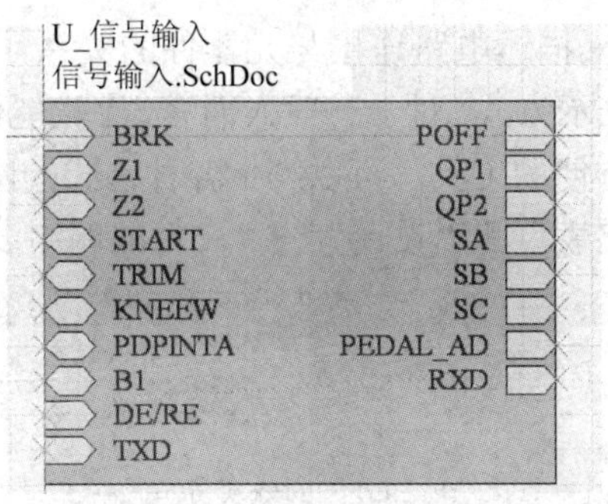

图 3-7-13 附有图表符的鼠标指针

步骤 4：单击鼠标左键放置图表符，并自动退出放置状态。

步骤 5：重复步骤 2、3、4，放置其他需要放置的图表符，结果如图 3-7-14 所示。

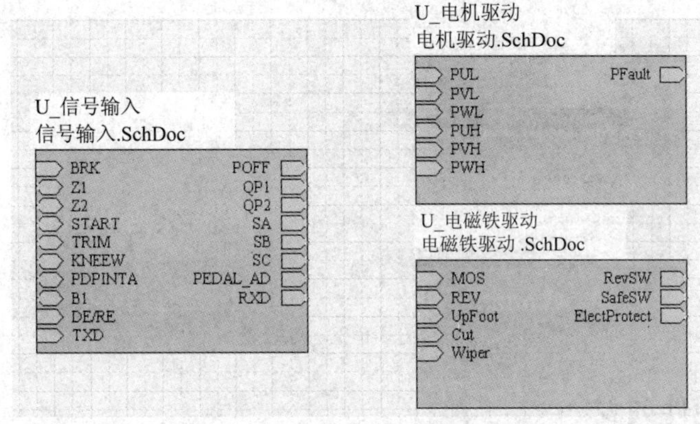

图 3-7-14 放置多个图表符的电路

步骤 6：连接图表符，完成电路总图的设计。

3.8 生成元件报表

电路设计当然不只是画图而已，还要能够提供该电路中的相关信息，如网络表、元件列表、ERC 表、层次表等，Altium Designer 软件除了具有流畅的电路绘图能力外，还提供了强大的集成与报表功能。元件报表菜单如图 3-8-1 所示。

图 3-8-1 元件报表菜单

3.8.1 产生网络表

电路图与网络表都是用来描述电路连接与元器件的关系，不同的是电路图采用图示表示方式，而网络表采用文字表示方式。对于一般人而言，比较能够接受图示表达方式。Altium Designer 软件提供了快速、方便的工具，可以产生各种格式的网络表，有不同的用途，其菜单在“设计”→“工程的网络表”和“设计”→“文件的网络表”命令下，如图 3-8-2 所示。

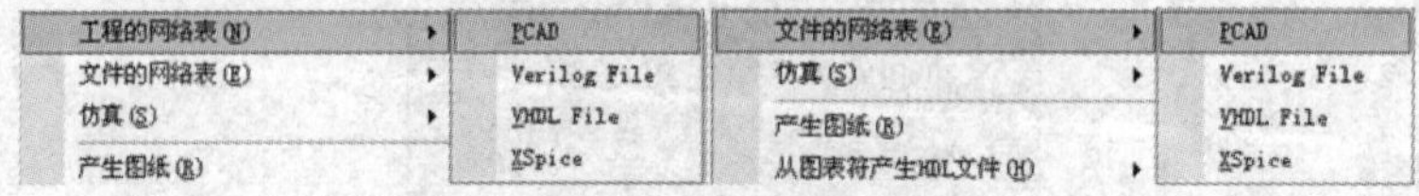

图 3-8-2　网络表菜单

单击“设计”→“工程的网络表”→“PCAD”命令，产生的网络表如图 3-8-3 所示。

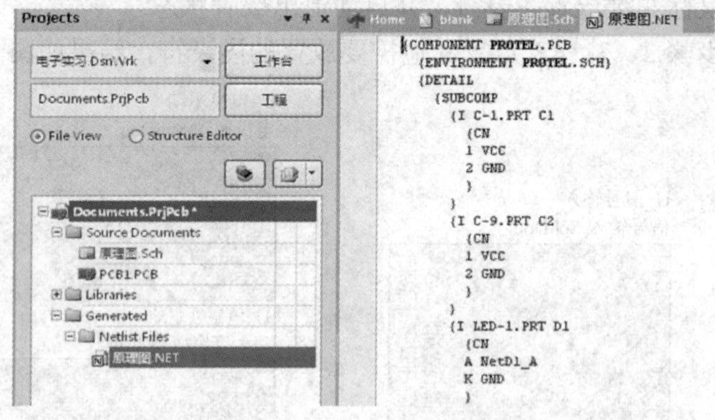

图 3-8-3　网络表

3.8.2 产生元件列表

大部分的电路设计软件都能自动生成元件列表，Altium Designer 软件也不例外。单击“报告”→“Bill of Materials”命令，弹出“元件列表”对话框，如图 3-8-4 所示。

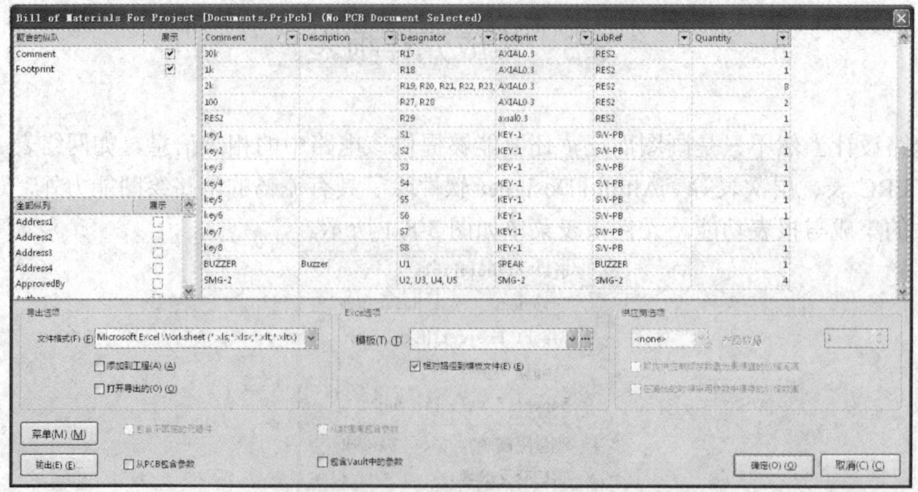

图3-8-4　“元件列表”对话框

单击“文件格式”选项，选择需要保存的文件格式，单击“输出”按钮，弹出如图 3-8-5 所示的保存 Microsoft Excel 电子表格文件的对话框，单击其中的“保存”按钮来保存元件列表文件。

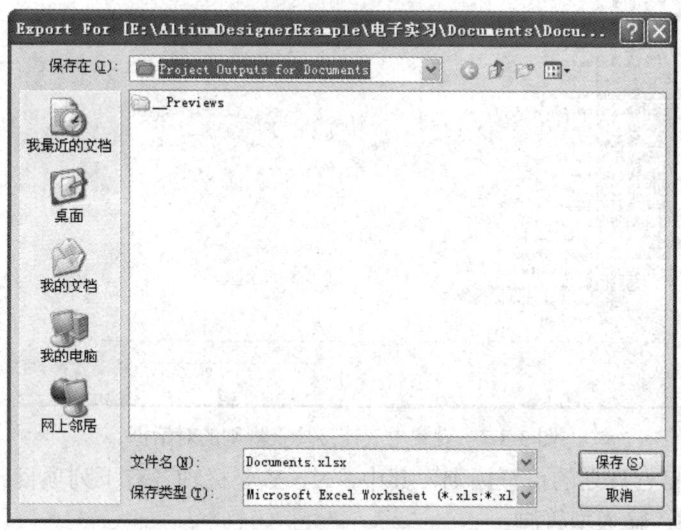

图 3-8-5　保存 Microsoft Excel 电子表格文件的对话框

3.8.3　产生 ERC 表

ERC 直接翻译就是电气规则检查，就是说检查电路图有没有画错。检查后，生成一个 ERC 表。如果要进行 ERC 检查，单击“工程”→“工程参数”命令，弹出如图 3-8-6 所示的工程参数对话框。

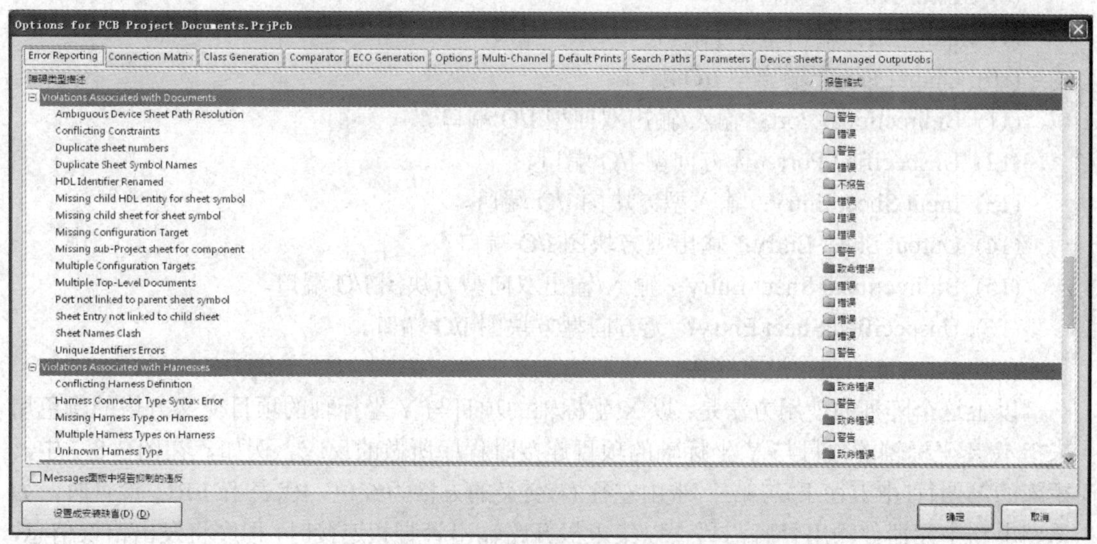

图 3-8-6　工程参数的对话框

单击“Connection Matrix”选项卡，切换到设置电气连接检查规则的对话框，如图3-8-7 所示。

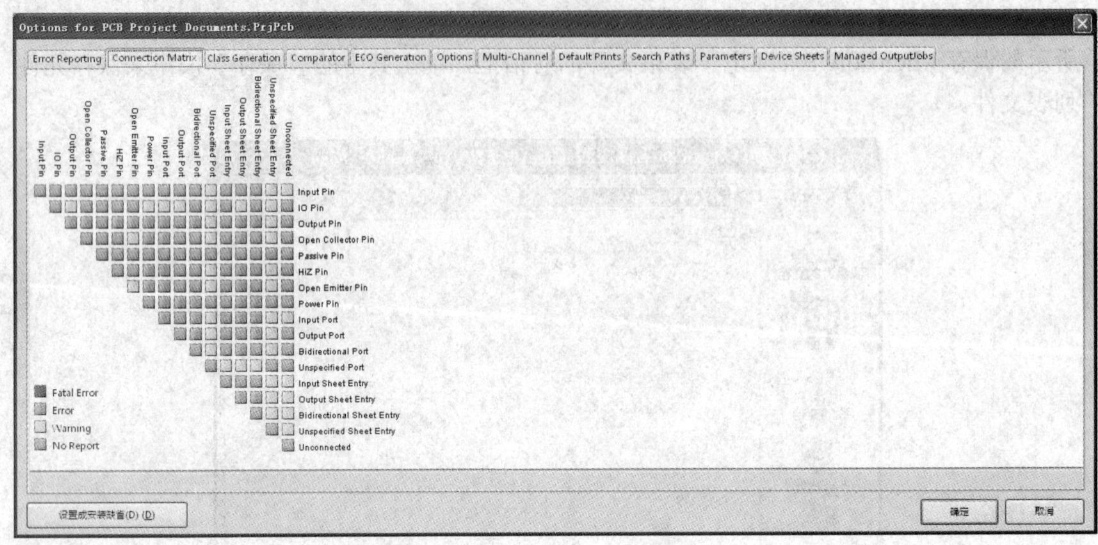

图 3-8-7　设置电气连接检查规则的对话框

本阵列为可自行规划的检查规则，其中，X、Y 坐标轴各有下列项目。

(1) Input Pin：输入型管脚。

(2) I/O Pin：输入/输出型管脚。

(3) Output Pin：输出型管脚。

(4) Open Collector Pin：集电极开路输出型管脚。

(5) Passive Pin：分离元器件管脚。

(6) HiZ Pin：三态高阻抗管脚。

(7) Open Emitter Pin：发射极开路输出型管脚。

(8) Power Pin：电源管脚。

(9) Input Port：输入型 I/O 端口。

(10) Output Port：输出型 I/O 端口。

(11) Bidirectional Port：输入/输出双向型 I/O 端口。

(12) Unspecified Port：无方向型 I/O 端口。

(13) Input Sheet Entry：输入型方块图 I/O 端口。

(14) Output Sheet Entry：输出型方块图 I/O 端口。

(15) Bidirectional Sheet Entry：输入/输出双向型方块图 I/O 端口。

(16) Unspecified Sheet Entry：无方向型方块图 I/O 端口。

(17) Unconnected：没有连接。

以上这个阵列的使用方法是：以 X 坐标轴的项目与 Y 坐标轴的项目交叉方格的颜色用来指示 X 坐标轴的项目与 Y 坐标轴的项目连接时程序所做的反应。例如，在图 3-8-7 中，矩阵的第四行(由上往下)与第三列(由左往右)交叉的方格为红色，代表当 ERC 检查时，如遇到电路中元器件输出管脚与另一以集电极开路输出管脚相连接时，程序将发出错误信息，在 ERC 表中给出错误提示。矩阵的第二列与第三行交叉的方格为黄色，代表当 ERC 检查时，如遇到电路中元器件在电路中输出型管脚与输入/输出双向型管脚相连接时，程序将发出警告信息。以上就是 ERC 检查的规则。

提示: ERC 表对元件符号设计的要求较高，如果读者设计的元件符号未考虑端口特性，将在 ERC 表中体现出许多错误。

3.8.4　产生层次表

层次表是指用来表示层次式电路图的层次关系的表。如果要产生层次表，可执行"报告"→"Report Project Hierarchy"命令，程序自动产生层次表，如图 3-8-8 所示。

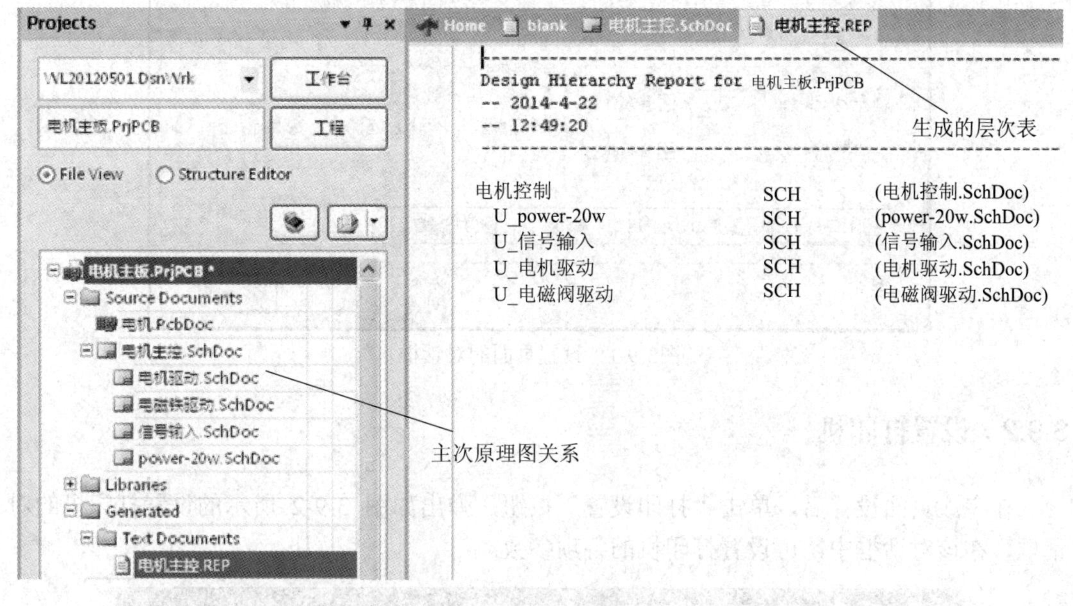

图 3-8-8　层次表

3.9　打印原理图

在完成原理图绘制以后，还需要打印原理图，以便设计者进行检查、校对、参考和存档。

3.9.1　设置页面

单击"文件"→"页面设置"命令，弹出如图 3-9-1 所示的设置页面的对话框，在该对话框中可以设置页面的各项参数。

设置页面的对话框中部分参数的含义如下所述。

(1) 尺寸：页面的尺寸。

(2) 肖像图：选择该项将纵向打印原理图。

(3) 风景图：选择该项将横向打印原理图。

(4) 缩放比例：设置缩放比例。该项通常保持默认，"Fit Document On Page"设置表示在页面上正好打印一张原理图。

(5) 颜色设置：颜色设置有单色打印、彩色打印、灰色打印三种。

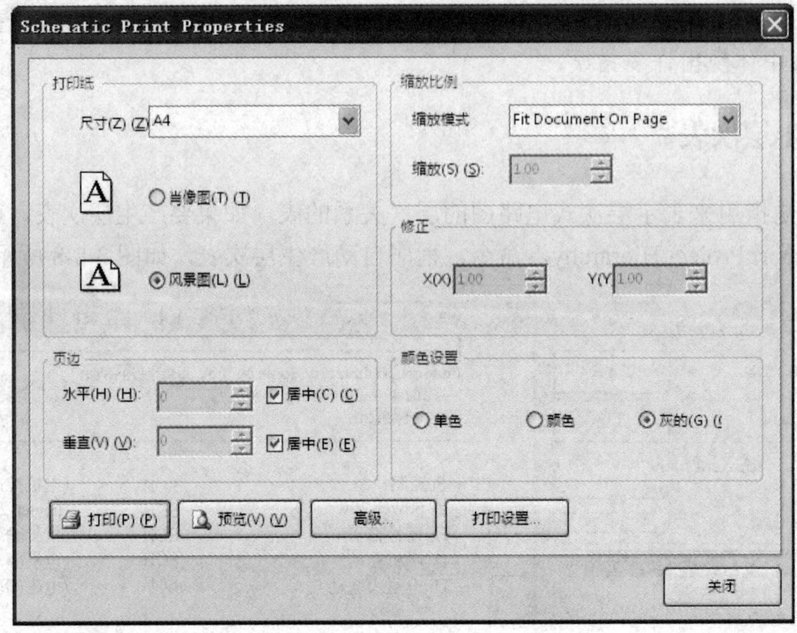

图3-9-1　设置页面的对话框

3.9.2　设置打印机

在完成页面设置后，单击“打印设置”按钮，弹出如图 3-9-2 所示的设置打印机的对话框，在该对话框中，可设置打印机的各项参数。

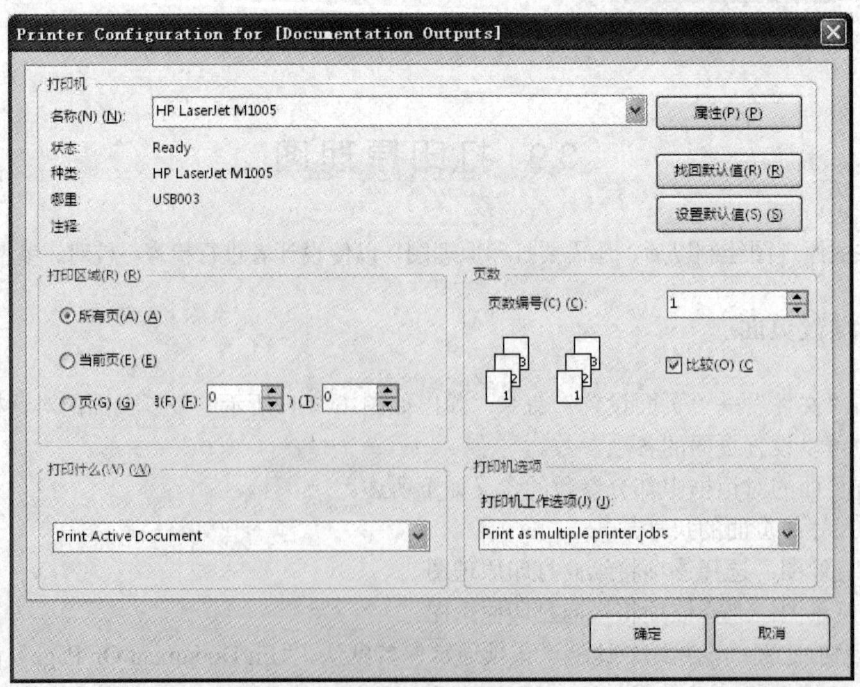

图 3-9-2　设置打印机的对话框

3.9.3　打印预览

在完成页面设置后，单击如图 3-9-3 所示的“预览”按钮，可以预览打印效果。如果用户对打印预览的效果满意，单击“打印”按钮，即可打印输出。

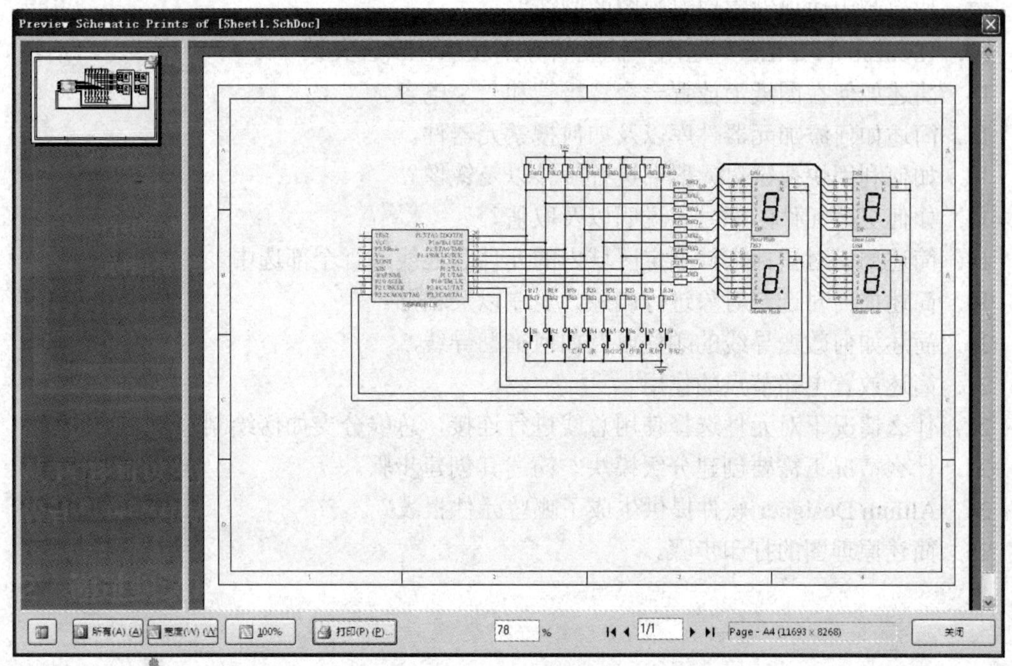

图 3-9-3　打印预览

3.9.4　打印输出

单击主菜单的“文件”→“打印”命令，在弹出的对话框中单击“确定”按钮，即可实现打印输出。

✦✦✦✦　习　题　✦✦✦✦

1．简述如何创建一个原理图。

2．简述如何设置图纸尺寸以及更改图纸上字体的颜色。

3．简述如何在图纸上显示设计信息。

4．在原理图绘制的时候，“Eletrieal Grid”的作用是什么？如何启用并设置？

5．简述设置导线拐弯模式的方法。

6．在原理图环境中，光标的类型有哪些？

7．在原理图环境下，当元件为被选中状态时每按一次要使原件右移一个网格单元，应该使用什么快捷键？

8. 简述元件引脚的电气属性类型。
9. 简述元件电气图形符号的复制操作过程。
10. 在原理图设计时经常用到哪几个工作面板？
11. 简述如何在工作窗口中显示 50%大小的实际图纸。
12. 如何利用快捷键实现对视图的刷新？
13. "SchLib 和 IntLib" 这两个扩展名分别表示什么含义？
14. 简述如何在图纸上放置一个二极管和一个电容。
15. 简述如何添加元器件库以及如何搜索元器件。
16. 如何利用快捷键对元器件进行旋转以及镜像？
17. 如何更改元件的标号、说明以及取值？
18. 简述如何对鼠标指针划定区域内的元件和连线进行全部选中。
19. 简述如何对选定对象进行删除、复制以及粘贴。
20. 简述如何改变导线的颜色以及如何拖动导线。
21. 简述放置电路节点的作用。
22. 什么情况下对元件选择使用总线进行连接，总线分支如何绘制？
23. 什么情况下需要创建分级模块？简述其创建步骤。
24. Altium Designer 软件提供生成了哪些元件报表？
25. 简述原理图的打印步骤。

第 4 章　电路板元件封装设计

电路板(PCB)元件就是真实的元件封装。原理图元件强调逻辑，而 PCB 元件却强调元件的尺寸，除了其中的焊盘外，都没有电气特性。PCB 元件的焊盘相当于 PCB 图元件中的元件引脚，只是 PCB 图元件中的元件引脚还会强调其所代表的逻辑性质(如输出引脚、输入引脚等)，而 PCB 元件的焊盘只强调尺寸、位置，是否符合标准等。PCB 元件封装是组成 PCB 的基本单元，Altium Designer 软件自带了许多国际知名元件厂商的元件封装，用户在使用时可直接调用，但一些特殊器件可能没有，需要用户自行设计元件封装。

4.1　新建元件封装库

元件封装与元件符号一样，它们都是存储在各自的库中，元件符号存储在元件符号库，而元件封装则存储在元件封装库(以下简称封装库)中。新建封装库的步骤如下所述。

步骤 1：在已经打开的“工程”文件上，单击“文件”→“新建”→“库”→“PCB 元件库”命令来新建封装库文件，如图 4-1-1 所示。

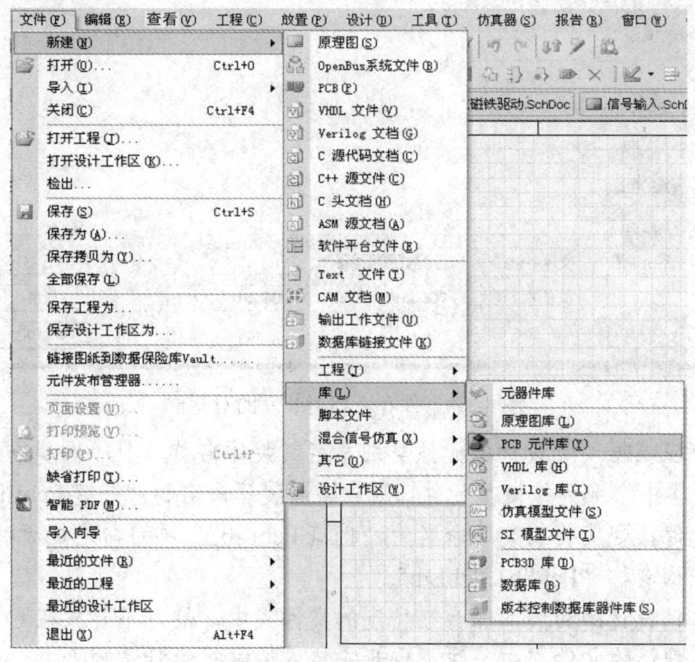

图 4-1-1　新建封装库文件

步骤 2：此时在工程面板中增加一个封装库文件，如图 4-1-2 所示，该文件即为新建的封装库。新增加的封装库自动命名为“Pcblib1.PcbLib”。

图 4-1-2　新建元件封装库后的工程面板

步骤 3：单击“文件”→“保存”命令，弹出图 4-1-3 所示的保存新建封装库的对话框，在该对话框中输入封装库的名称(也可以保持默认名称)，选择保存位置，单击“保存”按钮后，封装库即可保存在所选择的文件夹中。

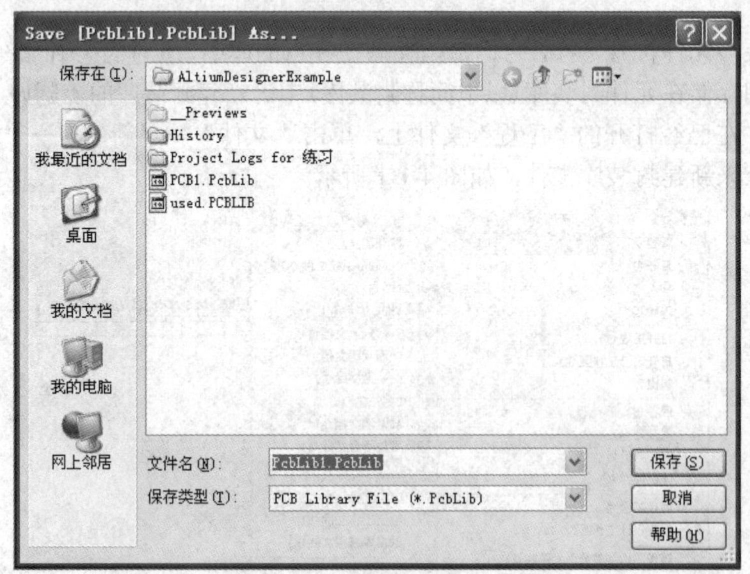

图 4-1-3　保存新建封装库的对话框

建议：用户应根据实际设计的元件类别命名封装库名称，且不同类别的元件放置于不同库中，如封装库中全部为按键类元件，则应将封装库命名为“按键.PcbLib”，如封装库中全部为接口类元件，则应将封装库命名为“接口.PcbLib”。不可命名成无特定含义的名称，更不建议采用默认名称“Pcblib1.PcbLib”。

用户应将自己设计的封装库保存在特定的文件夹中，最好不要放在 C 盘，更不要放在 Altium Designer 默认的文件夹中，防止重新安装系统或软件时误删除。

4.2 元件封装库菜单

1. 主菜单

在主菜单中，可以找到所有绘制新封装所需要的操作，这些操作分为以下几栏，如图 4-2-1 所示。

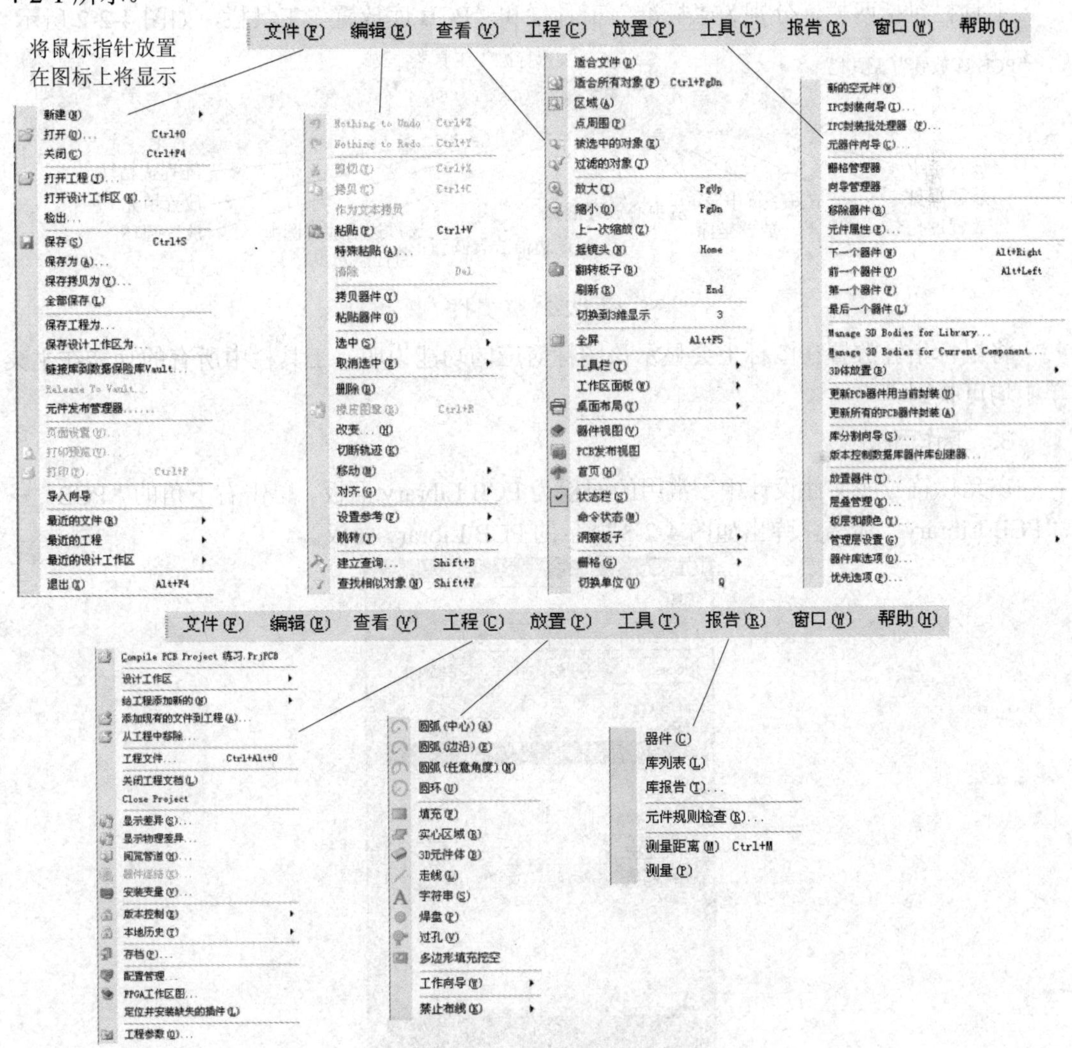

图 4-2-1　绘制封装界面中的主菜单

(1) 文件：主要用于各种文件操作，包括新建、打开、保存等功能。

(2) 编辑：用于完成各种编辑操作，包括撤销/取消撤销、选取/取消选取、复制、粘贴、剪切等功能。

(3) 查看：用于视图操作，包括工作窗口的放大/缩小、打开/关闭工具栏和显示栅格等功能。

(4) 工程：用于对工程的操作。

(5) 放置：用于放置元件封装的组成部分。

(6) 工具：为用户提供各种功能工具，包括新建/重命名元件符号、选择元件等功能。

(7) 报告：产生元件符号检错报表，提供测量功能。

(8) 窗口：改变窗口的显示方式，切换窗口。

(9) 帮助：帮助菜单。

2. 工具栏

工具栏包括两栏，分别为“标准”工具栏和“PCB 库放置”工具栏，如图 4-2-2 所示。

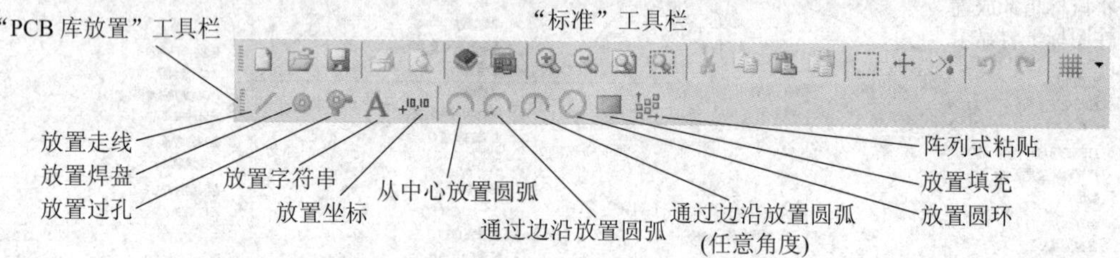

图 4-2-2　工具栏

将鼠标指针放置在图标上会显示该图标对应的功能说明，工具栏中所有的功能在主菜单中均可找到。

3. 工作面板

在元件符号库文件设计中，常用的面板为 PCB Library 面板。单击右下角的“PCB”→“PCB Library”命令，弹出如图 4-2-3 所示的 PCB Library 面板。

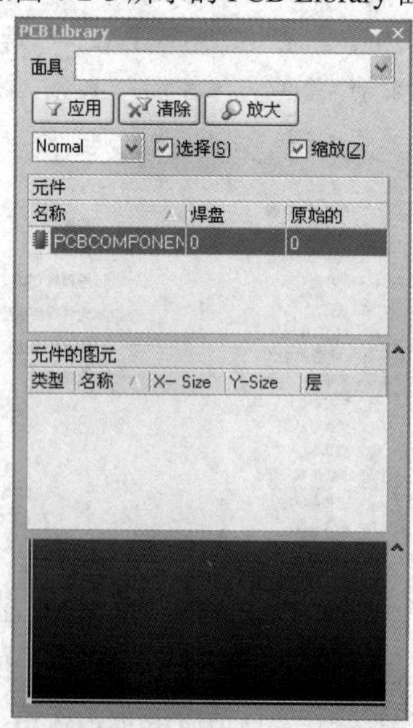

图 4-2-3　PCB Library 面板

在 PCB Library 面板中的操作分为两类：一类是对元件符号库中符号的操作；另一类是对当前激活符号引脚的操作。

4.3　创建元件封装

4.3.1　元件符号与元件封装的关系

在 PCB 中，将根据电路图元件的元件封装载入 PCB 的元件，而原本在电路图中的元件名称(Part Name)将变成 PCB 元件的注解文字(Comment)，电路图的元件序号(Designator)还是 PCB 元件的元件序号，电路图的元件引脚(Pin)将变成 PCB 元件的焊盘(即 Pad)，电路图的元件引脚编号(Pin Number)将对应到 PCB 元件的焊盘序号(Pad Designator)。元件符号与元件封装的对应关系如图 4-3-1 所示。

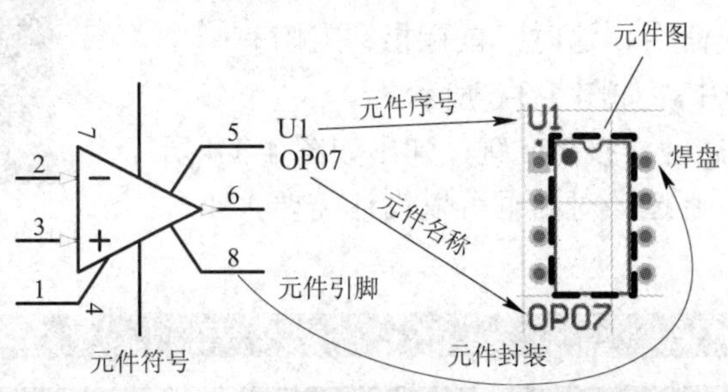

图 4-3-1　元件符号与元件封装的对应关系

元件图是元件的主体部分。元件图通常是指画在顶层丝印层(Top Overlay)的图案，也有少数是画在底层丝印层(Bottom Overlay)的，它不会影响真实的走线。

焊盘(Pad)是元件的主要电气部分。焊盘对应于电路图的元件引脚，每个焊盘都有其独立的焊盘序号，作为自动布线的依据。至于在编辑区中，当放大窗口比例后，在焊盘中所显示的焊盘序号只是辅助编辑之用，打印(输出)时并不会出现。

4.3.2　手工绘制元件封装

绘制元件封装是设计 PCB 的第一步，其操作步骤如下所述。

步骤 1：新建元件封装，单击“工具”→“新的空元件”命令，在 PCB Library 面板中新增一个自动命名为“PCBComponent_1”的新元件封装。

步骤 2：重命名元件封装(为了使元件封装名称具有一定的含义，必须重新命名元件封装)。单击“工具”→“元件属性”命令，弹出如图 4-3-2 所示的“PCB 库元件”对话框。

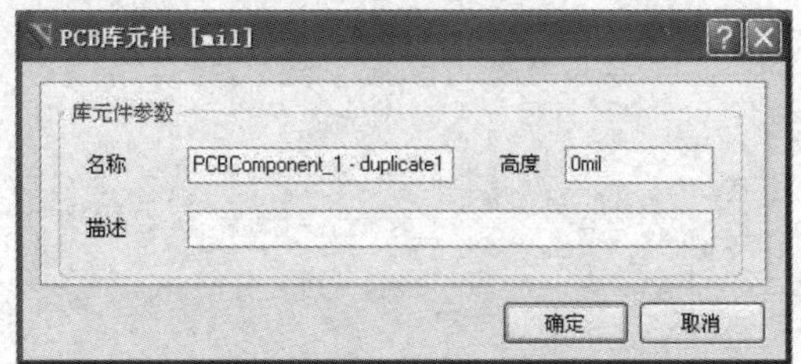

图 4-3-2　“PCB 库元件”对话框

步骤 3：在“名称”参数中输入元件名称，如 DIP8，单击“确定”按钮，退出“PCB 库元件”对话框，这时，在 PCB Library 面板中的“PCBComponent_1”名称更改为“DIP8”。

建议：在给封装命名时，一定要使用规范的封装名称，切记不可随意起名，这是初学者常犯的小错误，虽然不影响最终的 PCB 板制作，但随意起的名称，既没有规律，也容易忘记。实际每个元件都有自己规范的封装名，如双列直插式元件常用 DIP，8 只引脚则命名为 DIP8，16 只引脚则命名为 DIP16；单列直插式元件常用 SIP，8 只引脚则命名为 SIP8；插脚电阻用 AXIAL，根据不同体积分为 AXIAL0.4、AXIAL0.5、AXIAL0.6 等。如果不知道元件封装名称，可参考相关元件的数据手册。

提示：如果库中已经有了名称为“PCBComponent_1”的元件，需再新建一个空白元件，则自动命名为“PCBComponent_1-duplicate1”。

步骤 4：放置焊盘，单击工具栏中的“ ”按钮或单击“放置”→“焊盘”命令，这时，鼠标指针就附有一个焊盘并显示在工作窗口中，如图 4-3-3 所示。

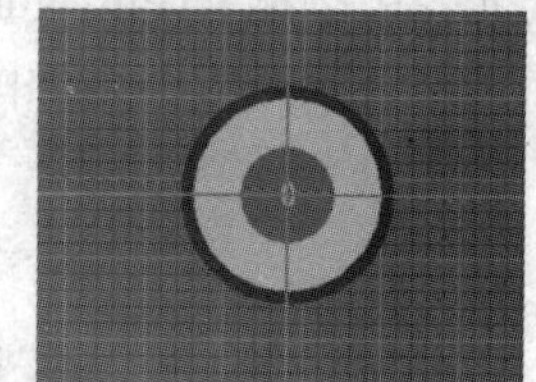

图 4-3-3　附有焊盘的鼠标指针

步骤 5：编辑焊盘属性，按 Tab 键，弹出如图 4-3-4 所示“焊盘”的对话框，通过该对话框可以设计需要大小、形状的焊盘。

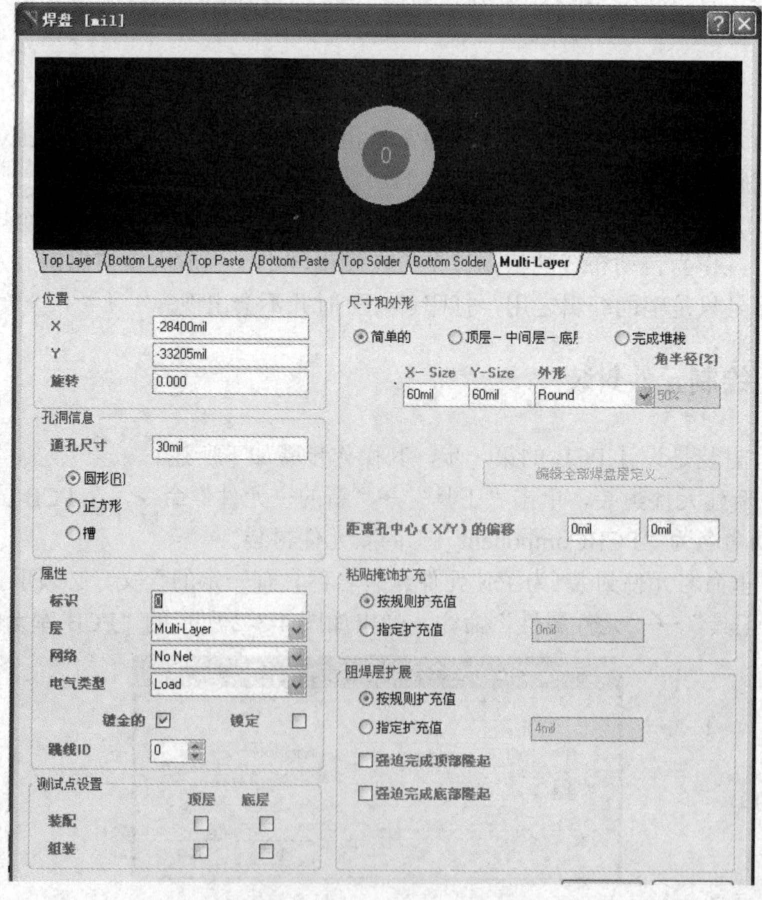

图 4-3-4　“焊盘”对话框

“焊盘”对话框中各项参数的意义如下：

(1) 位置：X 和 Y 分别表示焊盘中心点的坐标值。

(2) 孔洞信息：焊盘的孔径，常见的为圆形，很少使用正方形和槽。在选择使用正方形时会出现旋转参数设置；在选择使用槽时会出现长度和旋转参数设置。

(3) 尺寸和外形：设置焊盘的形状、X 轴尺寸、Y 轴尺寸等。

(4) 属性：设置焊盘的标识符、所在的层、所属的网络、电气类型、是否镀金、是否锁定等。

(5) 测试点设置：设置装配、组装的层次等。

(6) 粘贴掩饰扩充、阻焊层扩展：设置助焊层和阻焊层在焊盘周围的扩展程度。

注意：焊盘的标识符属性非常重要，要与原理图中元件的相应引脚保持一致。

步骤 6：设置好焊盘属性后，单击鼠标左键放置焊盘。

注意：在设计封装时，必须将封装放在坐标(0，0)的周围，常将焊盘 1 放在坐标原点上，或将封装中心点放在坐标原点上，此点非常重要。因为在 PCB 图中选择该元件时，鼠标指针就是以封装库中该元件坐标原点为参考点的，如果元件封装不在坐标原点周围，则在 PCB 图中，鼠标将无法准确点击上元件封装。

步骤 7：放置好一个焊盘后，鼠标指针上还附有一个标识自动加 1 的焊盘(如原焊盘标识为 1，则下一个自动为 2)，单击鼠标左键可继续放置。

步骤 8：按照数据手册要求(焊盘大小、间距、形状等)，放置完所有焊盘。单击鼠标右键或按 Esc 键退出。放置好的焊盘的封装如图 4-3-5 所示。

建议：一般情况下，常将标识为 1 的焊盘设置成正方形，即在如图 4-3-4 所示的“尺寸和外形”中的“外形”中选择“Rectangular”选项，便于焊接时容易识别。

步骤 9：画元件图，单击窗口下排的“Top Overlay”选项，单击“╱”按钮或单击“放置”→“走线”命令，鼠标指针会变成十字形状并显示在工作窗口中。

步骤 10：按 Tab 键，弹出“线约束”对话框，如图 4-3-6 所示，可修改线宽和层参数。该步骤通常可省略。

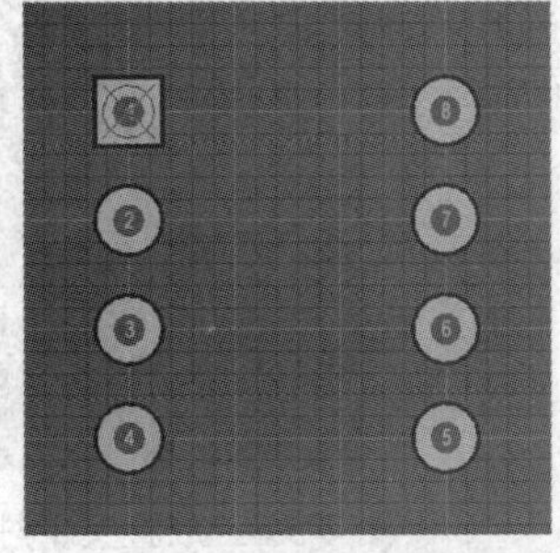

图 4-3-5　放置好的焊盘的封装

图 4-3-6　“线约束”对话框

“线约束”对话框中各项参数的意义如下所述。

(1) 线宽：表示将要画的线的宽度，图 4-3-6 中采用默认的 10 mil。

(2) 当前层：当前线将要画的层数，“Top Overlay”层表示丝印层，它没有电气特性，只是用于观看，便于识别电路板。

步骤 11：单击“确定”按钮，结束“线约束”对话框设置，鼠标指针继续变成十字形状并显示在工作窗口中。

步骤 12：将鼠标指针移动到需要画元件图的位置，单击鼠标左键放置线的一端，移动鼠标指针到线需要转折或结束的位置，继续单击鼠标左键放置线的另一端，单击鼠标右键结束放置。

步骤 13：为了清楚标识出元件 1 脚的位置，常在元件 1 脚处用点画出，或将边线画一弧形缺口，如图 4-3-7 所示。画弧线时需要使用按钮“ ”中的一种。

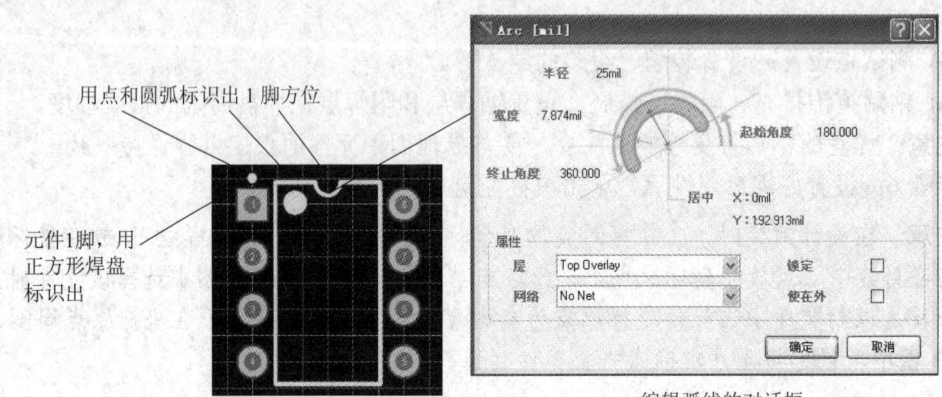

图 4-3-7　画出标识的元件封装

编辑弧线的对话框中各项参数的意义如下所述。

(1) 起始角度：表示起始的度数。

(2) 终止角度：表示终止的度数。

(3) 半径：表示圆弧的半径。

(4) 层：表示当前弧线将要画的层数。

(5) 网络：表示弧线的电气特性。在丝印层没有电气特性，选择“No Net”选项。

完成这一步，一个元件的封装就设计完成了，但部分元件需要在封装旁加以标注，进一步说明该封装的特点。如三极管的封装中，由于不同型号的三极管的引脚顺序不同，故一般在引脚焊盘旁用文字标出该焊盘的极性(基极、射极、集电极)，便于用户看出的引脚顺序。放置文字的步骤如下所述。

(1) 按照手工绘制封装的方法画出三极管的封装，如图 4-3-8 所示。单击主菜单中的“放置”→“字符串”命令或单击“ ”按钮，在“Top Overlay”层添加文字。这时鼠标指针会变为十字形状并附有一个字符串显示在工作窗口中，如图 4-3-8 所示。

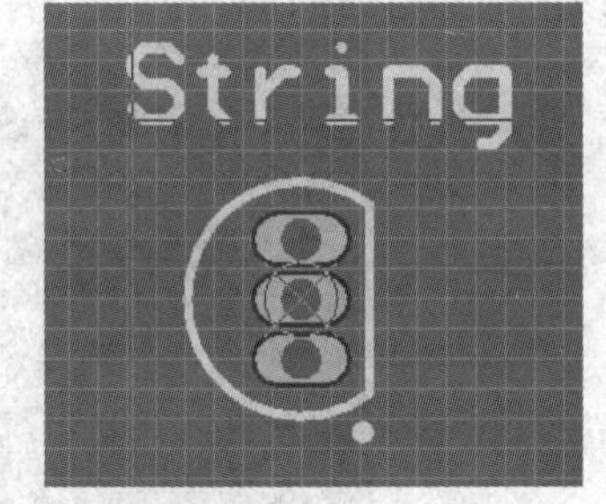

图 4-3-8　放置文字时的鼠标指针

(2) 按 Tab 键，弹出“串”对话框，如图 4-3-9 所示，在该对话框中可对“文本”和“层”进行设置。

(3) 修改参数后，单击“确定”按钮，鼠标指针回到附有一个字符串的状态，将鼠标指针移动到需要放置的位置，单击鼠标左键放置字符串，这时鼠标指针还附有一个字符串，可继续放置。

(4) 放置完成后，单击鼠标右键或按 Esc 键退出放置，完成字符串放置后的封装，如图 4-3-10 所示。

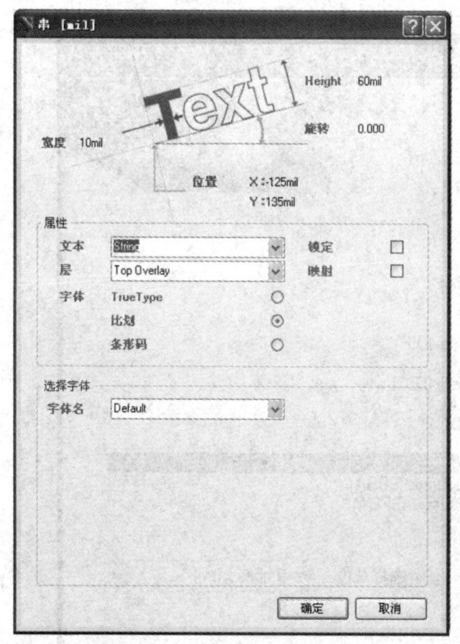

图 4-3-9　“串”对话框

图 4-3-10　完成字符串放置后的封装

4.3.3　使用向导创建元件封装

除了采用手工一步一步地绘制元件封装外，还常用 Altium Designer 软件自带的向导创建元件封装。其操作步骤如下所述。

步骤 1：在 PCB Library 面板中的“元件”列表栏内，单击鼠标右键，弹出快捷菜单，单击“元件向导”命令，即可启动新建元件封装向导或者单击“工具”→“元器件向导”命令，进入“PCB 器件向导”界面，如图 4-3-11 所示。

图 4-3-11　“PCB 器件向导”界面

步骤 2：单击“下一步”按钮，进入“器件图案和单位选择”界面，从模式列表框中选择元件的封装类型，这里以 SOP 形式的封装为例，采用英制单位，如图 4-3-12 所示。

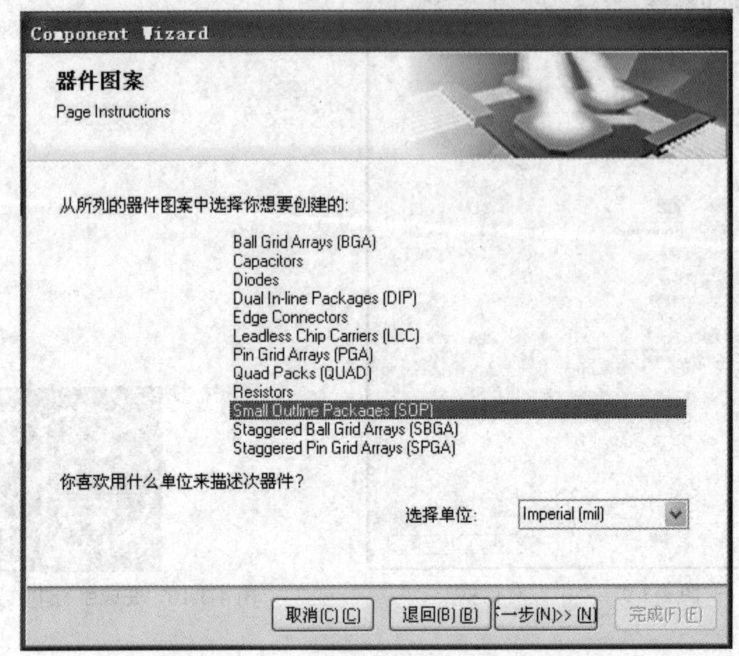

图 4-3-12 “器件图案和单位选择”界面

步骤 3：单击“下一步”按钮，进入“定义焊盘尺寸”界面，设置焊盘直径，如图 4-3-13 所示。

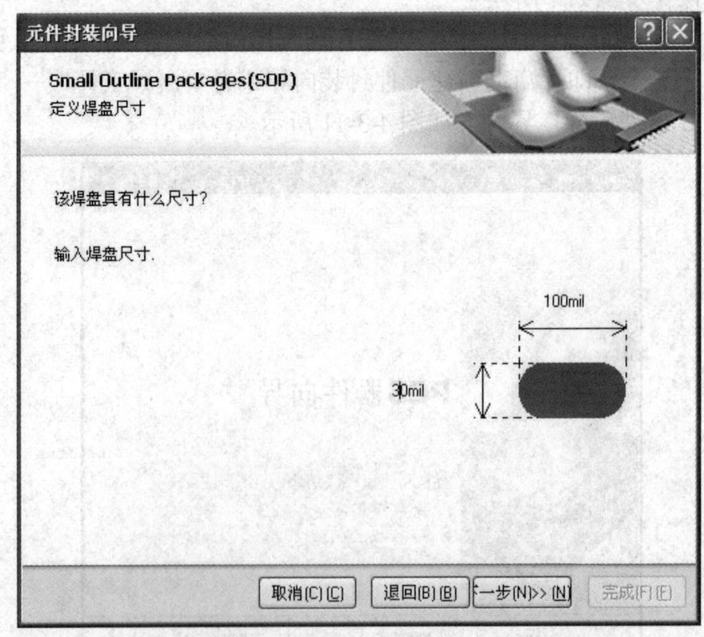

图 4-3-13 “定义焊盘尺寸”界面

步骤 4：单击“下一步”按钮，进入“定义焊盘布局”界面，按照用户选择的封装模式设置焊盘之间的间距，如图 4-3-14 所示。

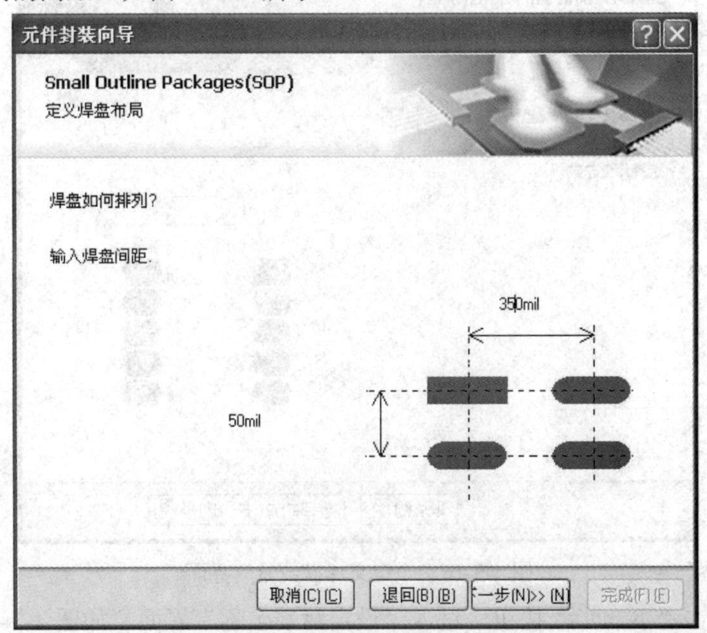

图 4-3-14　“定义焊盘布局”界面

步骤 5：单击“下一步”按钮，进入“定义外框宽度”界面，设置用于绘制封装图形的轮廓线宽度，如图 4-3-15 所示。

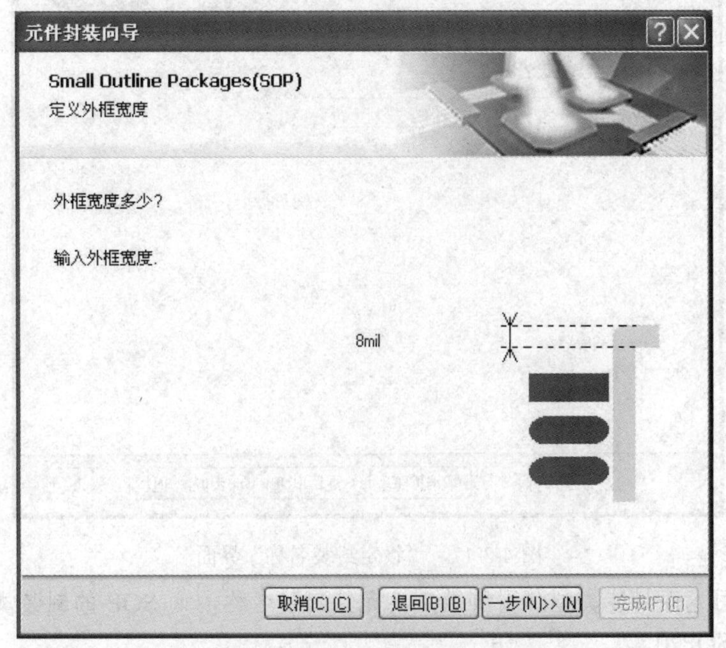

图 4-3-15　“定义外框宽度”界面

步骤 6：单击“下一步”按钮，进入“定义焊盘数量”界面，如图 4-3-16 所示。

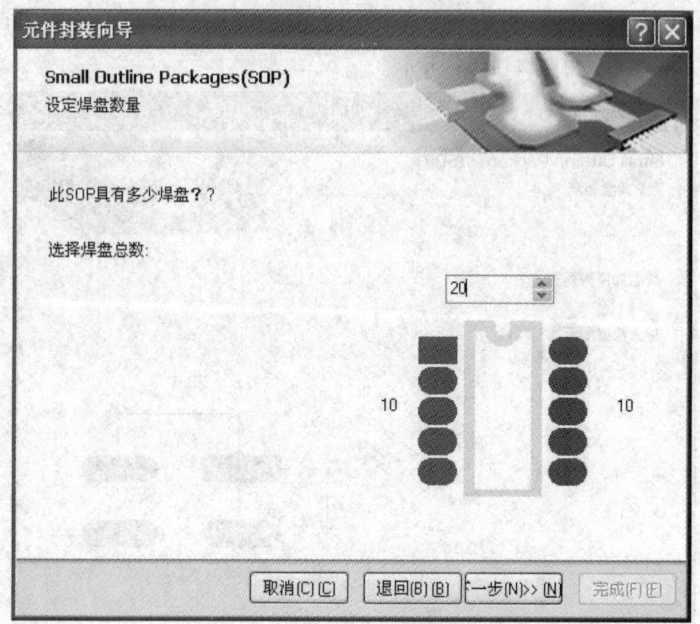

图 4-3-16　“定义焊盘数量”界面

步骤 7：单击“下一步”按钮，进入“设定封装名称”界面，如图 4-3-17 所示。

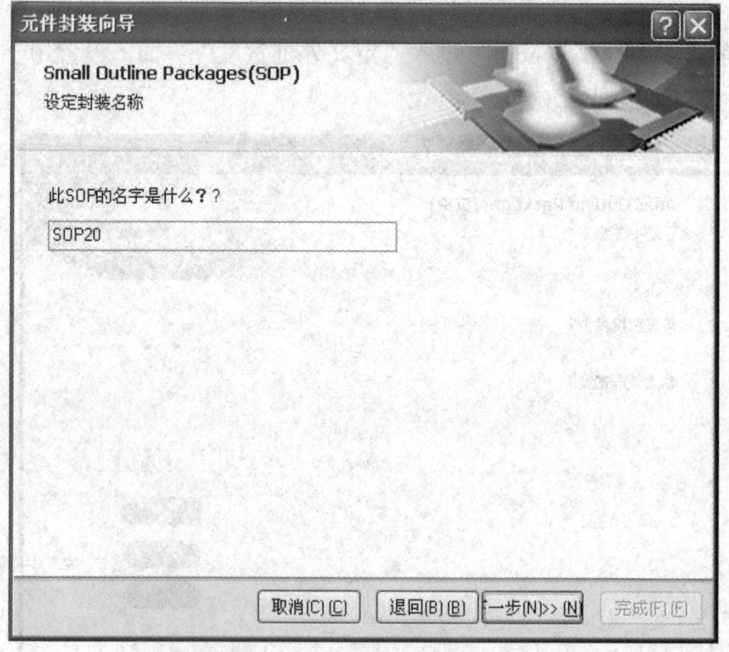

图 4-3-17　“设定封装名称”界面

建议：常用元件封装类型加引脚数定义元件封装名称，如 SOP 的封装类型和 20 个引脚，则命名为 SOP20。

步骤 8：单击“下一步”按钮，进入结束前的最后一个“创建完成”界面，如图 4-3-18 所示，单击“完成”按钮，即可创建一个 SOP 元件封装，如图 4-3-19 所示。

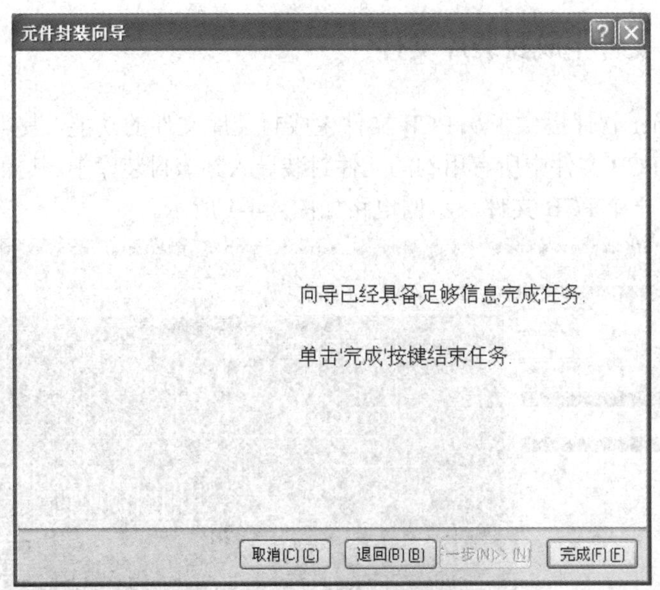

图 4-3-18　“创建完成”界面

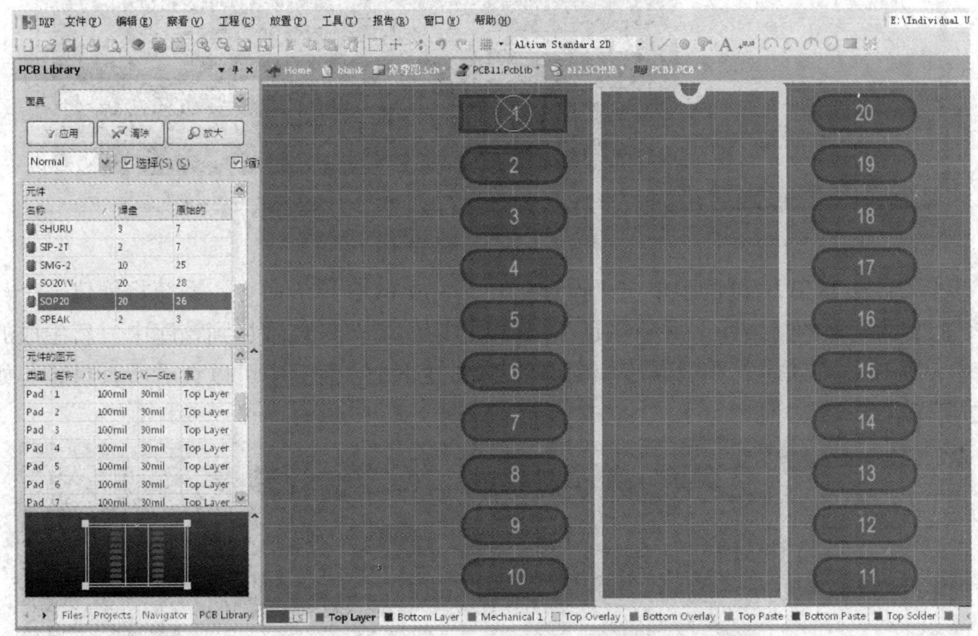

图 4-3-19　创建好的 SOP 封装

用向导绘制完元件封装以后，还可以手动更改焊盘的形状、大小、导线的距离、方向等参数。设计完成后，可根据实际需要手工放置文字说明。

4.4　封装库文件与 PCB 文件之间的交互操作

在 PCB 设计中，常因种种原因需要修改元件封装，或需要从 PCB 中提取出某个元件的封装，这时，就需要在 PCB 和元件封装之间进行交互操作。

4.4.1　从 PCB 文件生成封装库文件

Altium Designer 软件提供了从 PCB 文件生成封装库文件的功能，其可以自动生成一个元件封装库，并将 PCB 文件中所有用到的元件封装导入到该封装库中。其操作步骤如下所述。

步骤 1：打开一个 PCB 文件，示例电路如图 4-4-1 所示。

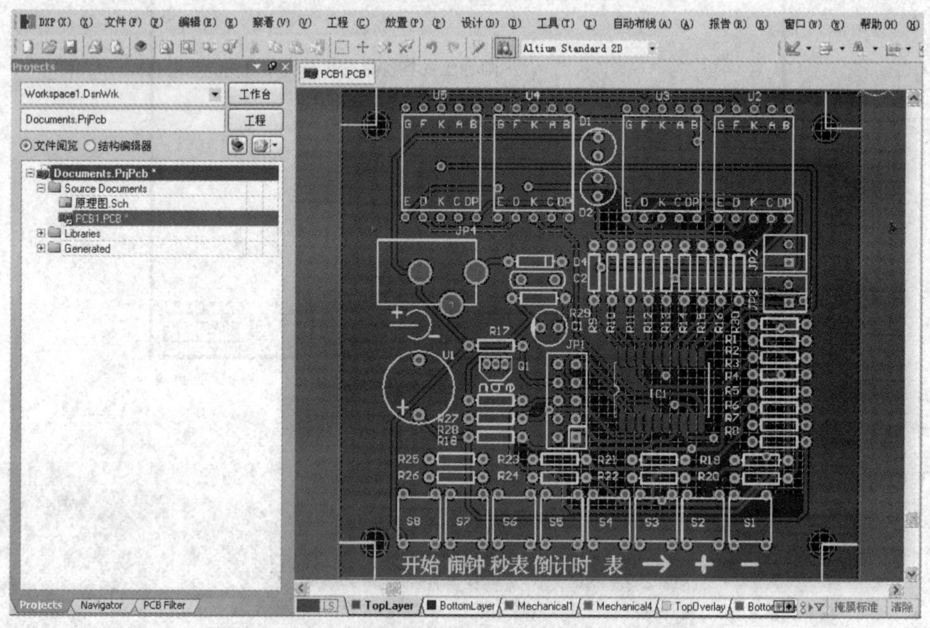

图 4-4-1　示例电路

步骤 2：在 PCB 编辑器中单击“设计”→“生成 PCB 库”命令，系统将创建一个与当前 PCB 文件同名的封装库，并将当前 PCB 文件中的所有封装添加到该库中。新生成的封装库自动处于打开状态，在封装库编辑器的 PCB Library 面板中可以查看所有封装，如图 4-4-2 所示。

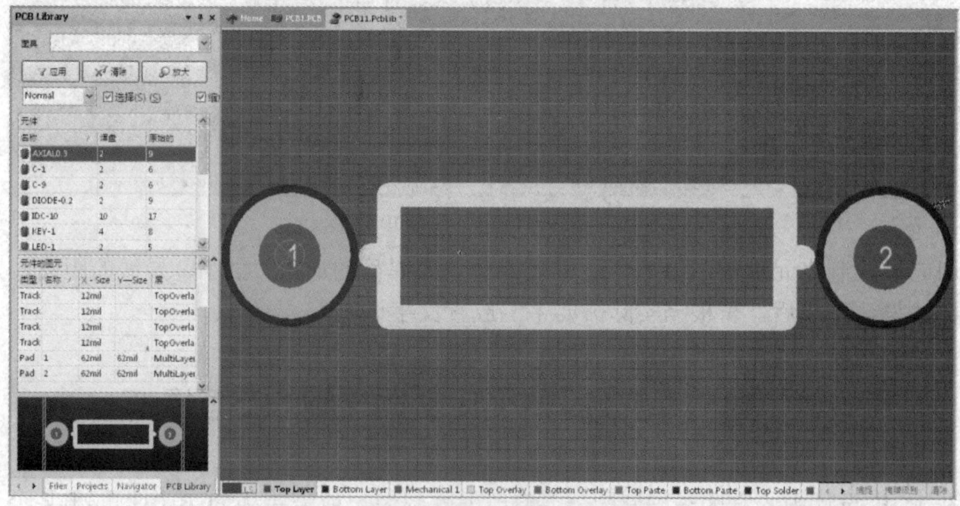

图 4-4-2　自动生成的 PCB 库

步骤 3：保存生成元件封装库，元件封装库将自动添加到工程的可用元件库列表中，如图 4-4-3 所示。

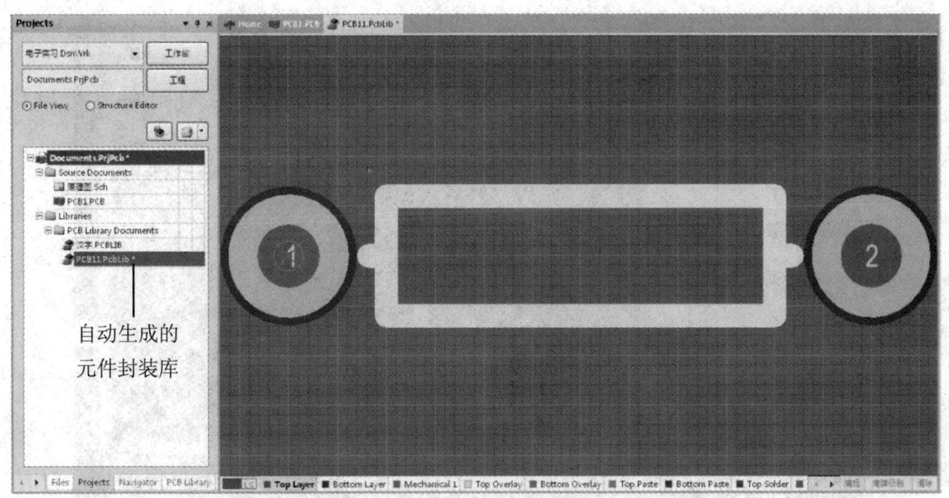

图 4-4-3　新生成的库文件

从 PCB 可以生成元件封装库，还可以生成集成库，其步骤与生成元件封装库一致，单击“设计”→“生成集成库”命令，一步一步地生成即可。

4.4.2　通过封装库文件更新 PCB 文件

当用户需要对 PCB 文件中的某些元件封装进行修改时，可以先通过 PCB 文件生成一个封装库文件，然后对该封装库文件中需要修改的元件封装进行编辑修改，再更新 PCB 文件。例如，图 4-4-4 为待修改的 PCB，图中的按键 S1～S8 是插脚式，需要更改为表贴式，其操作步骤如下所述。

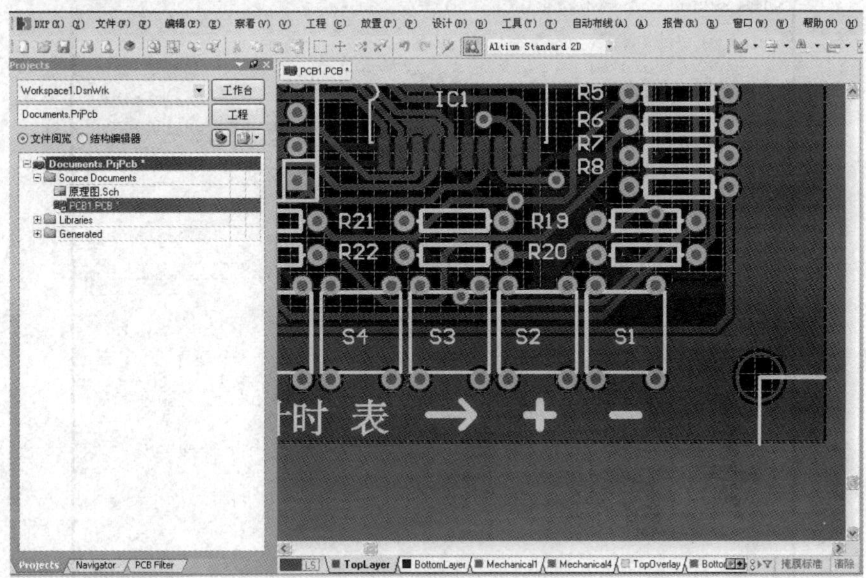

图 4-4-4　待修改的 PCB

步骤 1：通过 4.4.1 节生成元件符号库的方法生成元件符号库，单击按键封装，如图 4-4-5 所示。

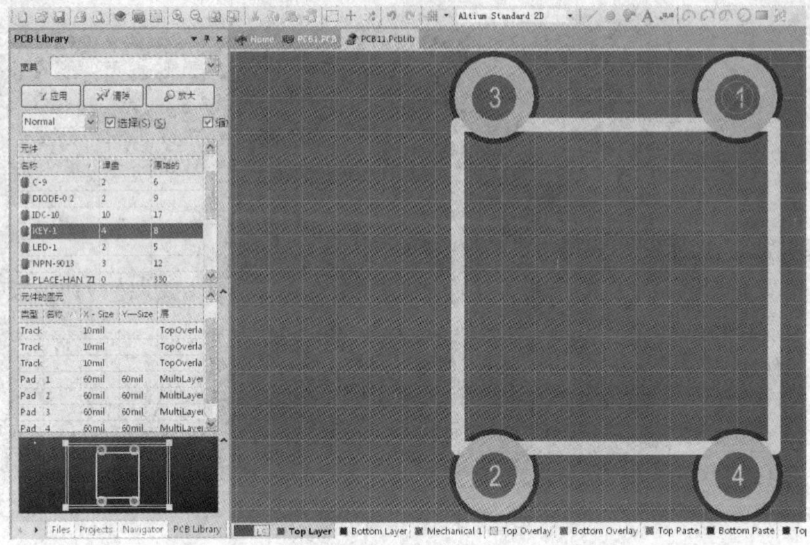

图 4-4-5　按键封装

步骤 2：双击封装引脚，修改元件引脚参数，如图 4-4-6 所示，得到的修改后的按键封装如图 4-4-7 所示。

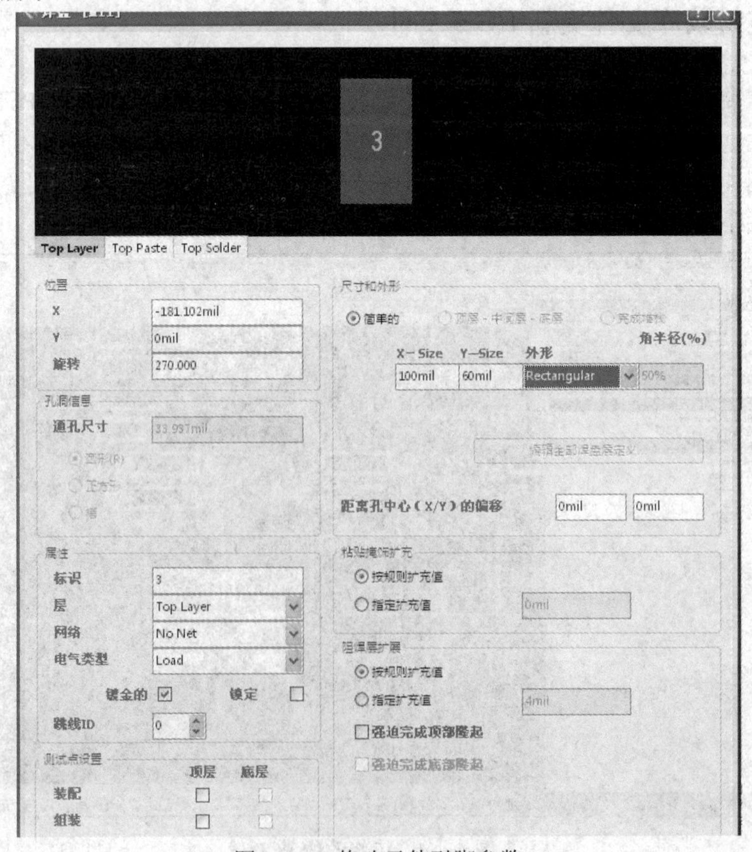

图 4-4-6　修改元件引脚参数

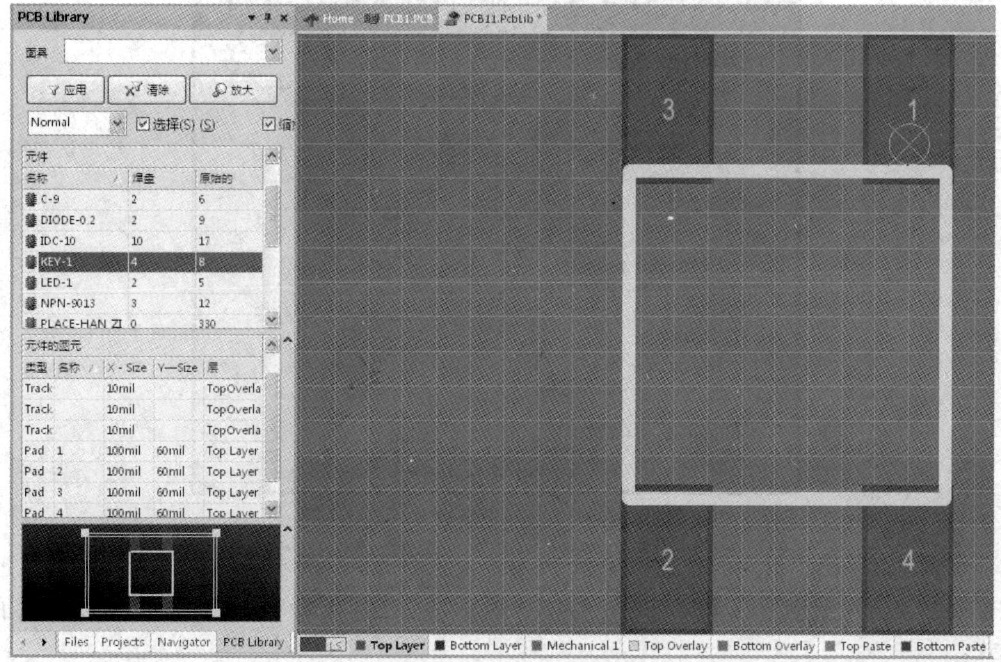

图 4-4-7　修改后的按键封装

步骤 3：将鼠标指针放置在需要更新的元件名称上，单击鼠标右键，选择“Update PCB With KEY-1”选项，如图 4-4-8 所示，弹出“器件更新选项”对话框，如图 4-4-9 所示。

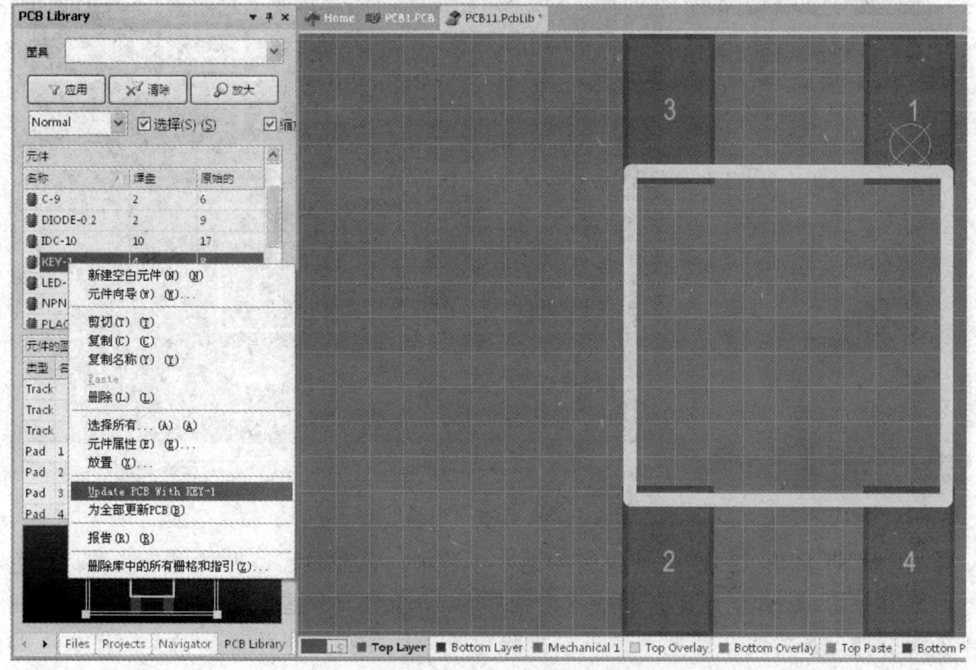

图 4-4-8　选择“Update PCB With KEY-1”选项

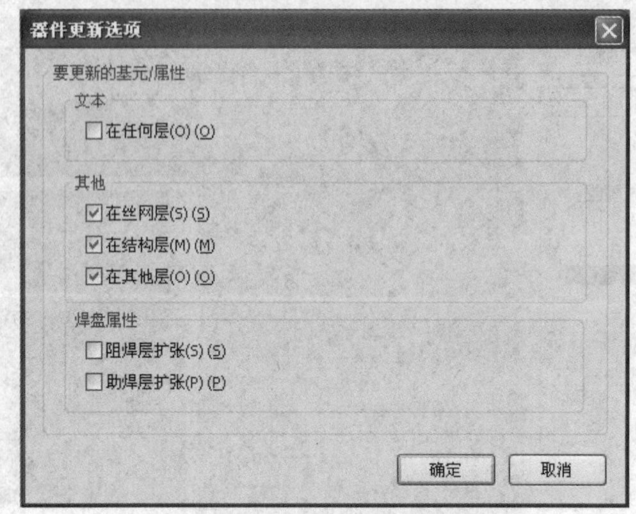

图 4-4-9 “器件更新选项”对话框

步骤 4：单击“确定”按钮，更新 PCB。由于更改的元件封装变大，影响到周围走线和覆铜层，去除覆铜后的 PCB 如图 4-4-10 所示，由图可以看出，按键引脚被修改成了表贴式。

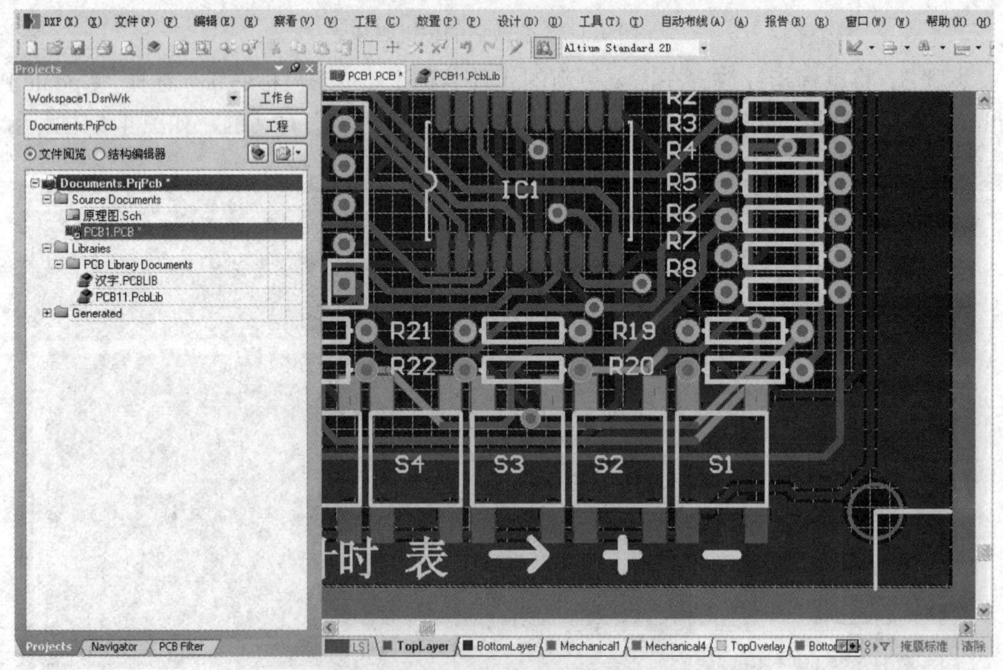

图 4-4-10 去除覆铜后的 PCB

提示： 在 PCB 中，违反设计规则的地方一般用绿色显示出，提醒用户注意。绿色显示不一定是出错了，比如规则定义的线安全间距为 10 mil，而有些元件的引脚间距只有 8 mil，这样在该引脚上画的线全部显示绿色，提醒用户违反规则，但并不是错误。而有一些绿色显示一定是出错了，例如在图 4-4-10 中，修改后的元件引脚压上原电路的走线，则该处显示的绿色提醒设计者有错误。故只要电路中显示绿色，用户一定需要高度关注。

4.5 元件封装报表文件

4.5.1 设置元件封装规则检查

元件封装绘制好以后，还需要进行元件封装规则检查。在元件封装编辑器中，单击“报告”→“元件规则检查”命令，打开“元件规则检查”对话框，如图 4-5-1 所示。

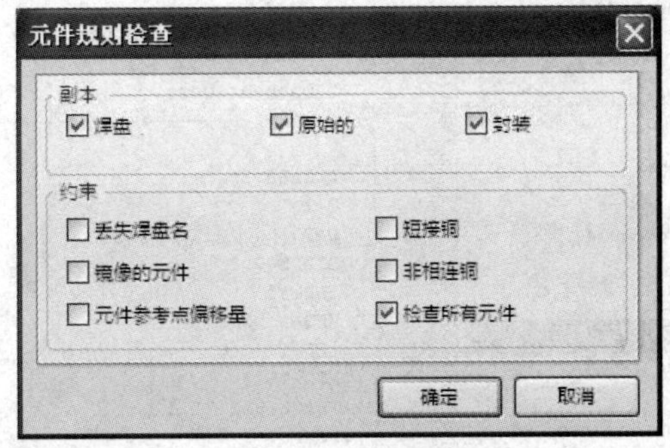

图 4-5-1　“元件规则检查”对话框

在“元件规则检查”对话框的“副本”栏中设置需要进行重复性检测的项目，如重复的焊盘等。在“约束”栏设置其他约束条件，一般应选中“丢失焊盘名”复选框和“检查所有元件”复选框。

4.5.2 创建元件封装报表文件

在元件封装编辑器中单击“报告”→“器件”命令，即可对当前选中的元件生成元件封装报表文件，其扩展名为 CMP，如图 4-5-2 所示。

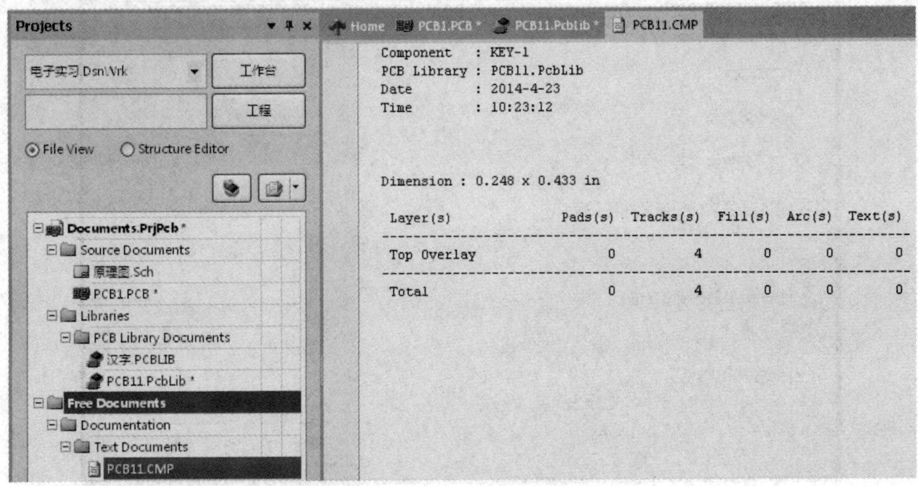

图 4-5-2　元件封装报表文件

4.5.3 元件封装库报表文件

在元件封装编辑器中，单击“报告”→“库列表”命令，即可对当前元件封装库生成元件封装库报表文件，其扩展名为 REP，如图 4-5-3 所示。

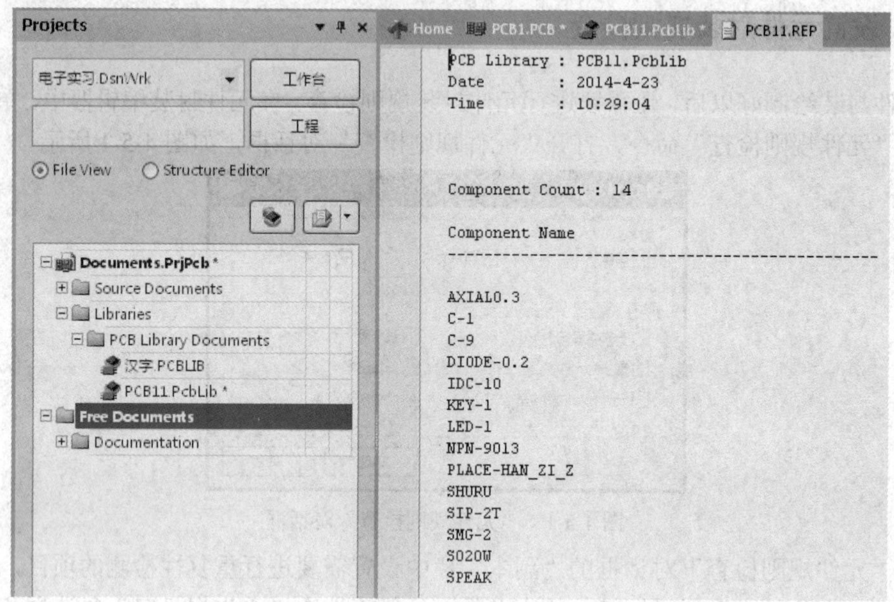

图 4-5-3 元件封装库报表文件

在元件封装编辑器中，单击“报告”→“库报告”命令，即可打开“库报告设置”对话框，如图 4-5-4 所示。

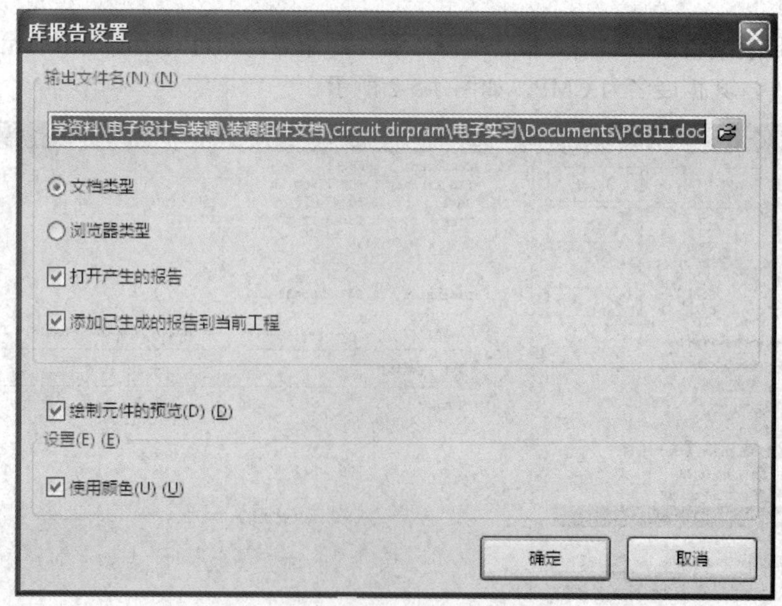

图 4-5-4 “库报告设置”对话框

单击“确定”按钮，即可对当前元件封装库生成元件封装库报告文件，其扩展名为 .doc，该文件生成后报告文档将被自动打开，如图 4-5-5 所示。

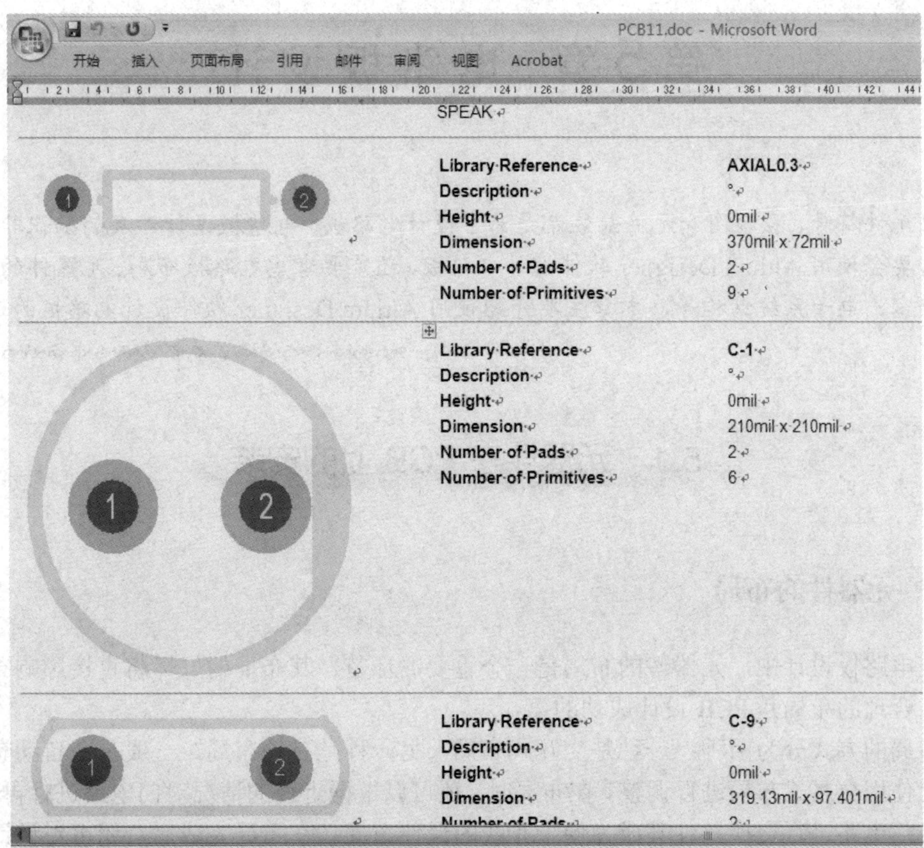

图 4-5-5　元件封装库报告文件

✦✦✦✦　习　题　✦✦✦✦

1．简述如何新建元件封装库。
2．分别使用手工绘制和向导创建两种方法绘制 74HC00 的 DIP 型封装。
3．简述如何从 PCB 文件生成封装库文件。
4．简述如何通过封装库文件更新 PCB 文件。
5．简述如何设置元件封装规则检查。

第 5 章　电路板设计

画元件符号、原理图和元件封装都是为了设计电路板，电路板设计涉及的知识非常多，不仅需要会使用 Altium Designer 软件设计电路板，还需要考虑电路板布局、元器件的固定、电磁兼容、电子系统结构等，本章主要介绍使用 Altium Designer 软件设计电路板的过程。

5.1　元器件在 PCB 上的安装

5.1.1　元器件的布局

在电路板设计中，元器件的布局是一个重要的环节，其布局的好坏将直接影响布线的效果，合理的布局是 PCB 设计成功的第一步。

布局的方式分为两种：一种是交互式布局；另一种是自动布局。一般是在自动布局的基础上使用交互式布局进行调整。在布局时，还可以根据走线的情况对门电路进行再分配，将两个门电路进行交换，使其成为便于布线的最佳布局。在布局完成后，还可对设计文件及有关信息进行返回标注，使得 PCB 中的有关信息与原理图一致，以便与以后的建档、更改设计同步起来，同时对模拟的有关信息进行更新，从而对电路的电气性能及功能进行板级验证。

设计者首先要考虑 PCB 尺寸大小。PCB 尺寸过大时，印制线路增长，阻抗增大，抗噪声能力下降，成本也会增加；PCB 尺寸过小，则散热不好，且相邻走线易受干扰。其次，在确定 PCB 尺寸后，要确定特殊元件的位置。最后，根据电路的功能单元，对电路的全部元件进行布局。

在确定特殊元件的位置时，要遵守以下原则：

(1) 尽可能缩短高频元件之间的连线，设法减少它们的分布参数和相互之间的电磁干扰，易受干扰的元件不能相互挨得太近，输入和输出元件应尽量远离。

(2) 某些元件或导线之间可能有较高的电位差，应加大它们之间的距离，以免放电导致意外短路。带强电的元件应尽量布置在调试时人体不必接触到的地方。

(3) 重量超过 15 g 的元件，应当使用支架加以固定，然后焊接。那些又大又重、发热量大的元件不宜装在电路板上，而应装在整机的机箱底板上且应考虑散热问题。热敏元件应远离发热元件。

(4) 电位器、可调电感线圈、可变电容器、微动开关等可调元件的布局应考虑整机的结构要求。

(5) 应留出电路板的定位孔和固定支架的位置。

根据电路的功能单元对电路的全部元器件进行布局时，要符合以下原则：

(1) 按照电路中各个功能单元的位置，使布局信号流通，并使信号尽可能保持一致的方向。

(2) 以每个功能单元的核心元件为中心，围绕它们来进行布局。元件应均匀、整齐、紧凑地排列在PCB上，尽量减少和缩短各个元件之间的引线和连接。

(3) 一般元器件应该排布在PCB的一面，并且每个元器件的引出脚要单独占用一个焊盘，两个焊盘之间应有一定距离的阻焊。

(4) 元器件的排布不能上下交叉，如图5-1-1所示。相邻的两个元器件之间要保持一定间距，间距不得过小，避免相互碰接。如果相邻元器件的电位差较高，则应当保持安全距离。一般环境中的间隙安全电压是200 V/mm。

(a) 合理

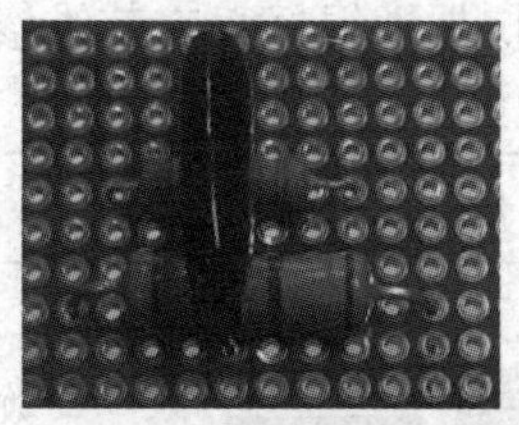

(b) 不合理

图5-1-1 元器件的排布

(5) 元器件两端焊盘的跨距应该稍大于元器件本体的轴向尺寸，如图5-1-2所示，引线不能齐根弯折，弯角时应该留出一定距离(至少2 mm)，以免损坏元器件。

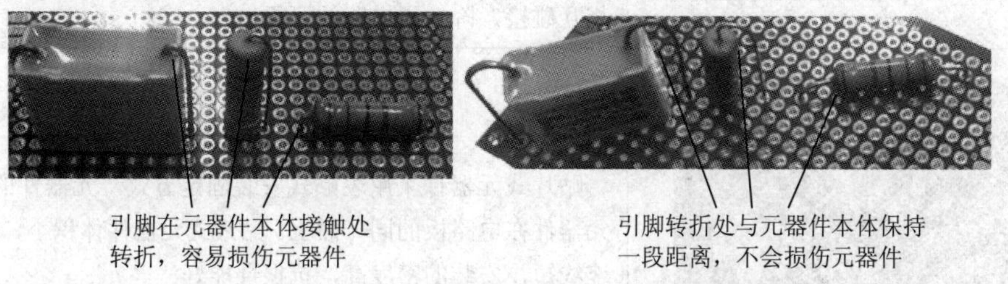

图5-1-2 元器件引脚转折处需要与元器件本体保留距离

(6) 高频电路，要考虑元件之间的分布参数。一般电路应尽可能使元件平行排列，均匀布置，疏密一致。这样不但美观，而且焊接容易，易于批量生产。

(7) 位于电路板边缘的元件，离电路板边缘一般不小于2 mm，电路板的最佳形状为矩形，长宽比为3∶2或4∶3。电路板面尺寸大于200 mm×150 mm时，应考虑电路板的机械强度。

布局后要进行以下严格的检查：

(1) 电路板尺寸是否与加工图纸尺寸相符，能否符合PCB制造工艺要求，有无定位标志。

(2) 元件在二维、三维空间上有无冲突。

(3) 元件布局是否疏密有序、排列整齐，是否全部布完。

(4) 需经常更换的元件能否方便地更换，插件板插入设备是否方便。

(5) 热敏元件与发热元件之间是否有适当的距离。

(6) 调整可调元件是否方便。

(7) 在需要散热的地方是否装了散热器，空气流动是否通畅。

(8) 信号流程是否顺畅且互连最短。

(9) 插头、插座等与机械设计是否矛盾。

(10) 线路的干扰问题是否有所考虑。

5.1.2　元器件的安装方式

引线式元器件有立式与卧式两种安装固定的方式。卧式安装的元器件的轴线方向与电路板面平行，而立式安装的则是垂直的。这两种方式各有特点，在设计电路板时应该灵活掌握，可以根据实际情况采用其中一种方式，也可以同时使用两种方式，如表 5-1-1 所示。但要确保电路的抗振性很好，安装维修方便，元器件排列疏密均匀，便于布线。

表 5-1-1　元器件的安装固定方式

实 物 图	说　明
	立式固定的元器件占用面积小，单位面积上容纳元器件的数量多。这种安装方式适合于元器件排列密集紧凑的产品，如半导体收音机、助听器等，许多小型的便携式仪表中的元器件也常采用立式安装法。立式固定的元器件要求体积小，重量轻。过大、过重的元器件不宜采用立式安装；否则，整机的机械强度变差，抗振能力减弱，元器件容易倒伏，造成相互碰接，降低了电路的可靠性
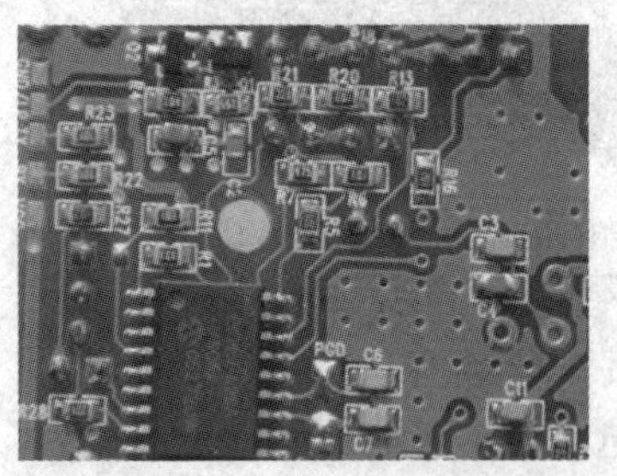	贴片式元器件采用表贴式安装固定方式，元器件的焊点和元器件在电路板的同一面上。贴片式元器件体积小，重心低，连线短，安装的密度高，抗振性能好
	元器件卧式安装具有机械稳定性好、板面排列整齐等优点。卧式固定使元器件的跨距加大，容易从两个焊点之间走线，这对于布设印制导线十分有利

5.1.3　元器件的排列格式

元器件应当均匀、整齐、紧凑地排列在印制电路板上，尽量减少和缩短各个单元电路之间和每个元器件之间的引线和连接。元器件在电路板上的排列格式，有不规则与规则两种方式。这两种方式在电路板上可以单独采用，也可以同时采用。

(1) 不规则排列：元器件的轴线方向彼此不一致，在电路板上的排列顺序也没有一定规则，如图 5-1-3 所示。用这种方式排列元器件，看起来显得杂乱无章，但由于元器件不受位置与方向的限制，使印制导线布设方便，并且可以缩短、减小元器件的连线，大大降低了电路板上印制导线的总长度。这种方式对于减少电路板上的分布参数、抑制干扰很有利，特别是对于高频电路极为有利。这种排列方式一般还在立式安装固定元器件时被采用。

图 5-1-3　不规则排列

(2) 规则排列：元器件的轴线方向排列一致，并与电路板的四边垂直或平行，如图 5-1-4 所示。除了高频电路以外，一般电子产品中的元器件都应当尽可能平行或垂直地排列，卧式安装固定元器件时，更要以规则排列为主。这不仅是为了板面美观整齐，还可以方便装配、焊接、调试，易于生产和维护。规则排列方式特别适用于板面相对宽松、元器件种类相对较少而数量较多的低频电路。电子仪器中的元器件常采用这种排列方式。但由于元器件的规则排列要受到方向或位置的一定限制，因此，电路板上导线的布设可能复杂一些，导线的总长度也会相应增加。

图 5-1-4　规则排列

5.2　PCB 的组成结构

常见的 PCB 如图 5-2-1 所示，它主要由本体、铜箔层、阻焊层和丝印层等组成，将各种元件(如芯片、电阻、电容等)焊接在 PCB 上，经过调试后，PCB 就可实现原理图中所要实现的功能。

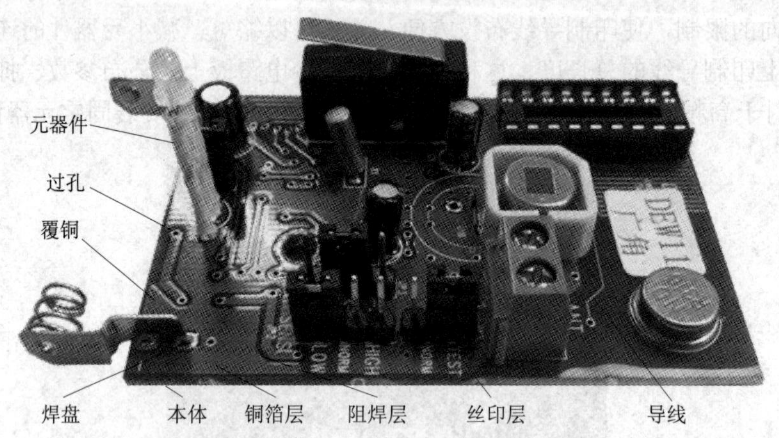

图 5-2-1　PCB 的组成结构

总结起来，PCB 共包含以下几个组成部分：

(1) 元器件：用于完成电路功能的各种器件。每一个元器件都包含若干个引脚，通过引脚，电信号被引入元器件内部进行处理，从而完成对应的功能。元器件引脚还有固定元器件的功能。在电路板上的元器件包括集成电路芯片、分立元件(如电阻、电容、电感等)、提供电路板输入/输出端口和电路板供电端口的连接器，某些电路板上还有用于指示的器件(如数码管、发光二极管、LCD、LCM 等)。

(2) 铜箔层：铜箔在电路板上可以表现为导线、过孔、焊盘和覆铜等。它们各自的作用如下所述。

① 导线：用于连接电路板上各种元器件的引脚，实现电气连接。

② 过孔：在多层电路板中，为了实现电气连接，某些导线需要使用过孔来改变导线布置层数。

③ 焊盘：用于在电路板上固定元件，也是电信号进入元器件的通路的组成部分；用于安装整个电路板的安装孔有时以焊盘的形式显示；用于与大地连接。

④ 覆铜：在电路板上的某个区域填充铜箔称为覆铜，可以改善电路性能。

(3) 阻焊层：在无须焊锡焊接的导线、覆铜、过孔上附上阻焊层，用于阻碍焊锡的粘连。

(4) 丝印层：印制电路板的顶层，用于标注文字，注释电路板上的元器件和整个电路板。丝印层还能起到保护顶层导线的功能。

(5) 本体：采用绝缘材料制成，用于支撑整个电路板，它们有各自的形式。在 PCB 设计中，元器件将以封装的形式显示，封装中包含对应元器件焊盘的引脚、元器件覆盖范围的边框等。

5.3　创建 PCB

5.3.1　创建 PCB 文件

创建 PCB 文件的步骤如下所述。

步骤 1：单击“文件”→“新建”→“PCB”命令，或将鼠标指针移动到工程文件“练习.PrjPCB”上，单击鼠标右键，在弹出的快捷菜单中选择“给工程添加新的”→“PCB”选项，即可创建一个 PCB 文件，如图 5-3-1 所示。

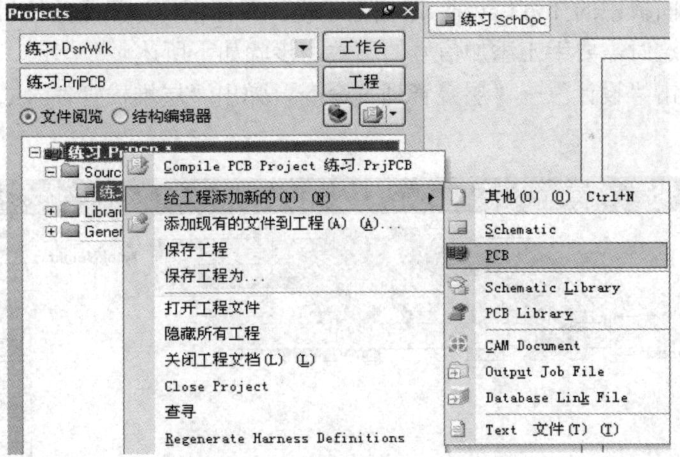

图 5-3-1　创建 PCB 文件

步骤 2：创建 PCB 文件后，PCB 设计窗口自动处于编辑状态，如图 5-3-2 所示。

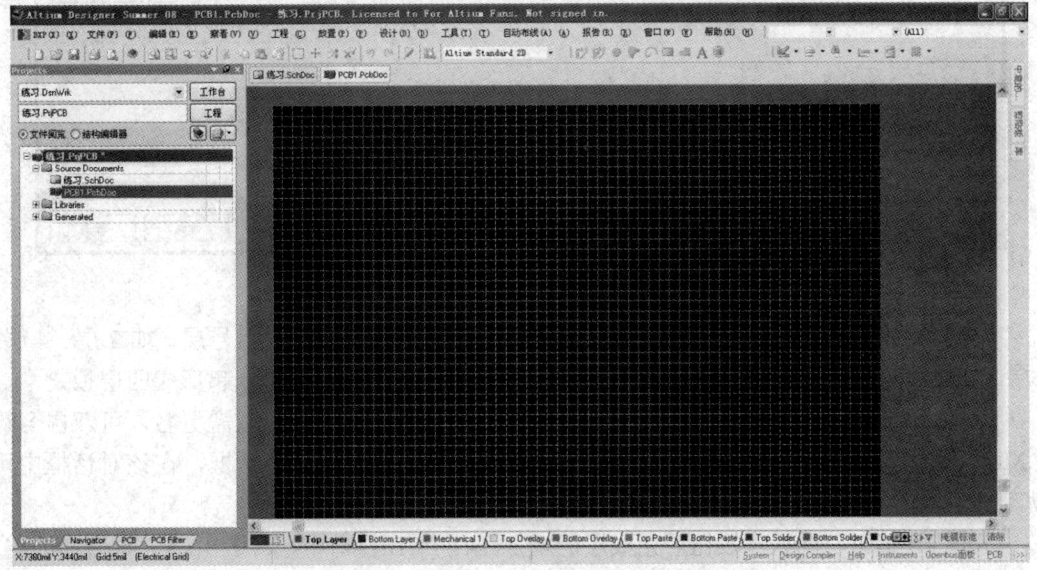

图 5-3-2　处于编辑状态的 PCB 设计窗口

步骤 3：创建的原理图默认名为“PCB1.PcbDoc”，单击“文件”→“保存为”命令，输入需要的文件名即可。

手工生成的 PCB 文件默认为一块双面板，它包含以下工作层面：

(1) 信号层：Top Layer、Bottom Layer。

(2) 机械层：Mechanical 1。

(3) 丝印层：Top Overlay、Bottom Overlay。

(4) 禁止布线层：Keep-Out Layer。

(5) 多层：Multi-Layer。

(6) 锡膏层：Top Paste、Bottom Paste、Top Solder、Bottom Solder。

对于电路板设计而言，单面板和双面板是使用最多的两种。在设计单面板时，可不使用自动生成的双面板中的 Top Layer，即相当于设计单面板。如果电路比较复杂，则可能需要较多信号层，这时需要手工添加信号的层数，步骤如下所述。

步骤 1：单击“设计”→“层叠管理”命令，弹出“层堆栈管理器...”对话框，如图 5-3-3 所示。

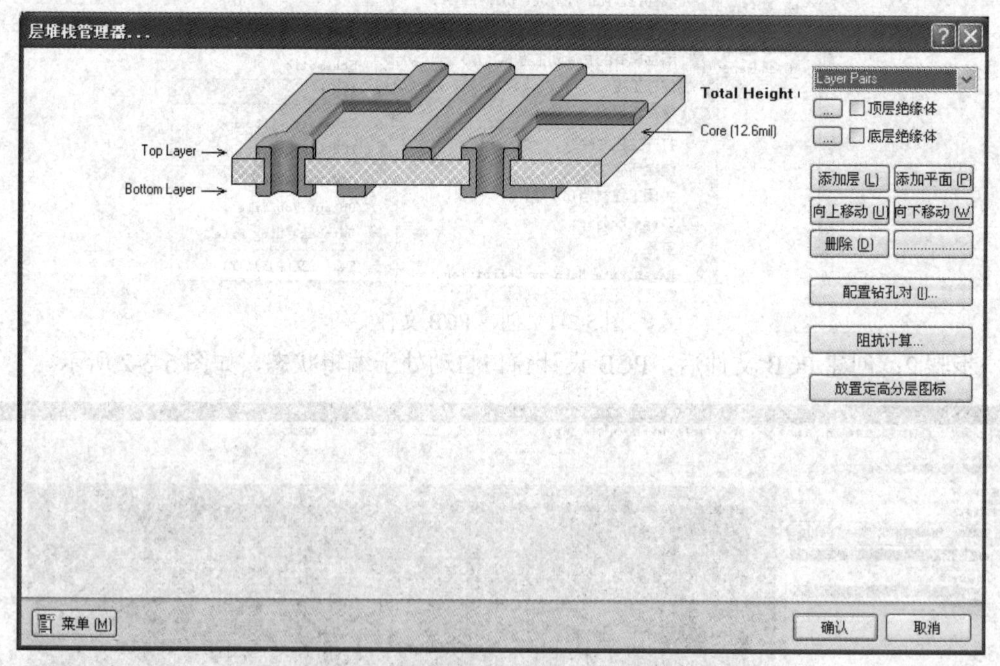

图 5-3-3　“层堆栈管理器...”对话框

步骤 2：单击“添加层”按钮，添加信号层，通常需添加偶数个信号层，如 2 层、4 层、6 层、8 层等。图 5-3-4 中添加了两个信号层，与最初的两个信号层一起形成四层板。

步骤 3：添加的层默认名为“MidLayer 1”，一般可以不更改，如需更名，可双击名称“MidLayer 1”，弹出如图 5-3-5 所示的“MidLayer 1 properties”对话框，在该对话框中可以定义该层信号线铜皮的厚度。

步骤 4：单击“确认”按钮，完成层的增加，在 PCB 窗口中，将多出两个新增加的层，如图 5-3-6 所示。

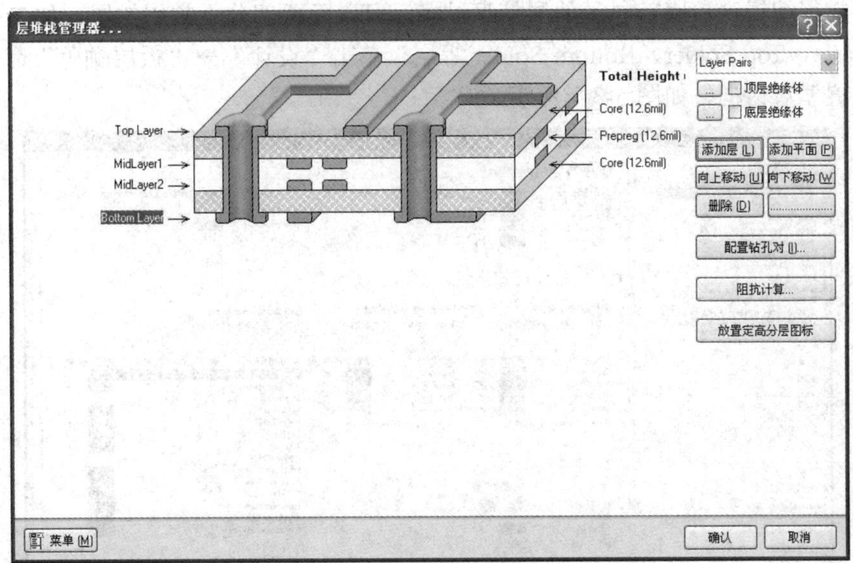

图 5-3-4　添加两个信号层

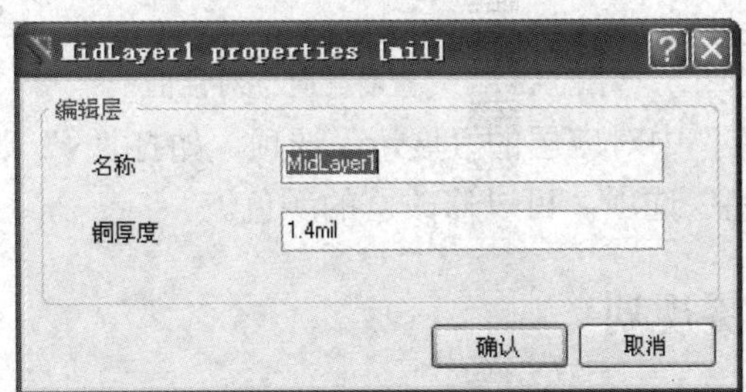

图 5-3-5　“MidLayer 1 properties”对话框

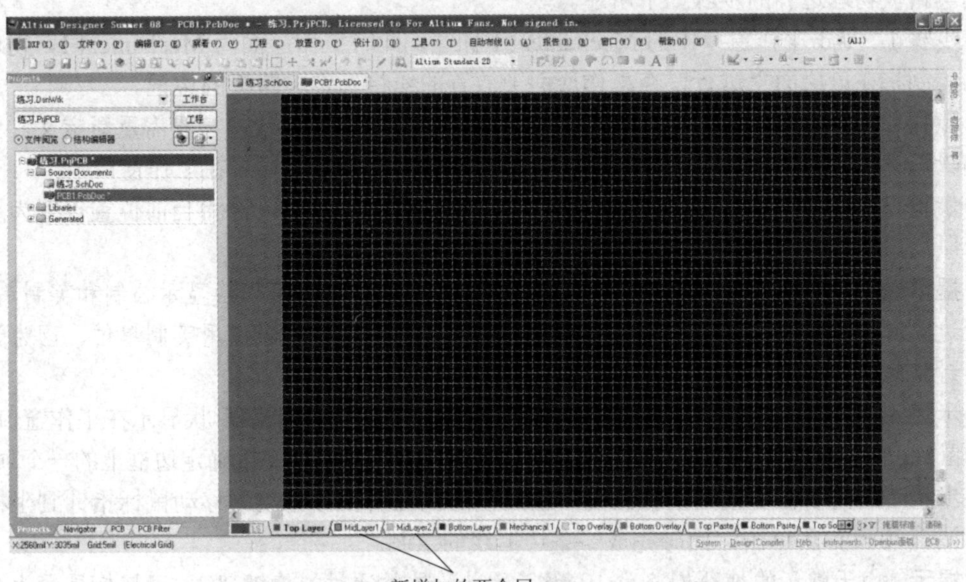

图 5-3-6　增加层后的 PCB 界面

如果觉得编辑窗口底部显示的层信息过多，可以隐藏部分不常用的层，如 Top Paste、Bottom Paste、Top Solder、Bottom Solder 等层。单击“设计”→“板层颜色”命令，弹出“查看配置”对话框，如图 5-3-7 所示。

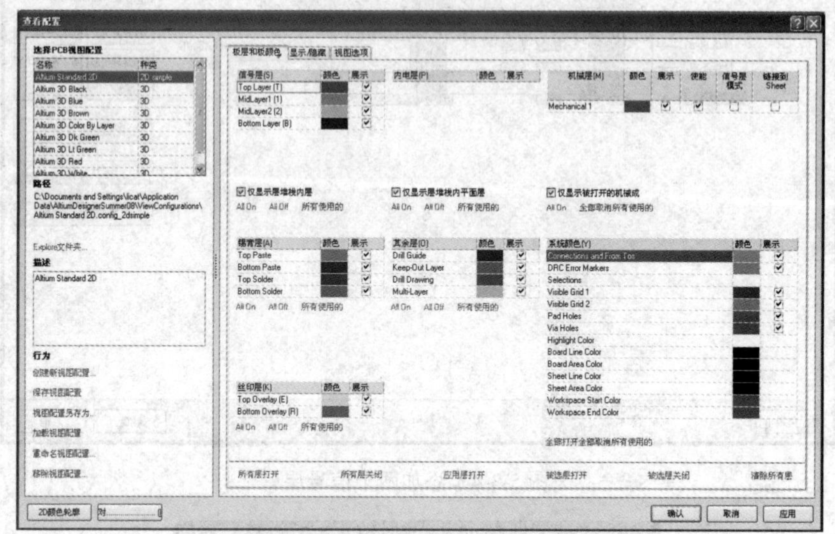

图 5-3-7　“查看配置”对话框

单击“板层和板颜色”中对应层的“展示”选项，如打“√”则显示该层，如取消则不显示。同样，单击“颜色”选项，可以修改层的颜色。

5.3.2　电路板物理边界规划

电路板的物理边界即为 PCB 的实际大小和形状，它的规划是在 Mechanical 1 上进行的。规划电路板物理边界的步骤如下所述。

步骤 1：单击工作窗口中的 Mechanical 1 标签，此时工作层面为 Mechanical 1，物理边界的绘制将在该层面上进行，在工作层面上放置的线将确定电路板的边框。

步骤 2：图中默认原点为图纸的最左下方，不便于操作设计，一般需重新定义，单击“编辑”→“原点”→“设置”命令，鼠标指针变为十字形状显示在工作窗口中。

步骤 3：移动鼠标指针，在图纸中合适位置单击鼠标左键，则将当前位置设置为新的坐标原点。

提示：坐标值在工作窗口的左下方显示，按快捷键“Q”可切换显示公制和英制单位。设计边界时一般使用公制单位，便于认知；在正常画图时，一般使用英制单位，因为元器件的封装单位常用英制单位。

步骤 4：单击“放置”→“走线”命令，鼠标指针将变成十字形状显示在工作窗口中。移动鼠标，将鼠标指针放置在刚刚设置的坐标原点上，单击鼠标左键确定边框上的一个顶点。

步骤 5：向右移动鼠标，将出现一根红色的线随着鼠标移动。移动鼠标指针到坐标点(100 mm，0 mm)后单击，此时完成一条边框线的绘制。

提示：由于默认的捕获栅格为 10 mil，因此，虽然通过快捷键“Q”可切换显示为公制单位，但无法捕获到 100 mm 坐标点，这时可单击“应用程序”工具栏中的“▦ ▾”按钮，选择公制单位的捕获栅格，如 0.500 mm、1.000 mm 等，则可捕获到 100 mm 坐标点。该参数也可在“板参数选项”中更改，即单击“设计”→“板参数选项”命令，弹出如图 5-3-8 所示的“Board 选项”对话框，修改相关参数即可。

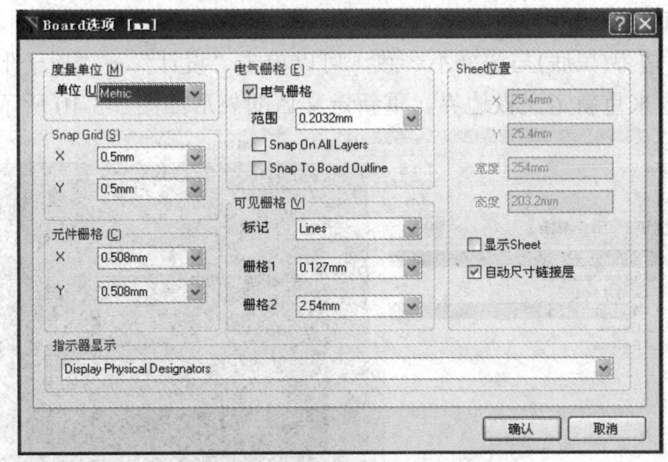

图 5-3-8　“Board 选项”对话框

步骤 6：此时鼠标指针仍处于十字形状的状态，可以继续绘制边框线。移动鼠标指针到坐标(100 mm，100 mm)，单击鼠标左键两次，确定第二条边框线。

步骤 7：按照步骤 6 的操作，从坐标点(100 mm，100 mm)到坐标点(0 mm，100 mm)绘制第三根边框线。

步骤 8：按照步骤 6 的操作，从坐标点(0 mm，100 mm)到坐标点(0 mm，0 mm)绘制第四根边框线。移动鼠标指针到坐标点(0 mm，0 mm)上，该点将显示一个小圆圈，表示边界框线已经闭合。

步骤 9：单击鼠标右键，退出绘制线的状态，此时在工作窗口中将显示物理边界的边框，如图 5-3-9 所示。

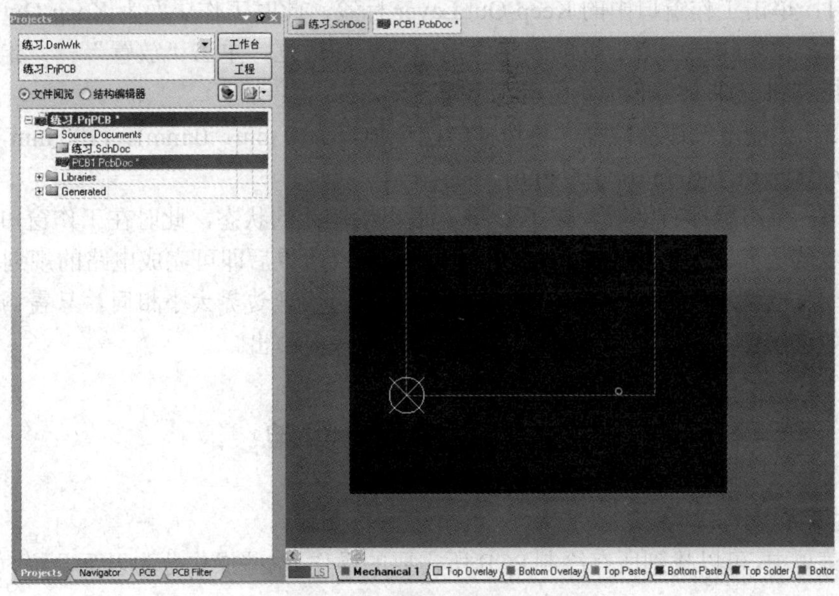

图 5-3-9　物理边界的边框

物理边界线确定了真实的电路板大小，因此在绘制电路物理边界线时需要特别注意线的端点位置，确保物理边界的大小正确。

以上给出的坐标值是为了定义一块板子的大小，如果没有准确的大小，则用户直接用导线在板子上绘制物理边界即可。

图 5-3-9 中板边界(黑底)与边框不一致，可以单击“设计”→“板子形状”→“重新定义板子外形”命令来重新定义板边界。重新定义后的外形如图 5-3-10 所示。

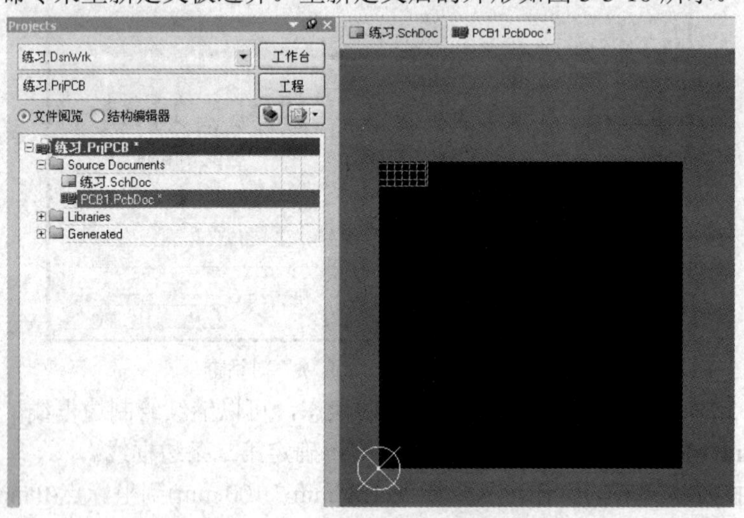

图 5-3-10　重新定义后的外形

5.3.3　电路板电气边界规划

电路板电气边界决定了电路板的元器件布局和布线区，处于 Keep-Out Layer 中。电路板电气边界规划的过程和物理边界规划的过程类似，总结起来需要以下步骤：

步骤 1：单击工作窗口中的 Keep-Out Layer 标签，此时工作层面为 Keep-Out Layer。

步骤 2：在工作层面上放置的线将确定电路板的边框，单击“放置”→“走线”命令后，鼠标指针将变成十字形状并显示在工作窗中。

步骤 3：绘制电气边界边框。该边框的四个顶点为(0 mm，0 mm)、(100 mm，0 mm)、(100 mm，100 mm)和(0 mm，100 mm)。

步骤 4：单击鼠标右键或者按 Esc 键，退出绘制线的状态，此时在工作窗口显示了物理边界和电气边界。在给出电路板的物理边界和电气边界后即可完成电路的规划。

提示：一般情况下将电路板的电气边界设计为与物理边界大小相同，只需画出电气边界即可，如果物理边界大于电气边界，则两个边界都需画出。

5.4　PCB 设计菜单

1．主菜单

在主菜单中，可以找到所有绘制 PCB 所需要的操作，这些操作分为以下几栏，如图 5-4-1 所示。

图 5-4-1 PCB 界面中的主菜单

(1) 文件：主要用于各种文件操作，包括新建、打开、保存等功能。

(2) 编辑：用于完成各种编辑操作，包括撤销/取消撤销、选中/取消选中、拷贝、粘贴、剪切等功能。

(3) 查看：用于视图操作，包括工作窗口的放大/缩小、打开/关闭工具栏和显示栅格等功能。

(4) 工程：对于工程的操作。

(5) 放置：用于放置字符串、走线、过孔、器件等。

(6) 设计：设计电路板所需的特别功能，如定义板子形状、板层颜色等。

(7) 工具：为设计者提供各种工具，包括器件布局、信号完整性、滴泪等功能。

(8) 自动布线：用于电路板走线的布置。

(9) 报告：产生项目报告，提供测量功能。

(10) 窗口：改变窗口显示方式，切换窗口。

(11) 帮助：帮助菜单。

2．工具栏

工具栏包括“标准”工具栏、“布线”工具栏和“应用程序”工具栏，如图 5-4-2 所示。

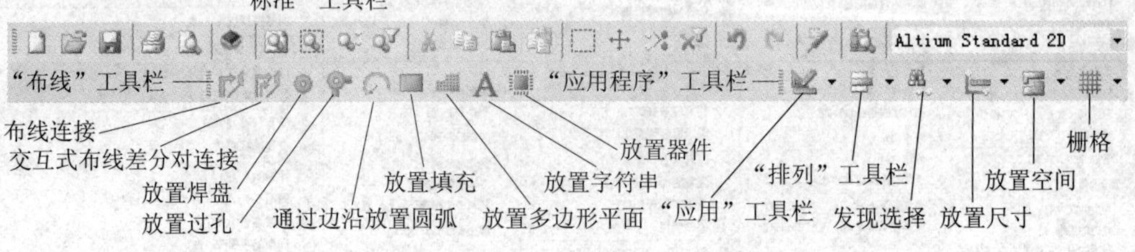

图 5-4-2 工具栏

将鼠标指针放置在图标上会显示该图标对应的功能说明，工具栏中所有的功能在主菜单中均可找到。

3．工作面板

在 PCB 设计中常用的面板为 PCB 面板，单击右下角的“PCB”→“PCB”，该面板如图 5-4-3 所示。

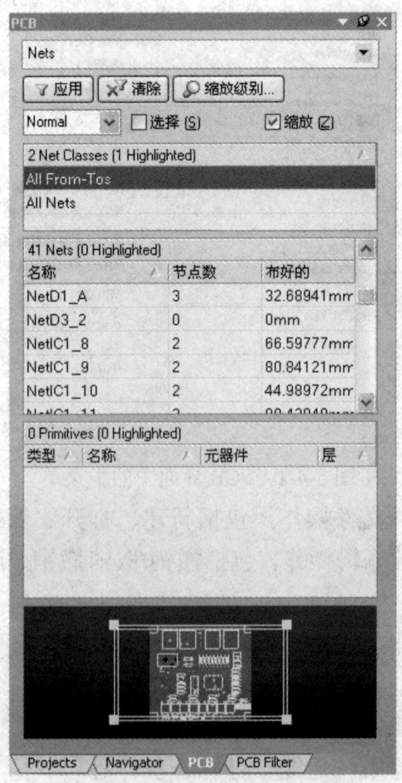

图 5-4-3 PCB 面板

在 PCB 面板中的操作分为两类：一类是对网络的操作；另一类是对当前激活网络走线的操作。

5.5　设置设计规则

在电路板设计时需要设置规则，如线的宽度、线之间的间距、过孔的大小等。单击“设计”→“规则”命令，弹出“PCB 规则和约束编辑器”对话框，如图 5-5-1 所示。

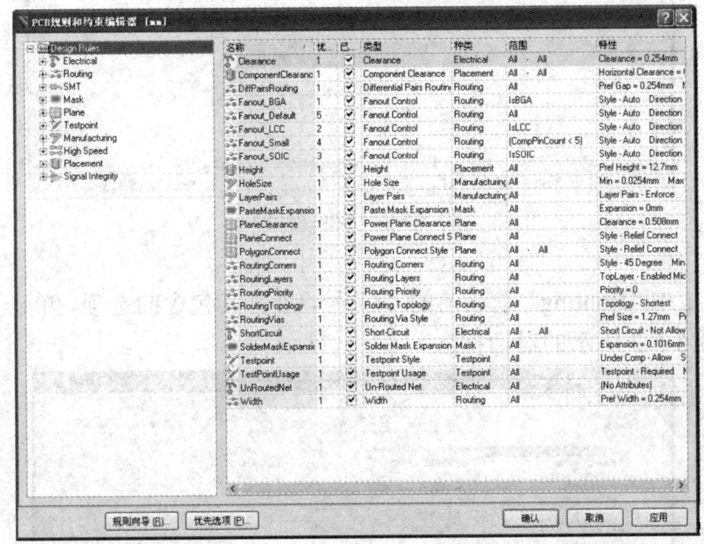

图 5-5-1　“PCB 规则和约束编辑器”对话框

其中的设计规则有电气(Electrical)设计规则、布线(Routing)设计规则、表贴式封装(SMT)设计规则、屏蔽(Mask)设计规则、内电层(Plane)设计规则、测试点(Testpoint)设计规则、制造(Manufacturing)设计规则、高频电路(High Speed)设计规则、元件布置(Placement)设计规则、信号完整性(Signal Integrity)设计规则，下面简要介绍各设计规则下几种常用的细则。

1．线间距

单击图 5-5-1 中“Electrical”选项前的“+”号，展开其包含项目，单击其中的“Clearance”选项，得到如图 5-5-2 所示的对话框。

修改“最低清除”参数，默认为 10 mil(0.254 mm)，一般采用默认值即可。在一些大电流或高压场合，需要增大两线之间的距离；而在一些密集布线的场合(如 BGA 封装的元器件布线)，则需要减小两线之间的距离。

提示： 最小距离由电路板生产商的制造工艺决定，一般不可小于 4 mil，密集布线的电路板制作快板比较困难(“快板”指电路板生产厂商加急制作电路板，一般电路板制作周期为 3～6 天，快板一般可在 24 小时内制作完成)，在限时类竞赛中最好不设计该类电路板。

在设计需要耐高压的电路板时，实验测得两线之间的空气耐压通常为 500 V/mm～1 kV/mm(由空气湿度而定)，为了安全可靠，建议采用 200 V/mm，如两线间需有 1 kV 的耐压时，间距达到 5 mm 即可。

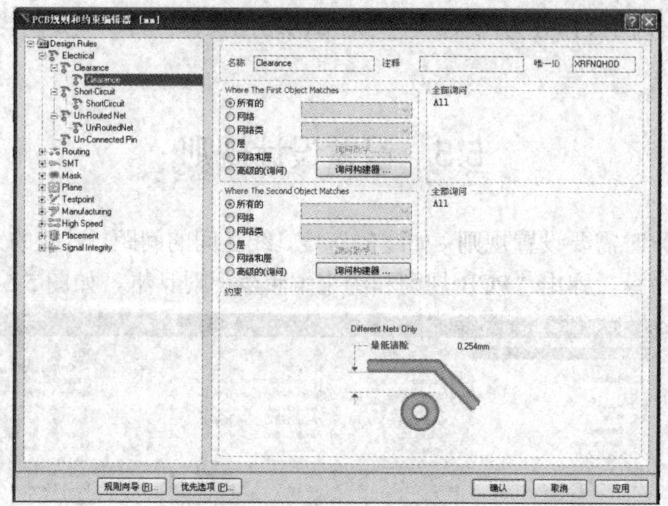

图 5-5-2　线间距定义

2. 线宽度

单击图 5-5-1 中“Routing”选项前的“+”号，展开其包含的选项，单击其中的“Width”选项，得到如图 5-5-3 所示的对话框。

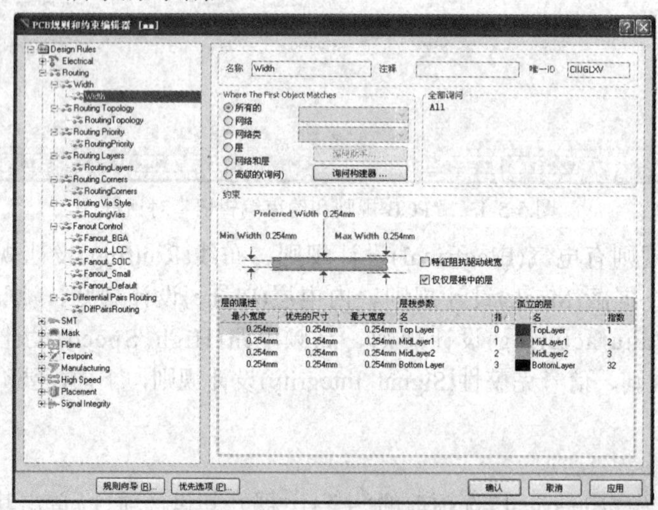

图 5-5-3　线宽度定义

修改“约束”参数，“Min Width”(最小线宽)默认为 10 mil，一般采用默认值即可，在一些密集布线的场合(如 BGA 封装的元器件布线)常需要减小最小线宽。“Max Width”(最大线宽)默认为 10 mil，一般的信号线采用默认值即可，电源和地线需要增大，通常为 30～50 mil。“Preferred Width”(首选线宽)即当前画线使用的线宽，参数值需在最大线宽和最小线宽之间。

提示： 最小线宽由电路板生产商的制造工艺和该导线需要流过的最大电流决定，一般不可小于 4 mil。

3. 自动布线的拓扑结构

单击图 5-5-1 中“Routing”选项前的“+”号，展开其包含的选项，单击其中的“Routing Topology”选项，得到如图 5-5-4 所示的对话框。

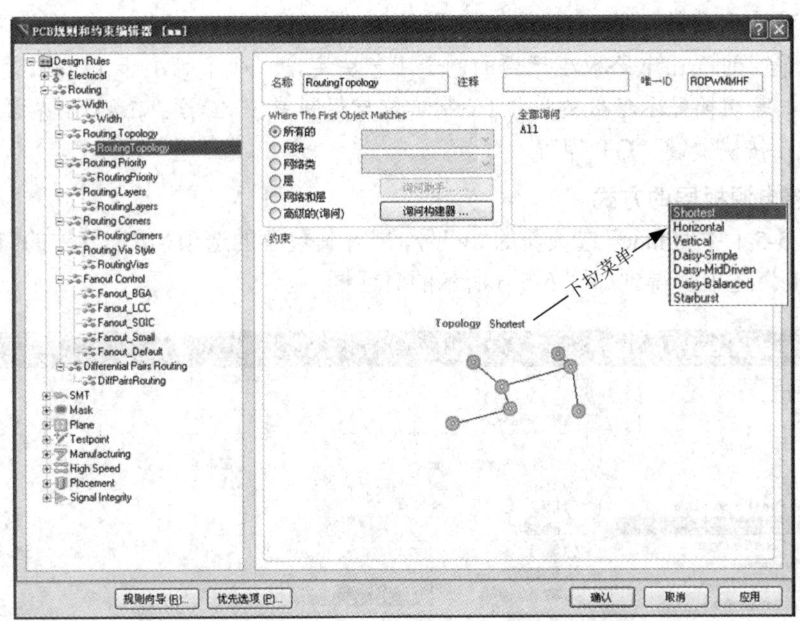

图 5-5-4　自动布线的拓扑结构定义

修改“约束”参数，默认为 Shortest(最短布线)，单击该选项产生下拉菜单，可以选择其他布线方式。其中包括 Shortest(采用最短路径走线)、Horizontal(采用水平走线)、Vertical(采用垂直走线)、Daisy-Simple(采用简单的菊状走线)、Daisy-MidDriven(采用由中间向外的菊状走线)、Daisy-Balanced(采用平衡式菊状走线)及 Starburst(采用放射状走线)。

4．过孔大小的定义

单击图 5-5-1 中“Routing”选项前的“+”号，展开其包含的选项，单击其中的“Routing Via Style”选项，得到如图 5-5-5 所示的对话框。

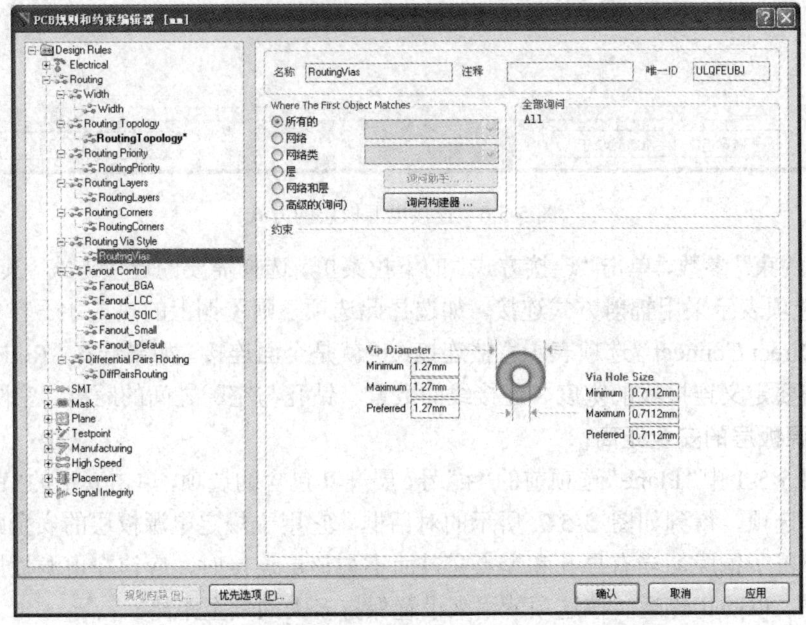

图 5-5-5　过孔大小的定义

修改“约束”参数，“Via Diameter”默认为 50 mil，“Via Hole Size”默认为 28 mil。

提示：最小过孔由电路板生产商的制造工艺决定，一般不可小于 12 mil。

技巧：如需切换显示参数的单位(公制单位与英制单位之间)，在 PCB 界面下的英文字符输入模式，按快捷键“Q”即可。

5. 连接电源板层的方式

单击图 5-5-1 中“Plane”选项前的“+”号，展开其包含的选项，单击其中的“Power Plane Connect Style”选项，得到如图 5-5-6 所示的对话框。

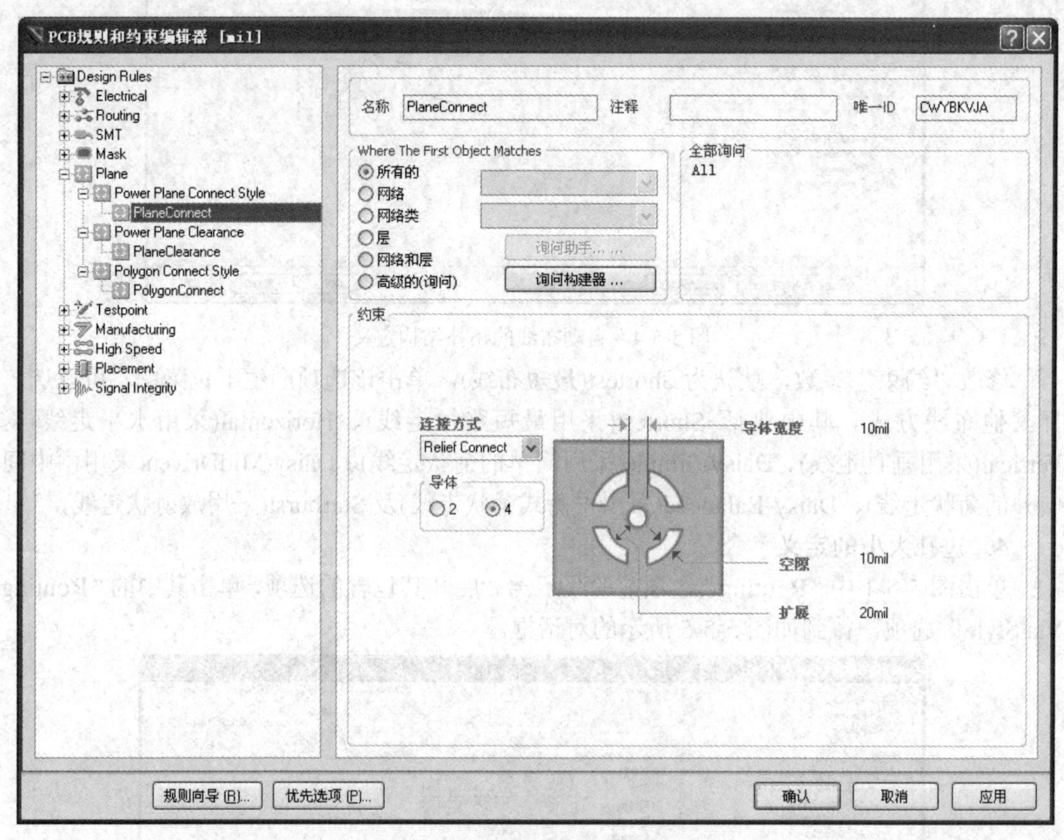

图 5-5-6　连接电源板层的方式

修改“约束”参数，单击“连接方式”的下拉菜单，选择需要的连接方式。其中，“Relief Connect”选项表示采用辐射方式连接，如选择此选项，则覆铜上的热量才不容易传到零件引脚上；“Direct Connect”选项表示直接连接，也就是全面连接。如果选择“Relief Connect”选项，还需要定义连接线的宽度、连接线的数量、钻孔与空隙之间的距离、空隙的大小。

6. 电源板层的安全距离

单击图 5-5-1 中“Plane”选项前的“+”号，展开其包含的选项，单击其中的“Power Plane Clearance”选项，得到如图 5-5-7 所示的对话框。它用于规定电源板层的安全距离，整个电源板层都覆了铜膜，当有导孔和焊点穿过而不与该层连接时，应该在电源板层该处留足够大的空位，以防止连通，该选项就用来设置保持多大的安全距离。

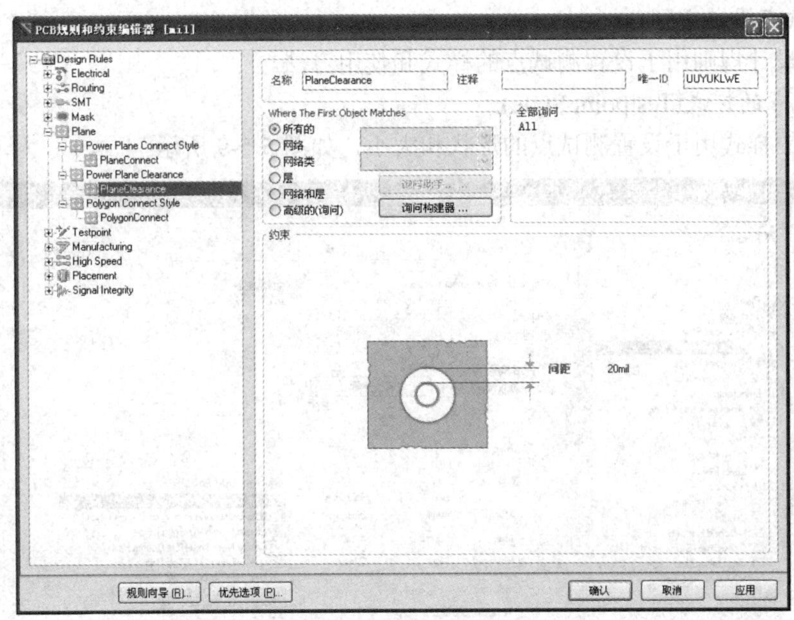

图 5-5-7 电源板层的安全距离

7. 覆铜和焊点的连接方式

单击图 5-5-1 中“Plane”选项前的“+”号，展开其包含的选项，单击其中的“Polygon Connect Style”选项，得到如图 5-5-8 所示的对话框。

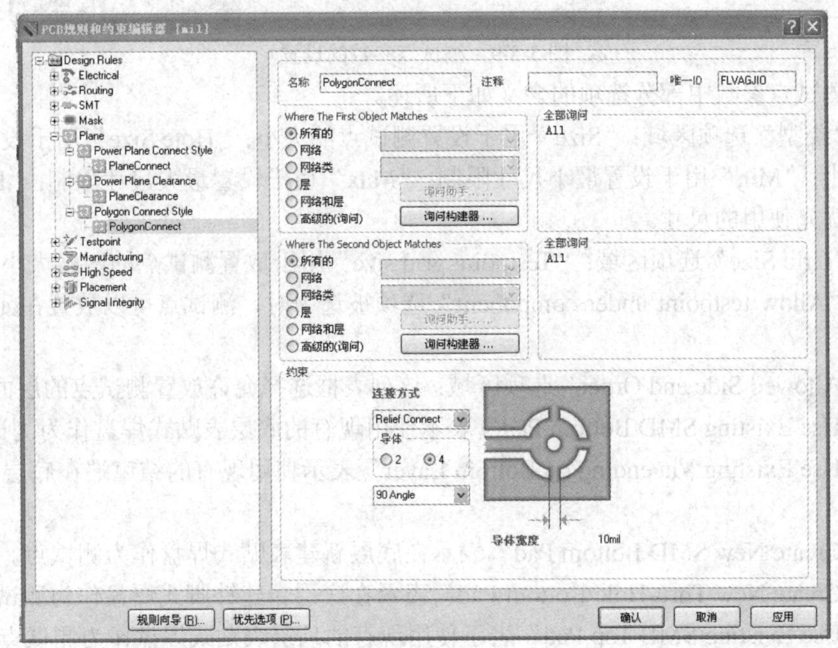

图 5-5-8 覆铜和焊点的连接方式

连接方式中“Relief Connect”选项表示采用辐射方式连接，这样覆铜上的热量不容易传到元件引脚上；“Direct Connect”表示直接连接，也就是全面连接。如果选择“Relief Connect”选项，则还需要指定连接线的宽度、连接线的数量、连接线的角度。

8. 测试点设计规则

测试点设计规则用于设置测试点的样式和使用方法。

1) 测试点的样式(Testpoint Style)

测试点的样式用于设置测试点的形状和大小，如图 5-5-9 所示。

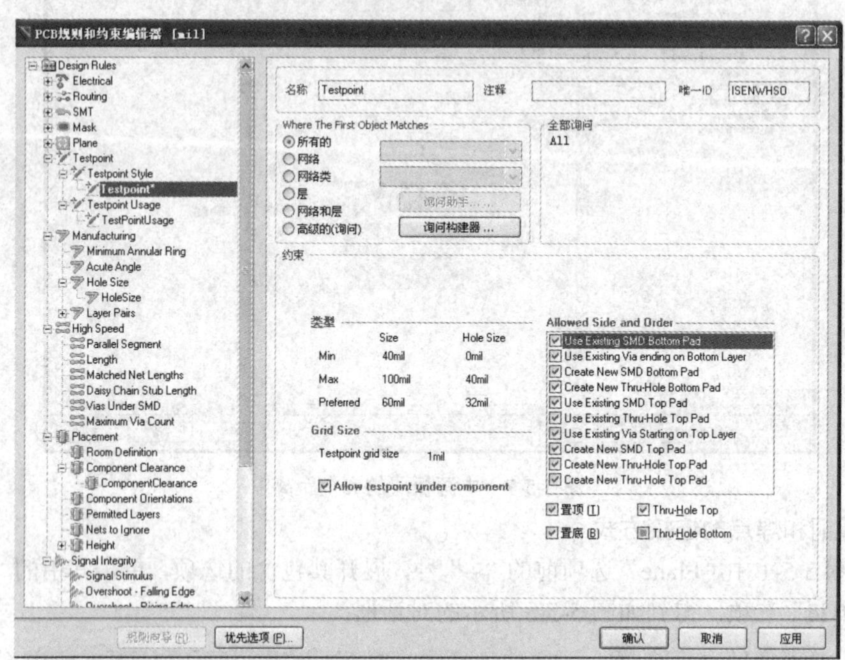

图 5-5-9 测试点参数的设置

设置测试点参数中部分选项的含义如下所述。

(1) “类型”选项区域：“Size”用于设置测试点的大小；“Hole Size”用于设置测试点的钻孔大小；“Min”用于设置最小尺寸限制；“Max”用于设置最大尺寸限制；“Preferred”用于设置优先使用的尺寸。

(2) “Grid Size”选项区域：“Testpoint grid size”用于放置测试点的网格大小，默认值为 1 mil；“Allow testpoint under component”选项被选中时，测试点可以放置在元件(封装)下面。

(3)“Allowed Side and Order”选项区域：该列表框选择允许放置测试点的层面和命令。

① “Use Existing SMD Bottom Pad”表示使用现有的底层表贴式焊盘作为测试点。

② “Use Existing Via ending on Bottom Layer”表示使用现有的结束端在底层的过孔作为测试点。

③ “Create New SMD Bottom Pad”表示在底层新建表贴式焊盘作为测试点。

④ “Create New Thru-Hole Bottom Pad”表示在底层新建针脚式焊盘作为测试点。

⑤ “Use Existing SMD Top Pad”表示使用现有的顶层表贴式焊盘作为测试点。

⑥ “Use Existing Thru-Hole Top Pad”表示使用现有的顶层针脚式焊盘作为测试点。

⑦ “Use Existing Via Starting on Top Pad”表示使用现有的结束端在顶层的过孔作为测试点。

⑧ “Create New SMD Top Pad”表示在顶层新建表贴式焊盘作为测试点。

⑨ “Create New Thru-Hole Top Pad” 表示在顶层新建针脚式焊盘作为测试点。

2) 测试点的使用方法(Testpoint Usage)

测试点的使用方法用于设置测试点的用法，如图 5-5-10 所示。

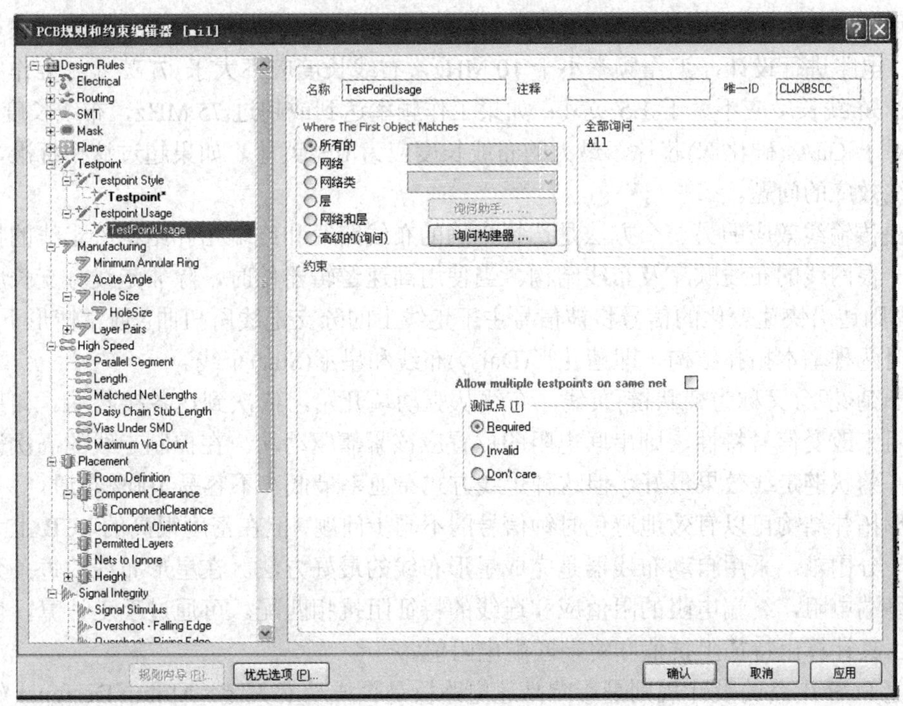

图 5-5-10 测试点用法的设置

“Allow multiple testpoints on same net” 选项被选中时表示允许在同一条网络上设置多个测试点。“Required”表示测试点是必要的;“Invalid”表示测试点是不必要的;“Don't care”表示有无测试点都没有关系。

9. 高频电路设计规则

在数字电路中，是否为高频电路取决于信号的上升沿和下降沿，而不是信号的频率。频率的计算公式为：$f = 1/(T_t \times \pi)$，其中，T_t 为信号的上升/下降沿时间。f>100 MHz，就应该按照高频电路进行考虑。下列情况必须按高频规则进行设计：

(1) 系统时钟频率超过 50 MHz。

(2) 采用了上升/下降沿时间少于 5 ns 的器件。

(3) 数字/模拟混合电路。

随着系统设计复杂性和集成度的大规模提高，常用总线的工作频率已经达到或者超过 50 MHz，有的甚至超过 100 MHz，电子系统设计人员必须学会 100 MHz 以上电路的设计。

当系统工作在 50 MHz 时，将产生传输线效应和信号的完整性问题，而当系统时钟的工作频率达到 120 MHz 时，除非使用高速电路设计知识，否则基于传统方法设计的 PCB 将无法工作。因此，高速电路设计技术已经成为电子系统设计人员必须采取的设计手段。只有通过使用高速电路设计技术，才能实现设计过程的可控性。

通常约定如果线传输延时大于数字信号驱动端的上升时间的 1/2，则认为此类信号是高速信号并产生传输线效应。

PCB 上每单位英寸的延时为 0.167 ns。如果过孔多，器件引脚多，则布线上设置的约束多，延时大。

如果设计中有高速跳变的边沿，就必须考虑到在 PCB 上存在传输线效应的问题。现在普遍使用的高速 IC 更是存在这样的问题。解决这个问题有一些基本原则：如果采用 CMOS 或 TTL 电路进行设计，工作频率小于 10 MHz，布线长度应不大于 7 英寸；工作频率在 50 MHz，布线长度应不大于 1.5 英寸；如果工作频率达到或超过 75 MHz，布线长度应在 1 英寸。对于 GaAs(砷化镓)芯片，最大的布线长度应为 0.3 英寸。如果超过这个标准，就存在传输线效应的问题。

解决传输线效应的另一个方法是选择正确的布线路径和终端拓扑结构。走线的拓扑结构是指一根网线的布线顺序及布线结构。当使用高速逻辑器件时，除非走线分支长度保持很短，否则边沿快速变化的信号将被信号主干走线上的分支走线所扭曲。通常情形下，PCB 走线采用两种基本拓扑结构，即菊花形(Daisy)布线和星形(Star)布线。

对于菊花形(又称为菊状链)布线，布线从驱动端开始，依次到达各接收端。如果使用串联电阻来改变信号特性，则串联电阻的位置应该紧靠驱动端。在控制走线的高次谐波干扰方面，菊状链走线效果最好，但这种走线方式布通率最低，不容易 100%布通。

星形拓扑结构可以有效地避免时钟信号的不同步问题，但在密度很高的 PCB 上手工完成布线十分困难。采用自动布线器是完成星形布线的最好方法。在星形布线的每条分支上都需要终端电阻，终端电阻的阻值应和连线的特征阻抗相匹配。可通过手工计算，也可通过设计工具计算出特征阻抗值和终端匹配电阻值。

高速 PCB 电路的设计规则是影响高速电路板是否成功的关键，Altium Designer 软件提供了六大类高速电路设计规则，为用户进行高速电路设计提供了最有力的支持。

1) 平行布线(Parallel Segment)

平行布线规则用于设置平行布线的长度和间距，如图 5-5-11 所示。

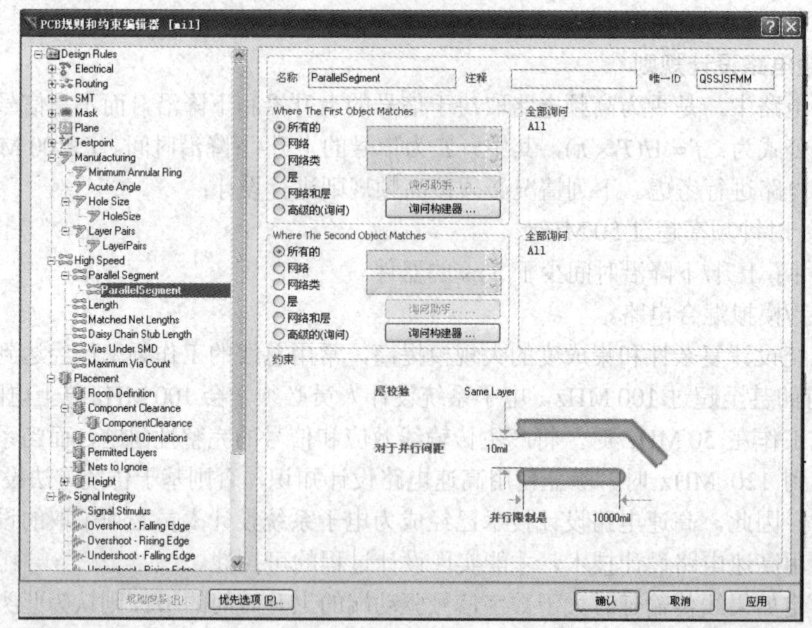

图 5-5-11　平行布线规则的设置

“约束”参数区中，“层校验”用于指定平行布线层，下拉菜单中有两种选择：一为“Same Layer”，表示同一层；二为“Adjacent Layer”，表示相邻层。“对于并行间距”项用于设置平行布线的最小间距，默认为 10 mil；“并行限制是”项用于设置平行布线的极限长度，默认为 10 000 mil。

2) 网络布线长度(Length)

网络布线长度规则用于设置网络布线的最大和最小长度，如图 5-5-12 所示。

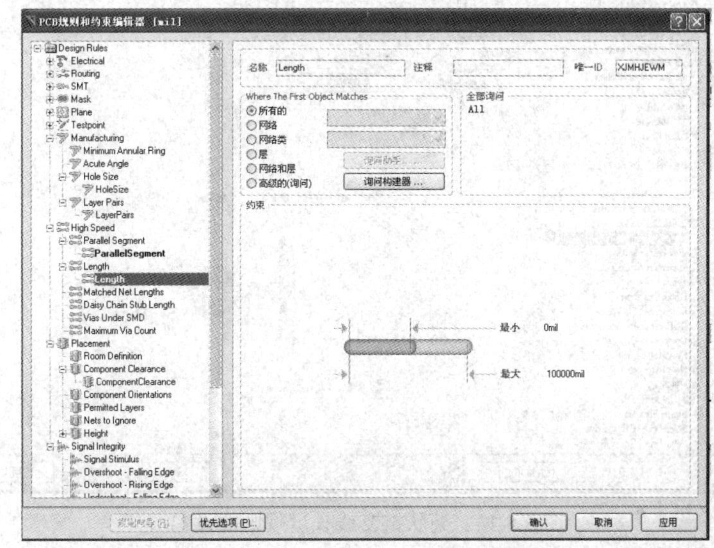

图 5-5-12　网络布线长度规则的设置

3) 等长网络布线(Matched Net Lengths)

等长网络布线规则也称为匹配网络长度规则，用于设置指定网络的等长布线规则。该规则以规定范围中的最长布线为基准，使其他网络通过匹配调整操作，以增长布线的形式在设定的公差范围内与它等长，如图 5-5-13 所示。

图 5-5-13　等长网络布线规则的设置

4) 菊状链支线长度(Daisy Chain Stub Length)

菊状链支线长度(简称支线长度)规则用于设置在菊状链走线时支线的最大长度，如图 5-5-14 所示。

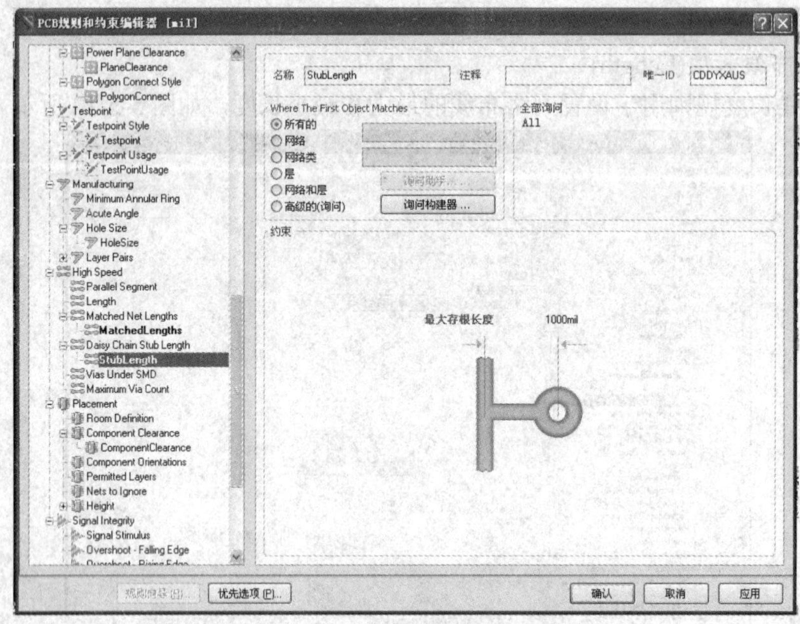

图 5-5-14　菊状链支线长度规则的设置

5) SMD 焊盘下放置过孔(Vias Under SMD)

SMD 焊盘下放置过孔规则用于设置是否允许在 SMD 焊盘下放置过孔。在“约束”区域中选中“允许在 SMD 焊盘下面有过孔”选项即可，如图 5-5-15 所示。

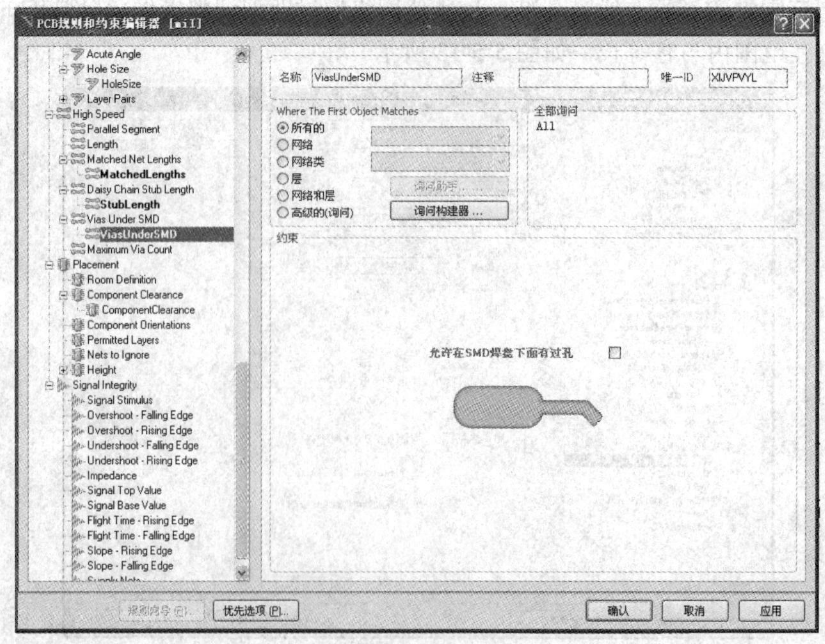

图 5-5-15　SMD 焊盘下放置过孔的设置

6) 过孔的限制(Maximum Via Count)

在进行高速 PCB 设计时，设计者总是希望过孔数越少越好，这样板上可以留有更多的布线空间。此外，过孔数越少，其自身的寄生电容也越小，更适用于高速电路。但过孔的尺寸的减小同时带来了成本的增加，而且过孔的尺寸不可能无限制地减小，它受到钻孔和电镀等工艺技术的限制。过孔的尺寸越小，钻孔需花费的时间越长，也越容易偏离中心位置。当过孔的深度超过钻孔直径的 6 倍时，就无法保证孔壁能均匀镀铜。

鉴于过孔对高速电路的影响，在设计高速电路时尽量少使用过孔，Altium Designer 软件中过孔数限制规则用于设置高速电路板中使用过孔的最大数，用户可根据需要设置电路板总过孔数或某些对象的过孔数，以提高电路板的高频性能，如图 5-5-16 所示。

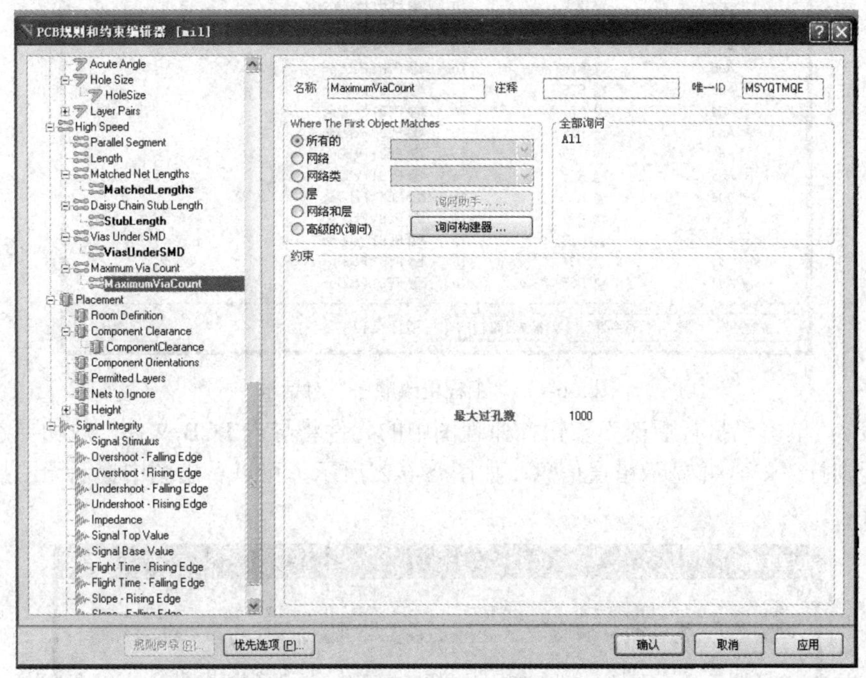

图 5-5-16　电路板上允许的过孔数的设置

5.6 布　　局

5.6.1　导入元件

导入元件的方法有两种：一种是在原理图窗口下单击“设计”→“Update PCB Document PCB1.PcbDoc”命令，其中 PCB1.PcbDoc 为将要导入的 PCB 文件；另一种是在 PCB 窗口下单击“设计”→“Import Changes From 练习.PrjPCB”命令，其中“练习.PrjPCB”为需要导入的工程文件。导入元件的步骤如下所述。

步骤 1：单击“设计”→“Update PCB Document PCB1.PcbDoc”命令或单击“设计”→“Import Changes From 练习.PrjPCB”命令，弹出如图 5-6-1 所示的“工程更改顺序”对话框。

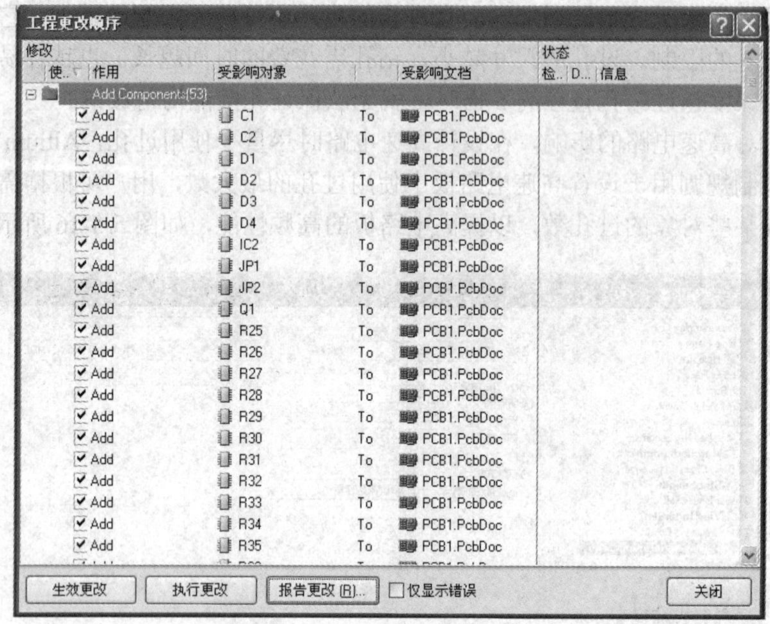

图 5-6-1　“工程更改顺序”对话框

步骤 2：单击“执行更改”按钮，原理图中的元件将导入 PCB 文件。成功导入，则打“√”；否则打“×”，并显示错误信息，如图 5-6-2 所示，可以看出图中提示无法找到元件对应的封装。

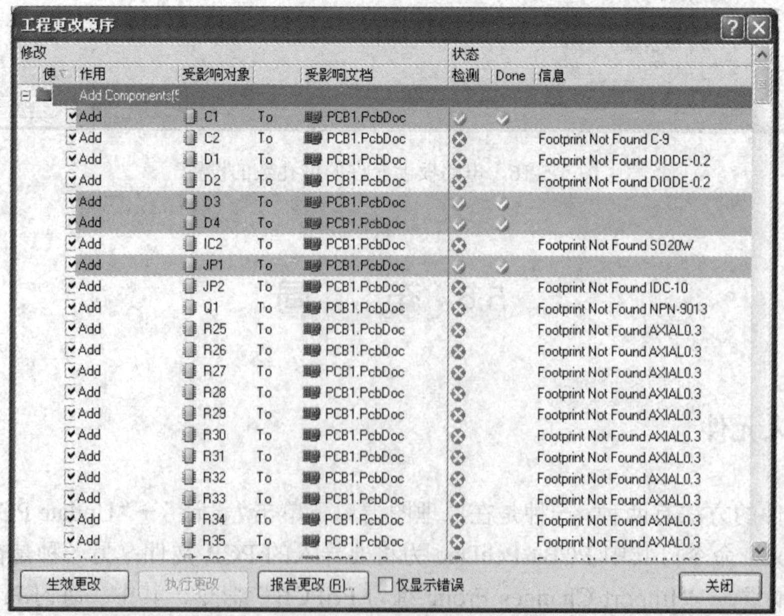

图 5-6-2　执行更改后有错误的“工程更改顺序”对话框

使用第 4 章的方法画出元件封装，如果库中已有相应封装，则在原理图中重新定位元件封装所在的位置。重新执行步骤 1、2，直至没有错误为止，如图 5-6-3 所示。

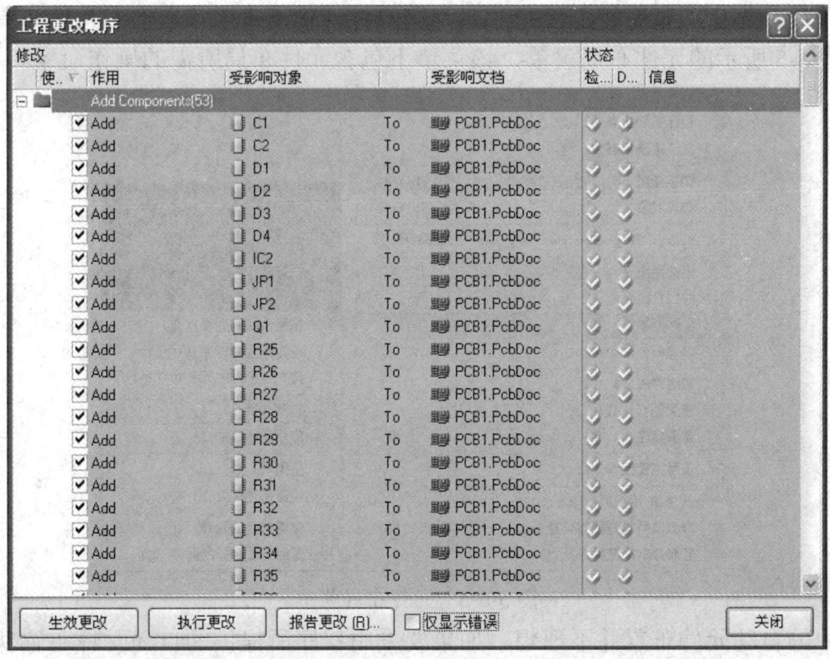

图 5-6-3 执行更改后无错的“工程更改顺序”对话框

步骤 3：单击“关闭”按钮，返回 PCB 窗口，这时原理图中的元件被导入 PCB 文件中，如图 5-6-4 所示。

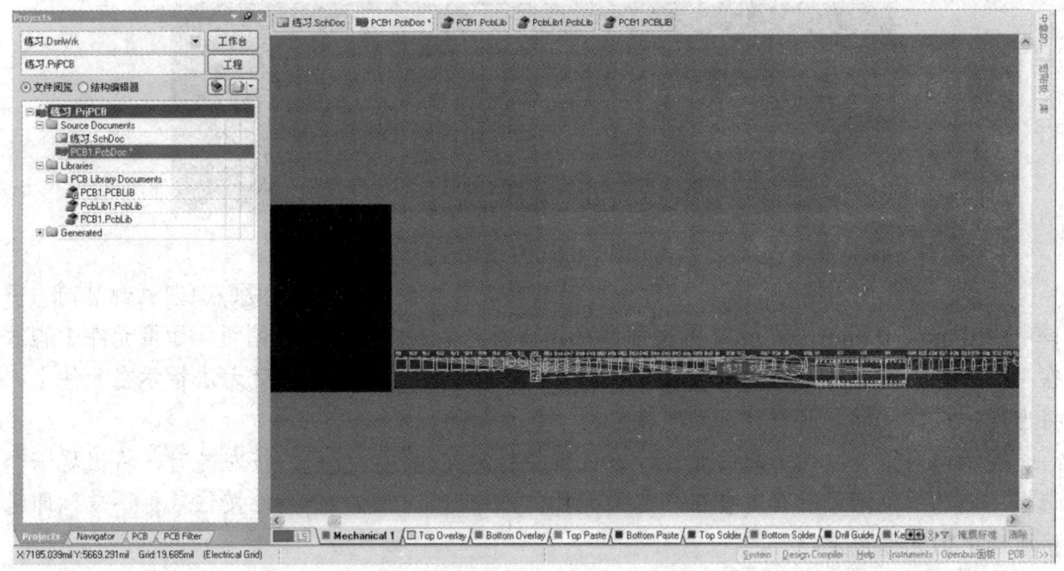

图 5-6-4 导入元件的 PCB 窗口

5.6.2 元件布局

元件布局分为自动布局和手工交互式布局两种，单击“工具”→“元件布局”命令，弹出如图 5-6-5 所示的元件布局菜单，该菜单下包含元件布局所需的操作命令。

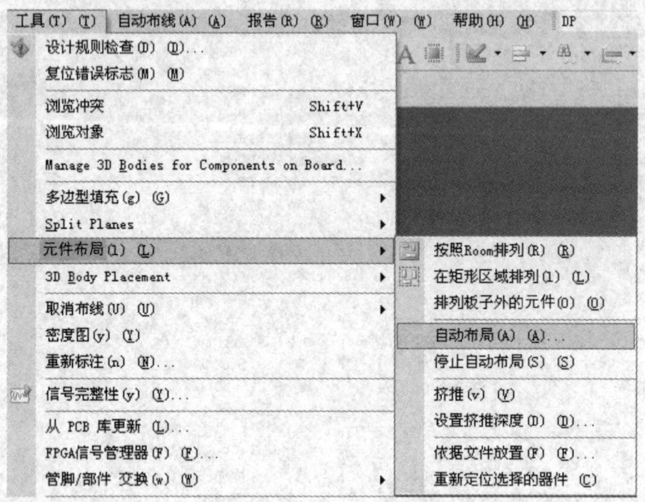

图 5-6-5 元件布局菜单

程序中的自动元件布置并不理想。如果要采用程序所提供的自动元件布置功能，时间会很长，而且自动元件布置的结果大部分不符合设计者的要求，因此还是采用手工方法进行元件布局更好，其操作步骤如下所述。

步骤 1：将鼠标指针移动到需要布局的元件上，按住左键不放，即可抓住该元件，移动鼠标指针，即可将它移走，如图 5-6-6 所示。

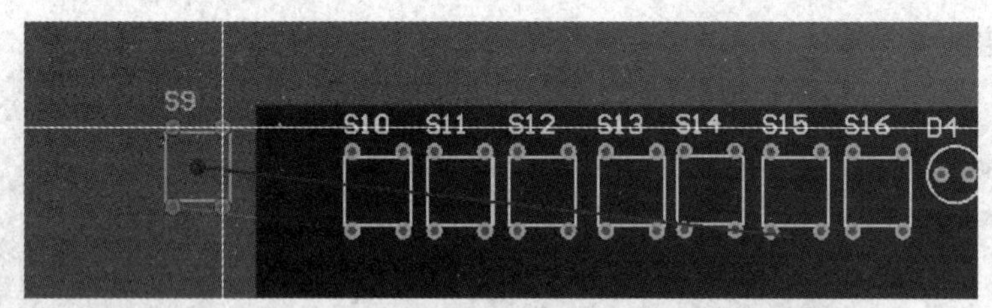

图 5-6-6 移动元件

注意：当按住左键时，鼠标指针将自动捕获元件在封装中的坐标原点(即画封装时，窗口中的(0 mm，0 mm)位置)，故再次强调一定要将封装画在坐标原点附近，如将元件 1 脚放在坐标原点上或者将元件中心放在坐标原点上，否则在该处鼠标指针无法指示在元件上，将出现一按住鼠标左键不放，元件就自动“跑走”的现象。

提示：对于叠放在一起的元件，当鼠标指针放在元件重叠处，按左键时，将出现一个选框，该选框包括了所有重叠在一起的元件，从中选取任意一个元件按住鼠标不放，即可将所选中的元件拖走。

步骤 2：移动鼠标指针到需要放置元件的地方，放开鼠标左键，元件将被放置在该处，如图 5-6-7 所示。

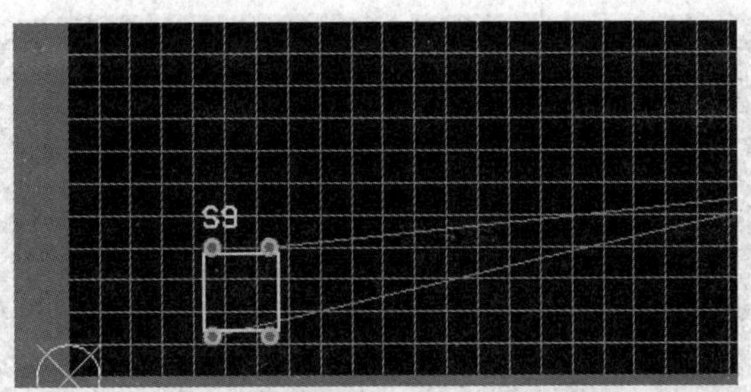

图 5-6-7　放置元件

步骤 3：重复步骤 1、2，直至所有元件放置完毕。基本布局好的 PCB 如图 5-6-8 所示。

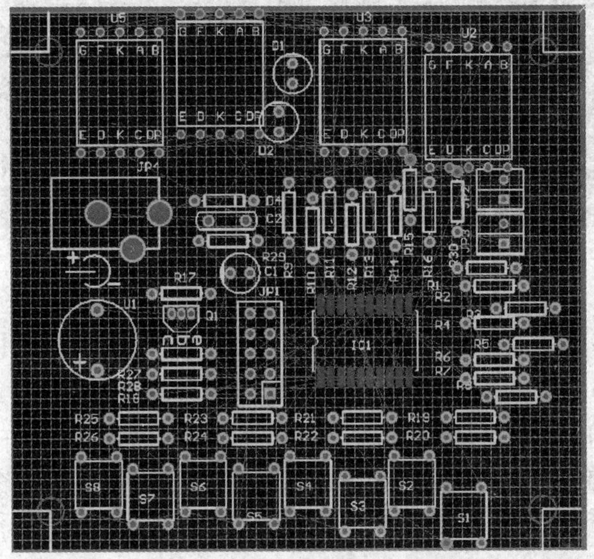

图 5-6-8　基本布局好的 PCB

步骤 4：单击“编辑”→“对齐”命令，弹出如图 5-6-9 所示的对齐菜单。该对齐菜单可将元件排列整齐，使电路板整齐美观。布局好的 PCB 如图 5-6-10 所示。

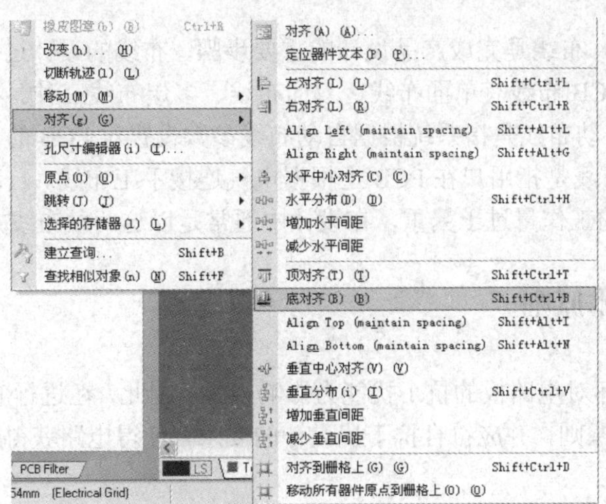

图 5-6-9　对齐菜单

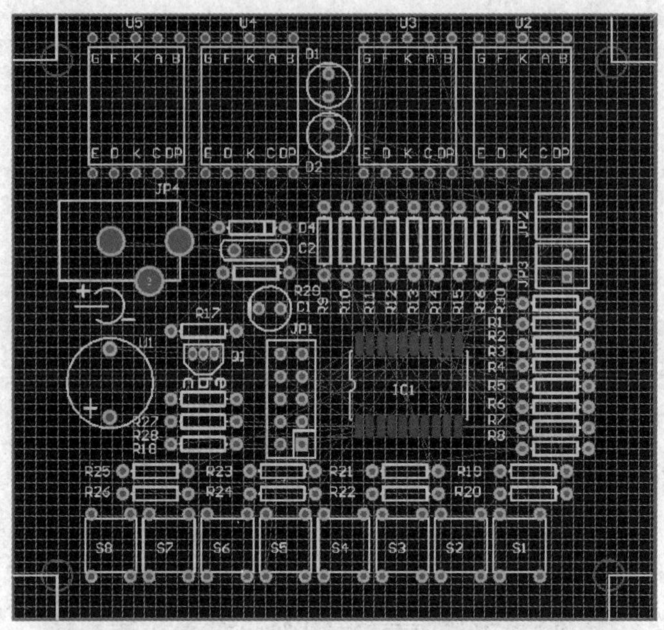

图 5-6-10　布局好的 PCB

提示: 在 PCB 窗口中对齐元件的操作方法与在原理图窗口中对齐元件符号的方法类似，读者可参考第 3 章的相关内容。

在 PCB 窗口中，按“ ”按钮，这时光标就会变成十字形，只要点取电路板上的元件，则相应的电路图元件就会被“放大”且显示在原理图窗口中，便于用户进行对比查找。

未画导线的电路板中，有电气连接的引脚通过飞线显示在 PCB 窗口中，如图 5-6-10 所示。可以执行“查看”→“连接”命令下的所需菜单来显示和隐藏飞线。

5.7　布　线

在 PCB 设计中，布线是完成产品设计的重要步骤，布线的设计过程限制最多、技巧最细、工作量最大。PCB 布线有单面布线、双面布线、多层布线三种。布线方式有自动布线和手动布线两种：自动布线是指系统根据自动布线参数设置对 PCB 的一部分或者全部范围内进行布线；手动布线是指用户在 PCB 上根据电气连接手工布线。自动布线的结果一般有缺陷，而手动布线的工作量过于繁重，在设计中通常是以这两种布线方式结合进行的。

5.7.1　布线的基本原则

PCB 设计的好坏对电路板的抗干扰能力影响很大。因此，在进行 PCB 设计时，必须遵守 PCB 设计的基本原则，并应符合抗干扰设计的要求，使得电路获得最佳的性能。布线的基本原则如下：

(1) 印制导线的布设应尽可能短，在高频回路中更应如此；同一元件的各条地址线或数据线应尽可能保持一样长；印制导线的拐弯应呈圆角，因为直角或尖角在高频电路和布线密度高的电路中会影响电气性能；当双面布线时，两面的导线应互相垂直、斜交或弯曲走线，避免相互平行，以减小寄生耦合；作为电路的输入和输出用的印制导线应尽量避免相邻平行，最好在这些导线之间加地线。

(2) 印制导线的宽度应满足电气性能要求而又便于生产，最小宽度主要由导线与绝缘基板间的黏附强度和流过的电流值决定，但最小不应小于 0.2 mm，在高密度、高精度的印制线路中，导线宽度和间距一般可取 0.3 mm；导线宽度在大电流情况下还要考虑其温升，单面板实验表明，当铜箔厚度为 50 μm、通过电流为 2 A 时，选用宽度为 1～1.5 mm 的导线就可以满足设计要求而不致引起温升；印制导线的公共地线应尽可能粗，通常使用宽度大于 2～3 mm 的导线，这在带有微处理器的电路中尤为重要，因为当地线过细时，由于流过的电流的变化，引起地电位变动，微处理器时序信号的电平变得不稳，会使噪声容限劣化；在 DIP 封装的 IC 脚之间走线，当两脚之间通过两根线时，焊盘直径可设为 50 mil、线宽与线距均为 10 mil，当两脚间通过一根线时，焊盘直径可设为 64 mil、线宽与线距均为 12 mil。

(3) 印制导线的间距。相邻导线间距必须能满足电气安全要求，而且为了便于操作和生产，间距也应尽量宽。最小间距至少要能适应承受的电压。这个电压一般包括工作电压、附加波动电压及其他原因引起的峰值电压。如果有关技术条件允许导线之间存在某种程度的金属残粒，则其间距就会减小。因此设计者在考虑电压时应把这种因素考虑进去。在布线密度较低时，信号线的间距可适当加大，对高、低电平悬殊的信号线应尽可能地缩短且加大间距。

(4) 印制电路板中不允许有交叉电路，对于可能交叉的线路，可以用“钻”、“绕”这两种办法解决，即让某引线从别的电阻、电容、三极管脚下的空隙处钻过去或从可能交叉的某条引线的一端绕过去。在特殊情况下，如果电路很复杂，为简化设计也允许用导线跨接，解决交叉电路问题。

(5) 印制导线的屏蔽与接地。印制导线的公共地线，应尽量布置在印制电路板的边缘部分。在印制电路板上应尽可能多地保留铜箔做地线，这样得到的屏蔽效果比一长条地线要好，传输线特性和屏蔽作用将得到改善，且起到了减小分布电容的作用。印制导线的公共地线最好形成环路或网状，这是因为当在同一块板上有许多集成电路时，由于图形上限制产生了接地电位差，从而引起噪声容限的降低，当做成回路时，接地电位差减小。另外，地层和电源层的图形应尽可能与数据的流动方向平行，这是抑制噪声增强的秘诀。多层印制电路板可采取其中若干层作为屏蔽层，电源层、地层均可视为屏蔽层，一般地层和电源层在多层印制电路板的内层，信号线设计在内层或外层。需要注意的是，数字区与模拟区尽可能进行隔离，并且数字地与模拟地要分离，最后接于电源地。

5.7.2　自动布线

自动布线的操作步骤如下所述。

步骤 1：单击“自动布线”→“全部”命令，弹出如图 5-7-1 所示对话框。

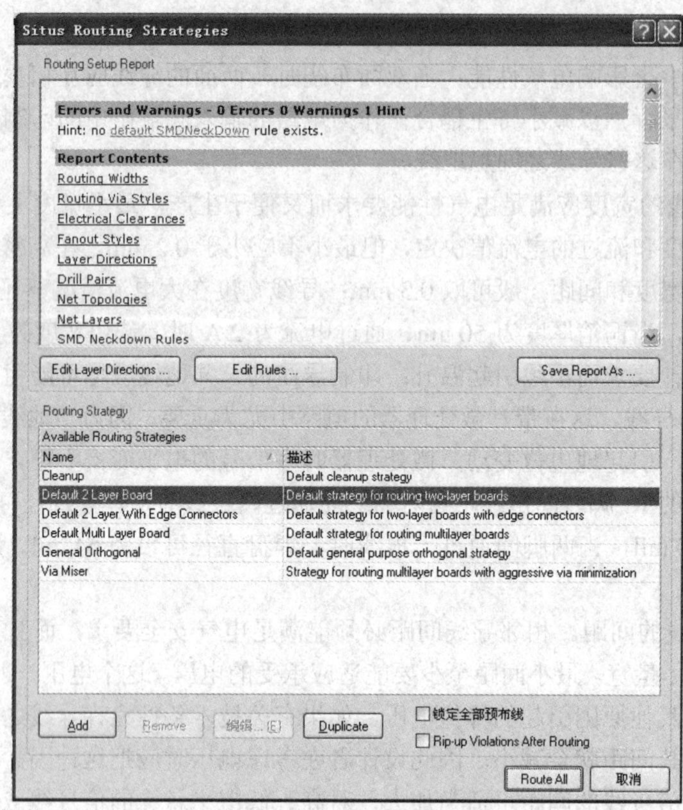

图 5-7-1　自动布线策略的对话框

步骤 2：单击“Route All”按钮，开始自动布线，产生自动布线信息提示，如图 5-7-2 所示。

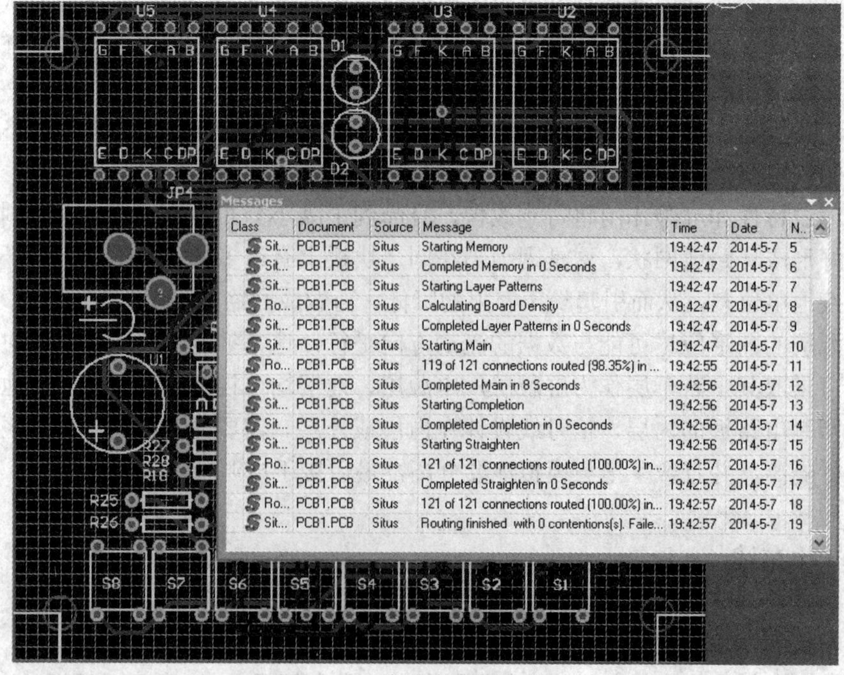

图 5-7-2　自动布线信息提示

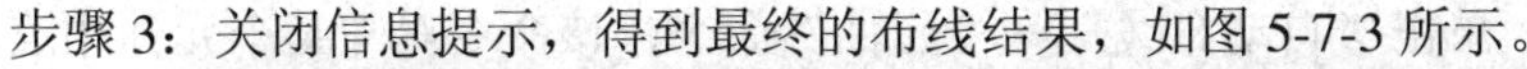

步骤3：关闭信息提示，得到最终的布线结果，如图5-7-3所示。

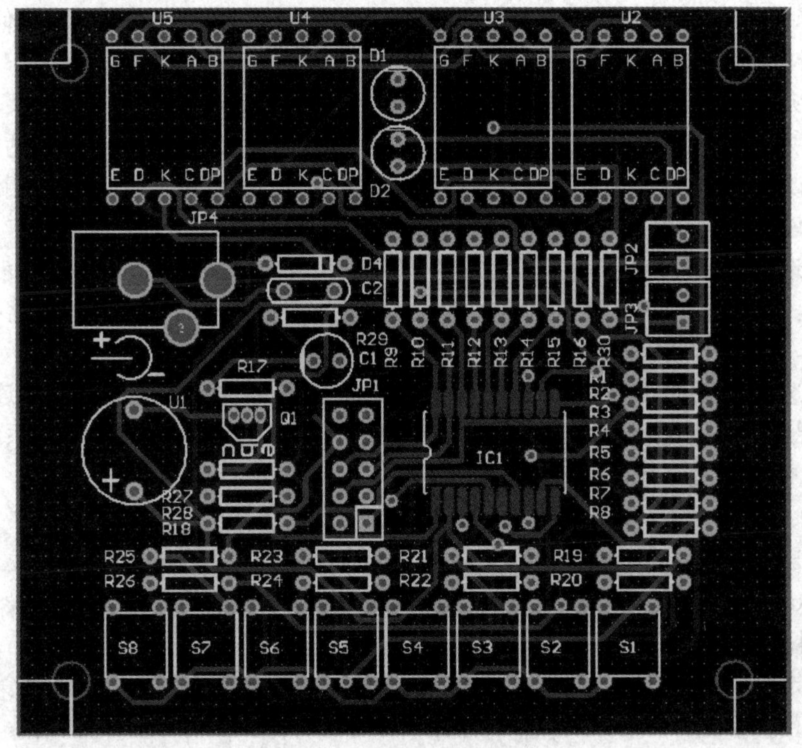

图5-7-3 最终的布线结果

由图5-7-3可以看出，自动布线结果并不是最佳走线，可以通过手工调整。由于是低频数字逻辑电路，因此走线差异产生的干扰对电路性能的影响并不大。

除了可以一次性全部布线外，还有以下布线方式：

(1) 按网络布线：单击“自动布线”→“网络”命令，此时光标将变成十字形状，用鼠标左键单击任何一条飞线或焊盘，自动布线器将对该飞线或焊盘所在的网络进行自动布线。此时系统仍处于对网络布线的状态，用户可以继续对其他的网络进行布线，单击鼠标右键或按Esc键即可退出该状态。

(2) 按网络类布线：单击“自动布线”→“网络类”命令，系统将弹出一个对话框供用户选择要进行布线的网络类，选定网络类后系统将对该网络类进行自动布线。

(3) 按连接布线：单击“自动布线”→“连接”命令，该命令仅对指定的飞线进行布线而不是飞线所在的网络。单击此命令，光标将变成十字形状，用鼠标左键单击任何一条飞线或焊盘，自动布线器将对该飞线进行自动布线。此时系统仍处于布线状态，用户可以继续对其他的连接进行布线，单击鼠标右键或按Esc键即可退出该状态。

(4) 按区域布线：单击“自动布线”→“区域”命令，该命令对指定区域内的所有网络进行自动布线。单击该菜单项，此时光标将变成十字形状，在PCB中确定一个矩形区域，此时系统将对该区域内的所有网络进行自动布线。

(5) 按Room(空间)布线：单击“自动布线”→“Room”命令，该命令对指定Room内的所有网络进行自动布线。单击此命令，光标将变成十字形状，在PCB中选择一个Room，单击鼠标左键，系统将对该Room内的所有网络进行自动布线。

(6) 按元件布线：单击“自动布线”→“元件”命令，该命令对与某个元件相连的所有网络进行自动布线。单击此命令，光标将变成十字形状，用鼠标左键单击任何一个元件，自动布线器将对与该元件相连的所有网络进行自动布线。

(7) 按元件类布线：单击“自动布线”→“元件类”命令，该命令对与某个元件类中的所有元件相连的全部网络进行自动布线。单击此命令，系统将弹出一个对话框供用户选择要进行布线的元件类，选定元件类后，系统将对与该元件类中的所有元件相连的全部网络进行自动布线。

(8) 按选中对象的连接布线：单击“自动布线”→“选中对象的连接”命令，该命令对与选定元件相连的所有飞线进行自动布线。选定元件后单击此命令，系统将对与该元件相连的所有飞线进行自动布线。

(9) 按选择对象之间的连接布线：单击“自动布线”→“选择对象之间的连接”命令，该命令对所选元件相互之间的飞线进行自动布线。选定元件后单击此命令，系统将对所选元件相互之间的飞线进行自动布线。

对于自动布线，还有以下操作：

(1) 扇出：单击“自动布线”→“扇出”命令，用于对所选对象进行布线，该操作需要设置 Fanout Control(逃逸式扇出布线)规则。该操作将对复杂的高密度 PCB 设计的自动布线非常有用。

(2) 设定：单击“自动布线”→“设定”命令，用于设置布线规则和布线策略。

(3) 停止：单击“自动布线”→“停止”命令，将停止当前自动布线操作。

(4) 复位：单击“自动布线”→“复位”命令，将重新开始自动布线操作。

(5) 暂停：单击“自动布线”→“暂停”命令，将暂停当前的自动布线操作。

5.7.3 手工布线

对于模拟电路中一些重要的走线，需要手工布置，其操作步骤如下所述。

步骤 1：单击“”按钮或单击“放置”→“Interactive Routing”命令，鼠标指针变成十字形状，将鼠标指针移动到需要布线的引脚上，单击鼠标左键，将出现一根引线将元件引脚和鼠标指针相连，移动鼠标指针到需要转折的位置，单击鼠标左键，放置转折点，如图 5-7-4 所示。

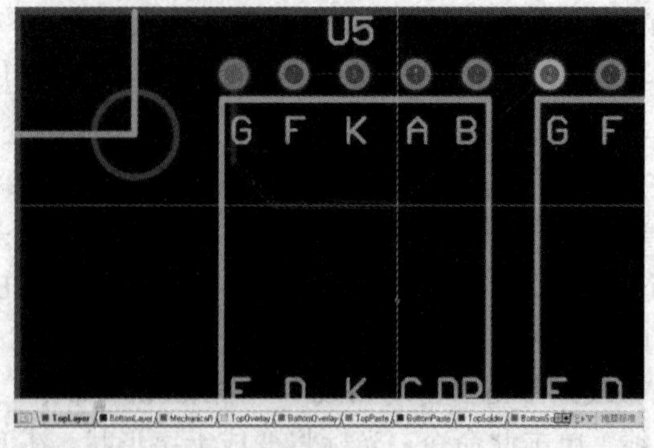

图 5-7-4　手工布线过程

提示：在放置导线之前首先要选中准备放置导线的信号层，如选中顶层。

步骤2：按Tab键，弹出交互式网络布线的对话框，如图5-7-5所示。

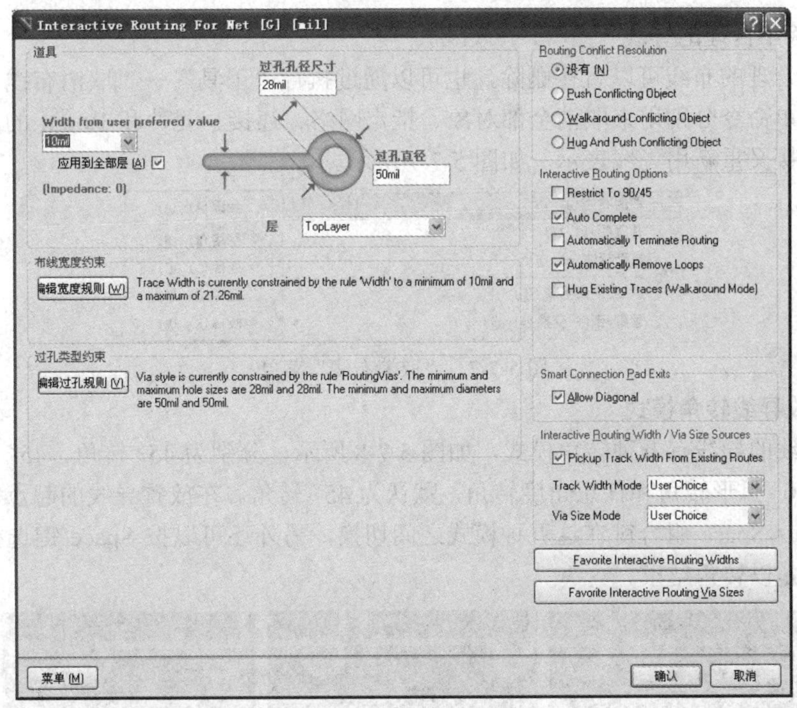

图5-7-5 交互式网络布线的对话框

步骤3：修改线宽(默认为10 mil)、过孔孔径尺寸(默认为28 mil)、过孔直径(默认为50 mil)、层(默认为当前层)参数，可根据需要修改，但必须在5.5节所讲的规则中修改其对应的最大和最小允许参数，修改后，在此处可修改导线参数，如将线宽修改为20 mil。

步骤4：修改完成后，单击“确认”按钮，继续画导线，这时线宽将变为20 mil，修改后的导线如图5-7-6所示。

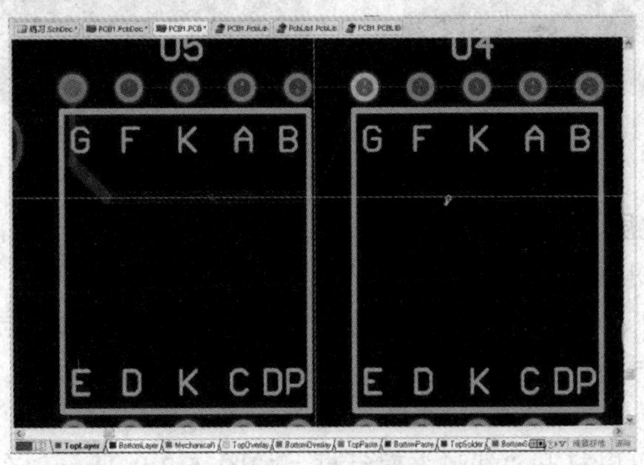

图5-7-6 修改后的导线

步骤5：将导线按照飞线的方向，将鼠标指针移动到另一引脚上，单击鼠标左键进行连接，按Esc键或单击鼠标右键，退出画该电气特性的导线，再次按Esc键或单击鼠标右键，退出画导线状态。

5.7.4　常用布线操作

1．拆除不合理的导线

对于不合理的布线可以直接删除，也可以通过执行“工具”→“取消布线”命令来拆除。这些菜单命令分别用来取消全部对象、指定网络、连接、元件和 Room 的布线，被取消布线的连接又重新用飞线表示，如图 5-7-7 所示。

图 5-7-7　“取消布线”菜单

2．修改导线转角模式

手工布线的导线有五种转角模式，如图 5-7-8 所示，分别为 45° 转角、45° 弧形转角、90° 转角、90° 弧形转角和任意角度转角，默认为 45° 转角。在放置导线的起点以后，可以通过按 Shift + Space 组合键在这五种模式之间切换，另外还可以按 Space 键选择布线是以转角开始还是以转角结束。

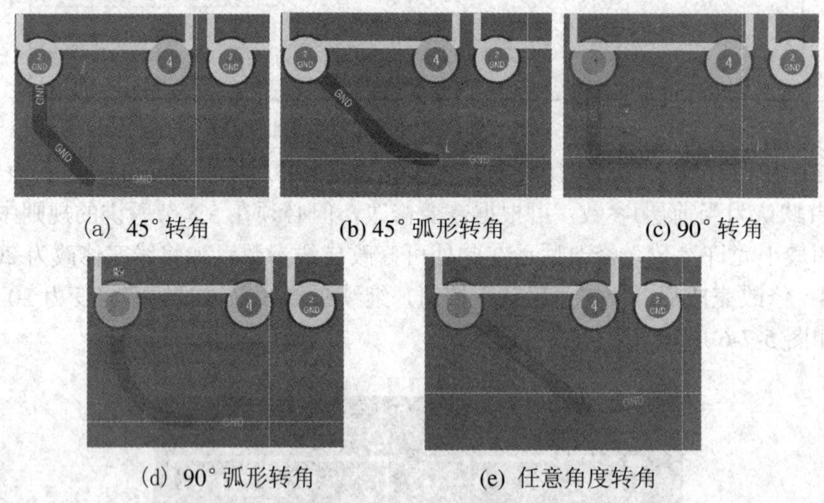

(a) 45° 转角　(b) 45° 弧形转角　(c) 90° 转角

(d) 90° 弧形转角　(e) 任意角度转角

图 5-7-8　转角模式

3．更改当前布线层

在手动布线时有时可能需要切换导线所在信号层，在放置导线的起点以后，按键盘上数字区的“*”“+”和“-”键可以切换当前所绘制导线所在的信号层。在切换过程中，系统会自动在上下层的导线连接处放置过孔。

4．设置导线线迹

用鼠标双击导线可以打开“线迹”对话框，如图 5-7-9 所示。在该对话框打上部可以设置导线的起始点坐标、结束点坐标和导线宽度，在道具栏的两个下拉列表中可以设置导线所在的层和所属的网络，选中“锁定”复选框将锁定该导线，选中“Keepout”复选框将使该导线成为禁止布线区的一部分。

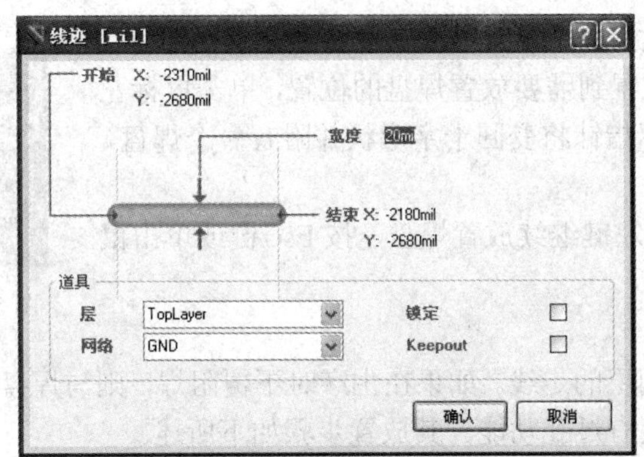

图 5-7-9　“线迹”对话框

5．放置焊盘

焊盘用于焊接元件，它类似于元件引脚焊盘，可以作为测试点或对外引线使用；它也具有过孔功能，可作为过孔使用。其放置步骤如下所述。

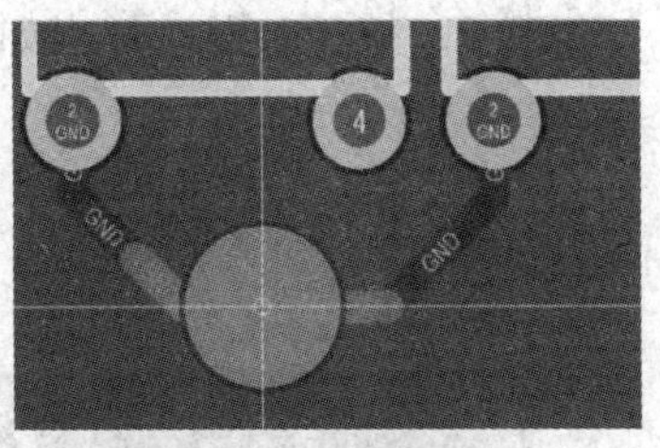

图 5-7-10　放置焊盘

步骤 1：单击“放置”→“焊盘”命令或单击“ ”图标，鼠标指针将变为十字形状，并附有一个焊盘，如图 5-7-10 所示。

步骤 2：按 Tab 键，弹出如图 5-7-11 所示的“焊盘”对话框，用于设置焊盘参数，该参数与元件引脚焊盘参数类似，可参考其相应设置。

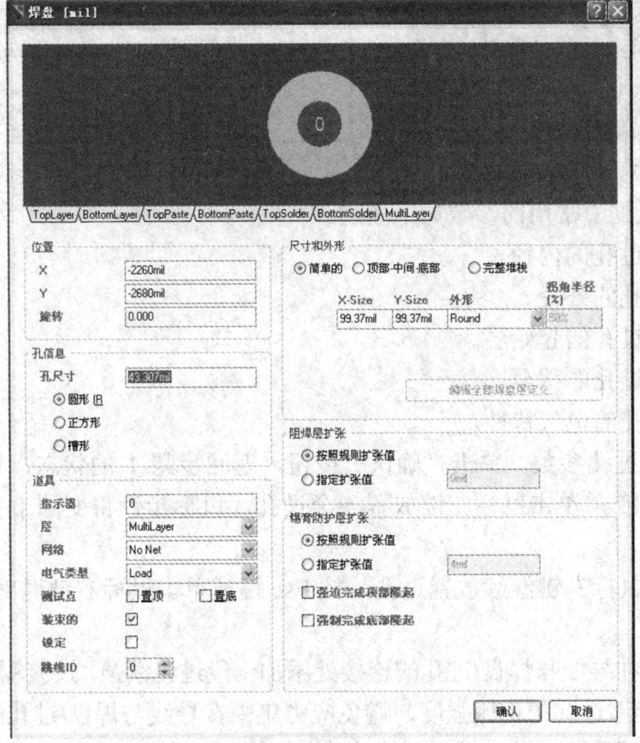

图 5-7-11　“焊盘”对话框

步骤 3：设置焊盘参数，单击“确认”按钮，返回步骤 1 的状态，将鼠标指针放置到需要放置焊盘的位置，单击鼠标左键放置一个焊盘，鼠标指针将变回十字形状并附有一个焊盘，如图 5-7-12 所示。

步骤 4：单击鼠标左键继续放置焊盘，按 Esc 键或单击鼠标右键退出。

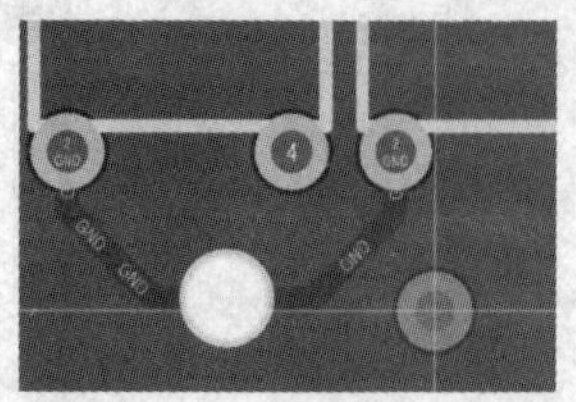

图 5-7-12　放置好的焊盘

6. 放置过孔

过孔用于连接不同层的走线。如果在生产时不覆阻焊，则与焊盘无区别；如果覆阻焊，则无法用于焊接，只具有过孔功能。其放置步骤如下所述。

步骤 1：单击“放置”→“过孔”命令或单击“ ”图标，鼠标指针将变为十字形状并附有一个过孔，如图 5-7-13 所示。

步骤 2：按 Tab 键，弹出如图 5-7-14 所示的“过孔”对话框，用于设置过孔参数。

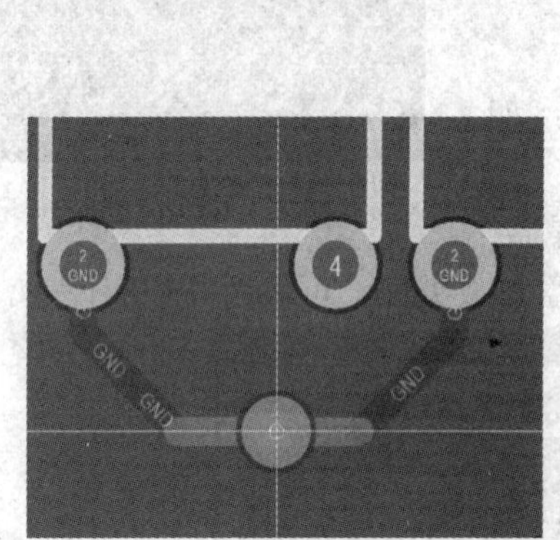

图 5-7-13　放置过孔

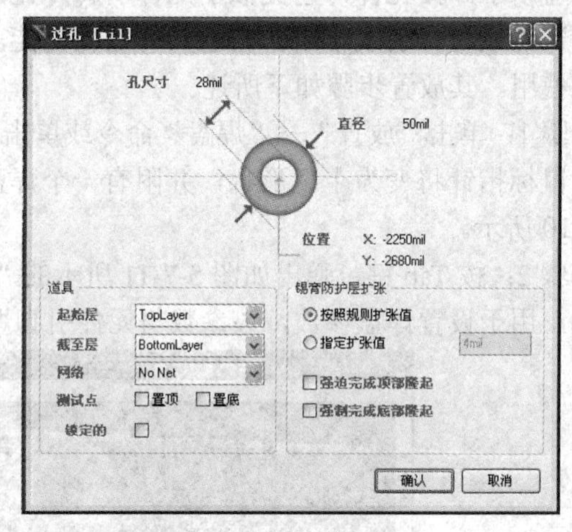

图 5-7-14　“过孔”对话框

“过孔”对话框中常用的参数如下所述。

(1) 孔尺寸：过孔的内径。

(2) 直径：过孔的外径。

(3) 起始层：过孔的起始层。

(4) 截至层：过孔的截至层。

(5) 网络：过孔的电气特性。

步骤 3：设置过孔参数，单击“确认”按钮，返回步骤 1 的状态，将鼠标指针放置到需要放置过孔的位置，单击鼠标左键放置一个过孔，鼠标指针将变回十字形状并附有一个过孔。

步骤 4：单击鼠标左键继续放置过孔，按 Esc 键或单击鼠标右键退出。

7. 添加泪滴

添加泪滴是指在导线与焊盘/过孔的连接处添加一段过渡铜箔，过渡铜箔呈现泪滴状。泪滴的作用是增加焊盘/过孔的机械强度，避免应力集中在导线与焊盘/过孔的连接处，而使连接处断裂或焊盘/过孔脱落。高密度的 PCB 由于其导线的密度高，线径细，在钻孔、铣槽等加工过程中容易造成焊盘/过孔的铜箔脱落或连接处的导线断裂。添加泪滴的方法如下所述。

步骤 1：单击“工具”→“滴泪”命令，系统将弹出“泪滴选项”对话框，如图 5-7-15 所示。

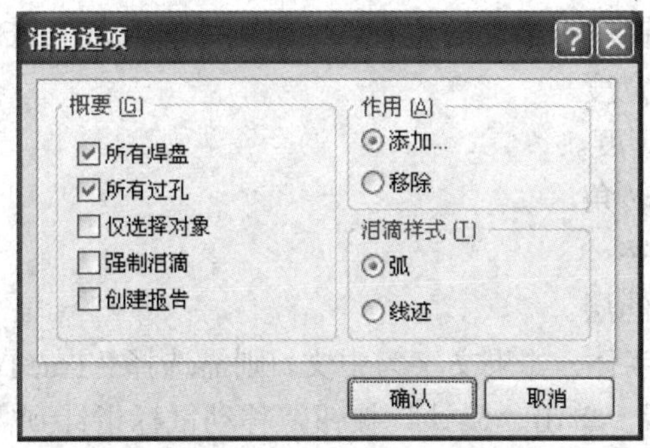

图 5-7-15 “泪滴选项”对话框

“泪滴选项”对话框的各项参数如下所述。

(1) 所有焊盘：对 PCB 中所有焊盘添加泪滴。

(2) 所有过孔：对 PCB 中所有过孔添加泪滴。

(3) 仅选择对象：只对此前已选中的焊盘/过孔添加泪滴。

(4) 强制泪滴：强制对所有焊盘/过孔添加泪滴。

(5) 创建报告：添加泪滴后生成报告文件。

(6) 作用：选择是进行添加泪滴还是删除泪滴。

(7) 泪滴样式：选择采用圆弧形导线构成泪滴还是采用直线形导线构成泪滴。

步骤 2：单击“确定”按钮，对焊盘/过孔添加泪滴，添加泪滴后的焊盘如图 5-7-16 所示。

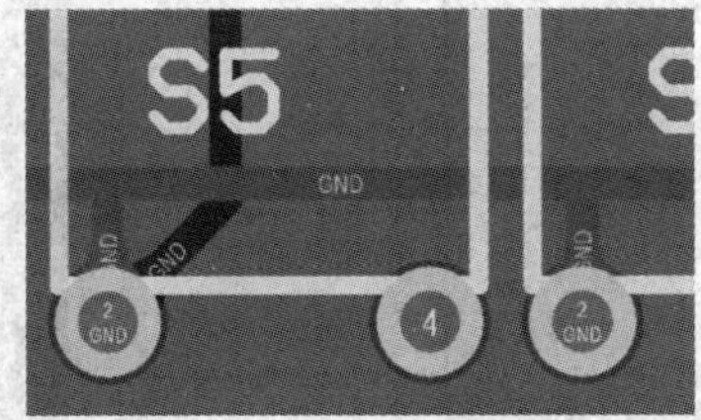

图 5-7-16 添加泪滴后的焊盘

8. 放置文字说明

在电路板上一般会放置一些文字说明，便于焊接人员或维修人员认识该电路板。其操作步骤如下所述。

步骤 1：选择字符需要放置的层，单击“放置”→“字符串”命令或单击“A”按钮，鼠标指针变为十字形状并附有一个字符串，如图 5-7-17 所示。

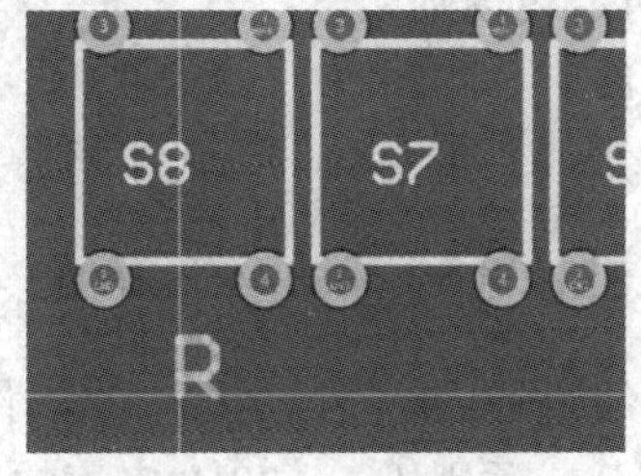

图 5-7-17 放置字符串

步骤 2：按 Tab 键，弹出“串”对话框，如图 5-7-18 所示。

“串”对话框中常用的参数如下所述。

(1) 位置：字符串放置在图纸上的位置，一般无须修改，在 PCB 窗口中直接放置即可。

(2) 宽度：字体笔画宽度。

(3) Height：字符串高度。

(4) 旋转：字符串旋转角。

(5) 文本：字符串文字。

(6) 层：字符串放置的层。

(7) 字体：字符串的字体，如果文字为中文，则需选择“TrueType”选项，并选择字体。

步骤 3：修改参数后，单击“确认”按钮，移动鼠标指针到需要放置的位置，单击鼠标左键放置字符串，如图 5-7-19 所示，放置完成后，鼠标指针还附有一个字符串，按步骤 2 继续修改即可。

图 5-7-18　“串”对话框

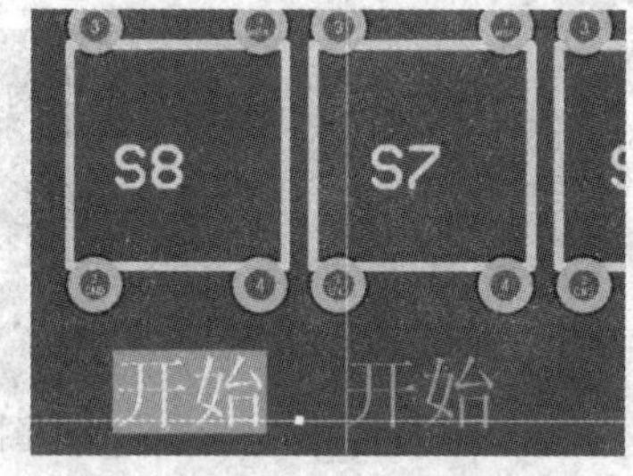

图 5-7-19　放置好的字符串

5.7.5　铜导线承受电流

1. 铜导线走线规则

在电路板布线时，铜导线的走线规则如下：

(1) 不要采用直径最小的走线。

(2) 对于布线时应用多宽的走线，可用如下公式粗略计算，即

$$T = (-1.31 + 5.813 \times A + 1.548 \times A^2 - 0.052 \times A^3) \times \frac{2}{\text{CuWt}}$$

其中，T 指以 mil 作为单位的走线直径；A 指以 Amp(安培)作为单位的电流；CuWt 指以 oz (盎司)为单位的铜导线重量。该公式适用于 1～20 A 电流的工作情况，例如：

① 1 A、1 oz 铜导线的走线直径最小需 12 mil。

② 5 A、1/2 oz 铜导线的走线直径最小需 240 mil。

③ 20 A、1/2 oz 铜导线的走线直径最小需 1275 mil。

(3) 若采用 1 oz 的铜导线，电流每增大 1 A，走线直径应加大 30 mil。若采用 1/2 oz 铜导线，电流每增加 1 A，走线直径应加大 60 mil。

提示：在 PCB 设计加工中常用 oz 作为铜皮的厚度单位。1 oz 铜厚定义为 1 平方英尺面积内铜箔的重量为 1 盎司，对应的物理厚度为 35 μm。

(4) 传送开关电流的走线应该更粗大。

2．通孔问题

通孔问题如下：

(1) 采用微通孔的设计：每个通孔最高只能容许 1 A 电流。

(2) 14 mil 直径或较大的通孔：每个通孔最高只能容许 2 A 电流。

(3) 40 mil 直径或较大的通孔：每个通孔最高只能容许 5 A 电流。

若要提高散热能力，可利用焊锡填满通孔的方法来实现。

5.8 覆　铜

覆铜是指将电路板中空白的地方铺满铜箔。添加覆铜不仅仅是为了好看，最主要的目的是将覆铜接地，提高电路板的抗干扰能力，起到屏蔽信号线之间干扰的作用。添加覆铜后，电路板的抗干扰能力就会显著提高。常用的电脑主板、显卡的电路板中基本上都有大面积的覆铜，如图 5-8-1 所示。

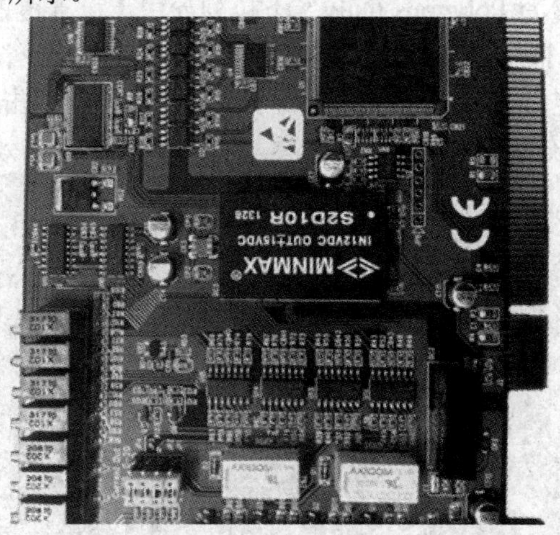

图 5-8-1　电路板中的覆铜

5.8.1　覆铜

步骤 1：单击“放置”→“多边形覆铜”命令或工具栏中的按钮，系统弹出“多边形覆铜”对话框，如图 5-8-2 所示。

图 5-8-2　“多边形覆铜”对话框

“多边形覆铜”对话框的主要参数如下所述。

(1) 填充模式：用于选择覆铜填充模式，共有三种填充模式：实心填充(铜皮区域)、网格填充(走线\圆弧)以及无填充(只有外形)，一般选择网格填充(走线\圆弧)。

(2) 特性：选择覆铜的层，其他保持默认即可。

(3) 网络选项：“连接到网络”用于选择接地网络(如 GND)或不连接到任何网络(No Net)、“Pour Over Same Net Polygons Only”下拉列表用于设置覆铜，覆盖相同网络对象的方式；“去掉死铜”复选框用于设置是否删除没有焊盘连接的铜箔。

步骤 2：单击“确定”按钮，光标将变成十字形状，连续单击鼠标左键确定多边顶点，然后单击鼠标右键，系统将在所指定多边形区域内放置覆铜，其效果如图 5-8-3 所示。

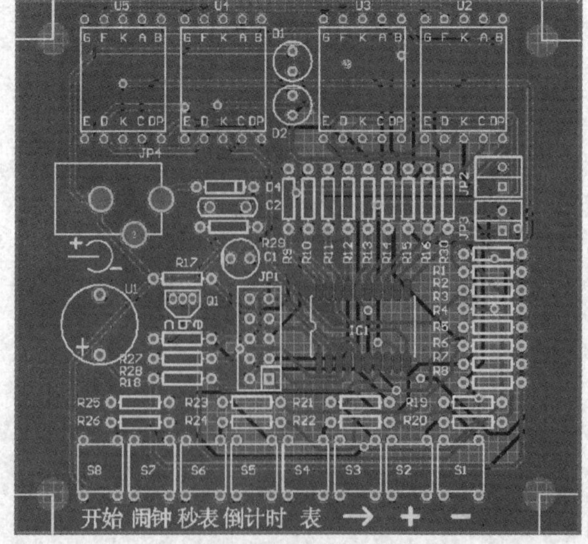

图 5-8-3　放置覆铜后的效果

在放置覆铜后，如果需要修改覆铜的设置，可在覆铜上双击鼠标，系统将再次弹出“多边形覆铜”对话框，修改好相应参数以后，单击“确定”按钮，系统将弹出如图 5-8-4 所示的信息提示框，供用户确认是否重建覆铜。

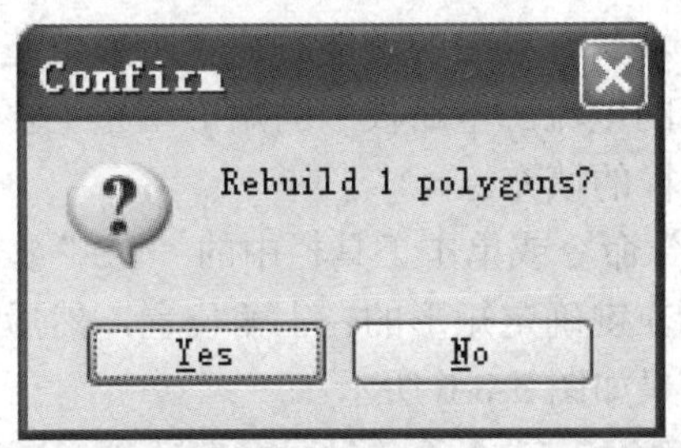

图 5-8-4 确认是否重建覆铜的信息提示框

5.8.2 分区域覆铜

在电路设计中，常存在多个参考电压(常表示为“地”)，如低压数字地、低压模拟地、大地、高压地、36 V 电压地等，在覆铜时需要区分开这些参考电压，如图 5-8-5 所示。

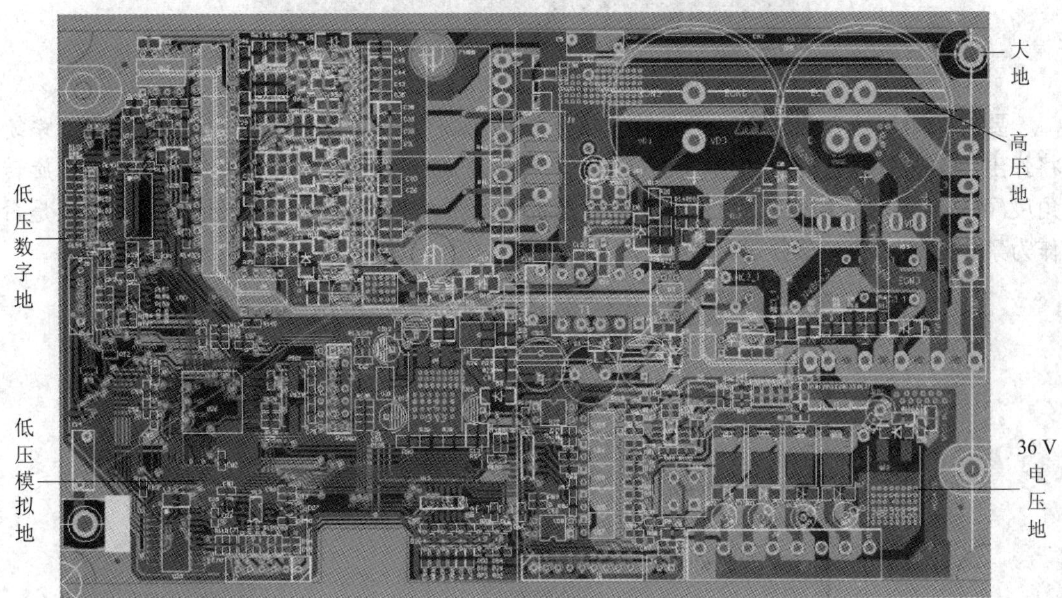

图 5-8-5 多个参考电压的覆铜分区

分区域覆铜需要考虑不同的参考电压、不同的信号特性。例如，同时存在高低压电路，为了保证人身安全，需要隔离处理，这时就存在高压地和低压地的问题；电路中既有模拟信号，又有数字信号，这时就存在数字地和模拟地的问题；如果设计的产品使用市电供电，则还存在外壳接大地的问题。

建议：覆铜与导线之间的距离应比导线之间的距离设计得宽，如导线之间常用 10 mil，而覆铜与导线之间应使用 20 mil，这有利于提高电路板生产的成品率，降低覆铜与导线错误关联的概率。

5.8.3 填充

除了通过覆铜可以实现在电路板表面大面积铺设铜箔外，还可以使用矩形填充实现。矩形填充可以用来连接焊点，具有导线的功能。放置矩形填充的主要目的是使电路板良好接地、屏蔽干扰及增加通过的电流。电路板中的矩形填充主要都是地线，在各种电器设备中的电路板上都可以见到这样的填充。

单击“放置”→“填充”命令或单击工具栏中的“ ”按钮，此时光标将变成十字形状，在工作窗口中单击鼠标左键确定矩形的左上角位置，然后单击鼠标左键确定右下角坐标，并放置矩形填充，其效果如图 5-8-6 所示。

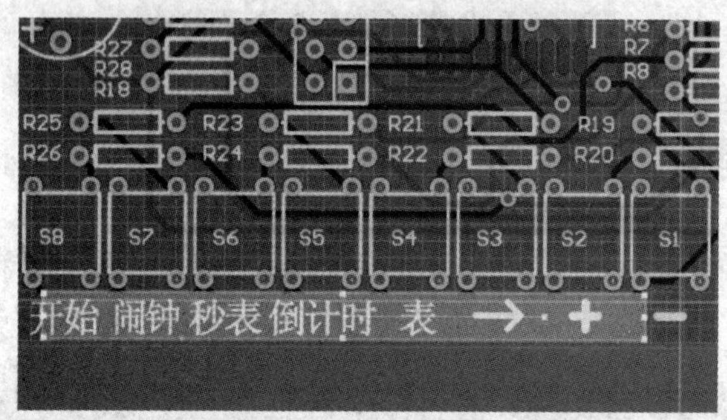

图 5-8-6　放置矩形填充后的效果

要修改矩形填充的属性，可在放置填充时按 Tab 键或用鼠标左键双击矩形填充，系统将弹出“填充”对话框，如图 5-8-7 所示，在该对话框中可设置矩形填充顶点坐标、旋转角度(可以自己输入度数)、矩形填充所在层面、矩形填充连接的网络、是否锁定以及是否作为禁止布线区的一部分等。

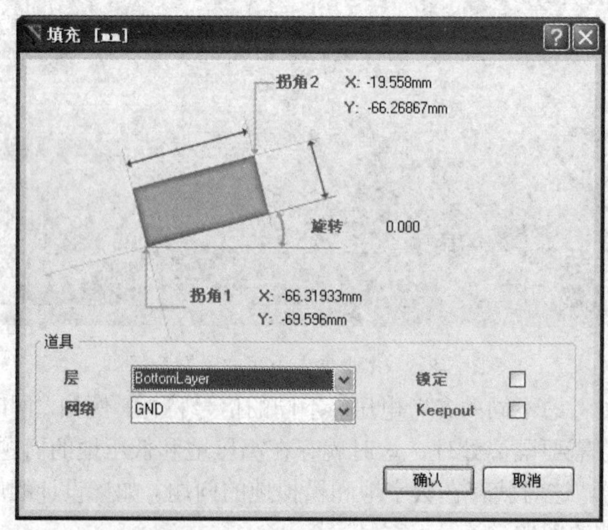

图 5-8-7　“填充”对话框

要编辑矩形填充可用鼠标单击矩形填充，其上将出现若干个控制点，拖曳相应控制点即可修改矩形填充的大小，用鼠标拖曳矩形填充内部的控制点可旋转矩形填充。

5.8.4　接地规则

覆铜的电气特性常设置为地。对于接地，应遵守如下规则：

(1) 接地层必须完全没有电流流入才可作为真正的参考。

(2) 应避免噪声较多的电流流入主要的接地层。顶层应另有独立的走线。

(3) 所有敏感的电路都共用一个只有一个接点的接地。

(4) 将模拟信号(小信号)与电源接地分开。

(5) 不要切开第二层的接地层。

(6) 未经切开的接地层可以作为抵抗电磁干扰的屏蔽。

(7) 通过旁路连接接地引脚，而非接地层。

(8) 在第一层加设接地走线会有帮助。

(9) 将高 di/dt 电流流经的环路放在第一层。

(10) 接地层只作为分配直流信号及信号参考之用。

(11) 将接地视为任何电源供应的导线。确保接地连线足够多。

(12) 各层之间加设了通孔之后，必须留意接地层是否仍能执行正常功能。

(13) 若额定电流为 5 A 以上，应尽可能采用 2 oz 重的铜箔层。

(14) 尽量采用多层接地层。

5.9　原理图与 PCB 图的同步更新

Altium Designer 软件提供了原理图与 PCB 图之间的同步更新功能，原理图与 PCB 图同步更新有以下两个方向。

5.9.1　由原理图更新 PCB 图

在绘制 PCB 图的过程中，有时因设计需要会对原理图进行修改，而此时原理图的网络报表已经导入到 PCB 图中，为保证 PCB 图与原理图的一致，可以使用原理图的编辑更新 PCB 图。

使原理图文件“练习.SchDoc”与 PCB 文件“练习.PcbDoc”同时处于打开状态，单击原理图编辑器的“设计”→“Update PCB Document 练习.PcbDoc”命令，或者单击 PCB 编辑器的“设计”→“Import Changes From 练习.PrjPCB”命令，即可弹出“工程更改顺序”对话框。

5.9.2　由 PCB 图更新原理图

在绘制 PCB 图的过程中，有时也会用 PCB 图去更新原理图，以保证 PCB 图与原理图的一致，常见的为在 PCB 图中更改了元件封装，则需要将更改后的信息反标注入原理图，以保证原理图与 PCB 图的一致。

使原理图文件“练习.SchDoc”与 PCB 文件“练习.PcbDoc”同时处于打开状态，并使“练习.PcbDoc”处于当前工作窗口中。单击 PCB 编辑器的“设计”→“Update Schematics in 练习.PrjPCB”，系统即可弹出“确认更新”对话框。

5.10 后 处 理

5.10.1 批量修改

批量修改是 PCB 设计中常用的操作方法，不同的批量修改方法类似，在此，以批量修改元件符号的字体大小为例进行讲解，其操作步骤如下所述。

步骤 1：在 PCB 设计窗口中，将鼠标指针放置在需要批量操作的符号(如 U4)上，单击鼠标右键，选择“查找相似对象”选项，弹出如图 5-10-1 所示的“发现类似文件”对话框。

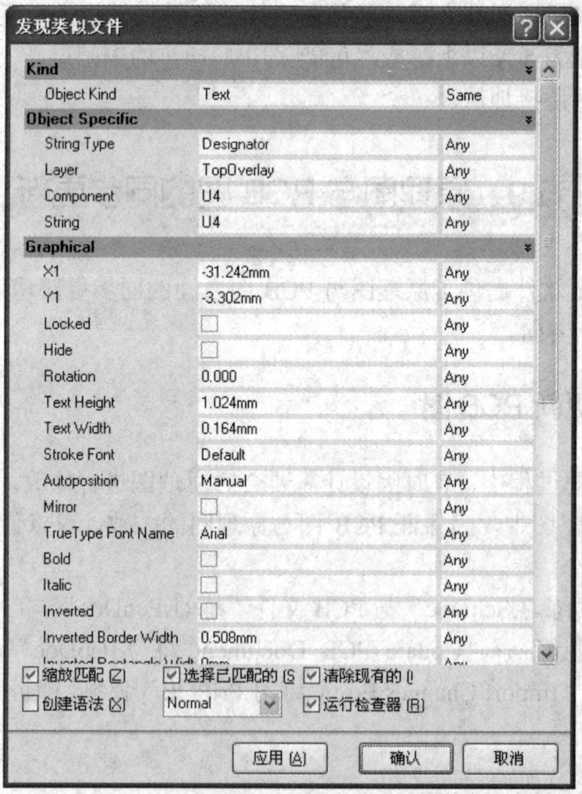

图 5-10-1　“发现类似文件”对话框

步骤 2：选择需要相似的部分，如选择同样高、同样宽的字符，将“Text Height”和“Text Width”选项后的“Any”选项更改为“Same”，单击“确认”按钮，PCB 设计窗口中相同高度和相同宽度字体符号将被选中，且弹出如图 5-10-2 所示的“PCB Inspector”对话框。

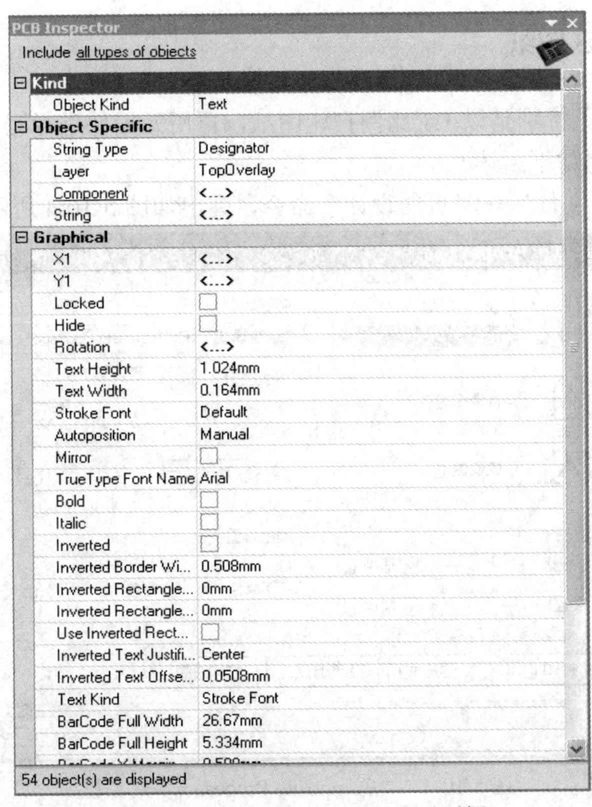

图 5-10-2　“PCB Inspector”对话框

步骤 3：修改被选中符号中需要修改的值，按“Enter”键即可修改参数，完成后关闭“PCB Inspector”对话框即可，如分别修改“Text Height”为“2 mm”和“Text Width”为“0.3 mm”。批量修改后的 PCB 如图 5-10-3 所示。

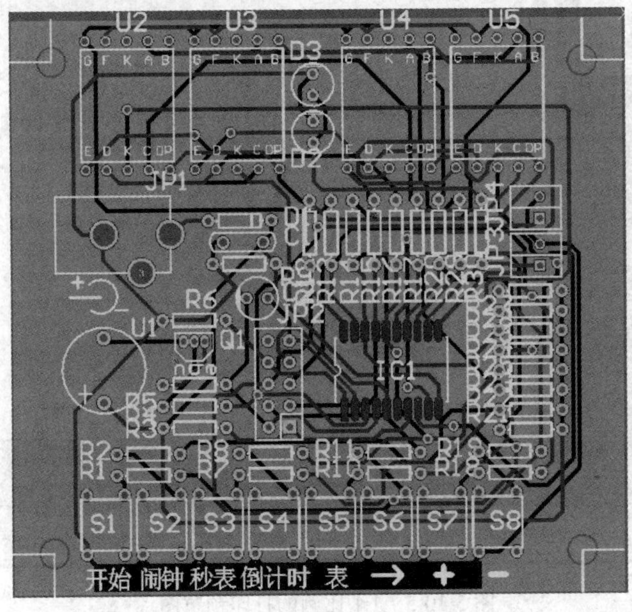

图 5-10-3　批量修改后的 PCB

5.10.2　打印 PCB 图纸

打印 PCB 图纸，特别是以 1:1 比例打印图纸，再用元器件进行比对，可以发现元件封装的错误，打印步骤如下所述。

步骤 1：单击“文件”→“页面设计”命令，弹出如图 5-10-4 所示的对话框。

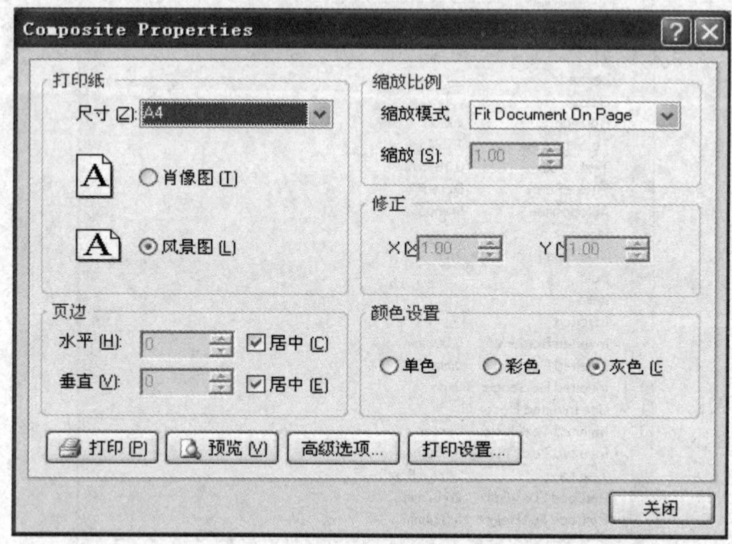

图 5-10-4　“Composite Properties”对话框

步骤 2：设置缩放模式为“Scaled Print”，缩放比例为“1.00”，单击“预览”按钮，弹出 1:1 比例的打印预览图片，如图 5-10-5 所示。

图 5-10-5　1:1 比例的打印预览图片

步骤 3：如需分层打印，单击鼠标右键，选择“配置”选项，弹出如图 5-10-6 所示的对话框。

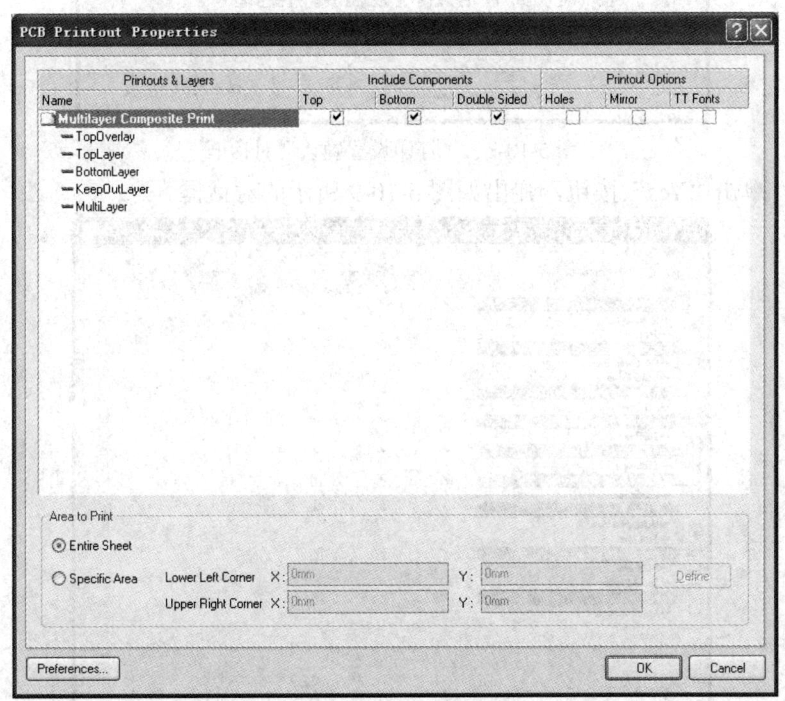

图 5-10-6　“PCB Printout Properties”对话框

步骤 4：单击鼠标右键，选择“Create Final”选项，如图 5-10-7 所示，弹出如图 5-10-8 所示的对话框。

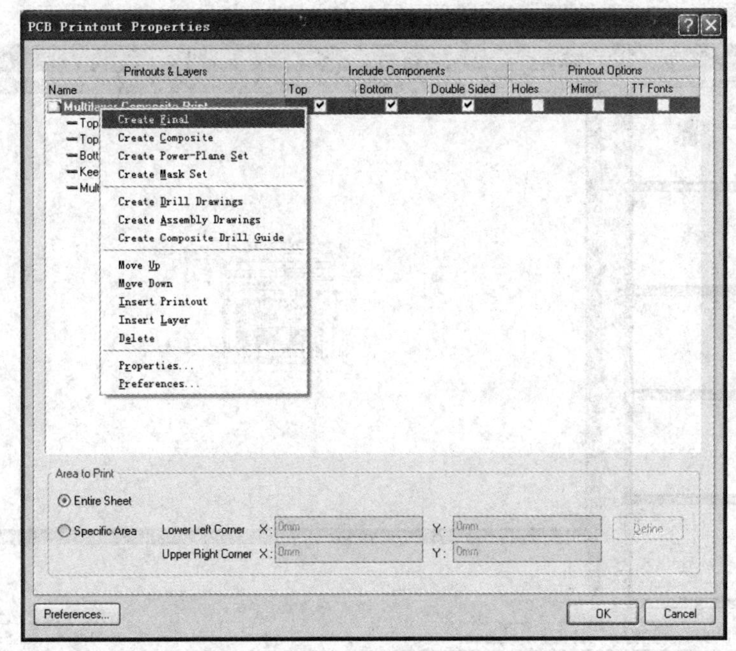

图 5-10-7　选择“Create Final”选项

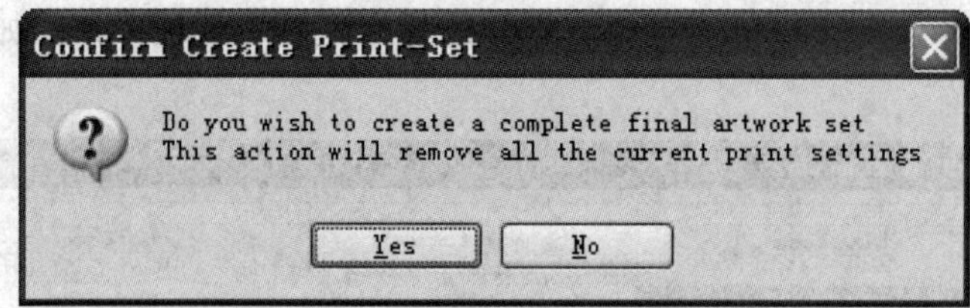

图 5-10-8　“打印设置确认”对话框

步骤 5：单击“Yes”按钮，弹出如图 5-10-9 所示的对话框。

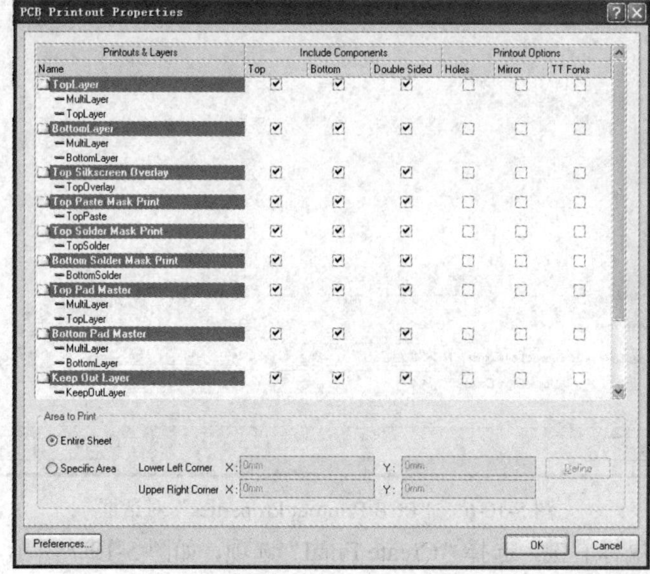

图 5-10-9　“PCB Printout Properties”详细设置对话框

步骤 6：单击“OK”按钮，产生不同层打印图纸，如图 5-10-10 所示。

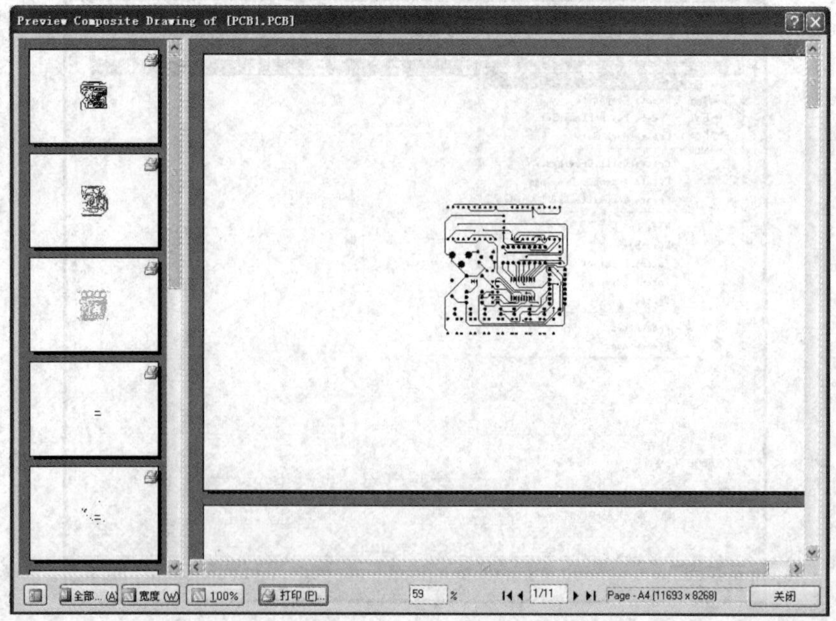

图 5-10-10　不同层打印图纸

步骤 7：单击“打印”按钮，弹出设置打印机的对话框，如图 5-10-11 所示，选择使用的打印机。

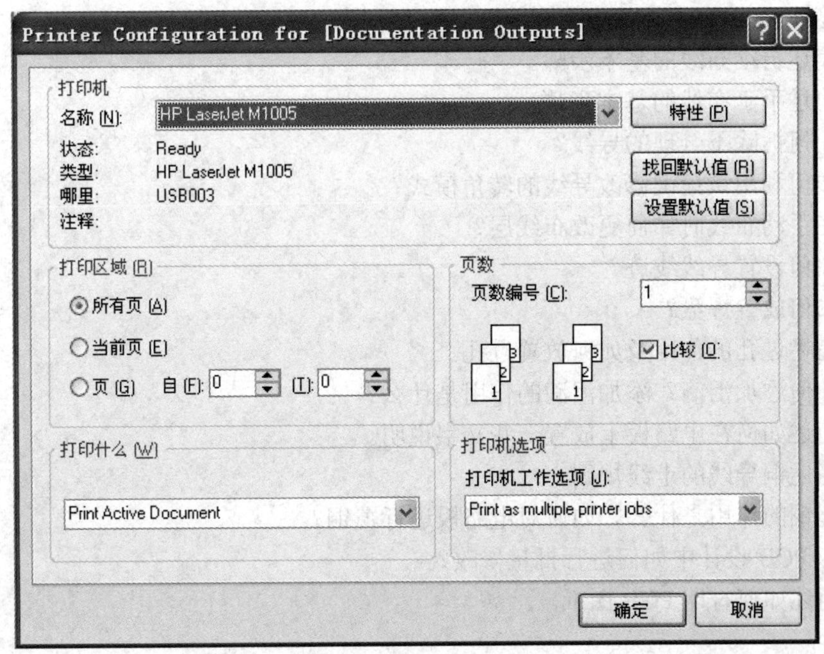

图 5-10-11　设置打印机的对话框

步骤 8：单击“确定”按钮，打印图纸。

✦✦✦✦　习　　题　✦✦✦✦

1. 元器件的布局方式分为哪几种？
2. 简述在确定特殊元件位置时对电路布局要遵守哪些规则。
3. 简述电路布局完成后要进行哪些严格的检查。
4. 引线式元器件有哪几种固定方式？
5. 元器件的排列格式有哪几种？
6. 简述 PCB 是由哪几部分构成的。
7. 简述创建 PCB 文件的步骤。
8. 什么是电路板的物理边界？
9. 简述规划电路板物理边界的步骤。
10. 简述电路板电气规划的主要步骤。
11. 简述在设计电路板时如何对线的宽度、线之间的距离以及过孔的大小进行相应的设计。
12. 最小过孔一般不可小于多少 mil?
13. 如何利用快捷键来切换显示参数的单位？

14. 简述高频电路的设计规则。
15. 在哪些情况下必须按照高频规则进行设计？
16. 简述 PCB 布线的基本规则。
17. 简述自动布线的基本步骤。
18. 简述手工布线的基本步骤。
19. 如何拆除不合理的导线？
20. 如何利用快捷键修改导线的转角模式？
21. 在手动布线时如何更改布线层？
22. 如何设置导线线迹？
23. 如何放置焊盘？
24. 简述过孔的作用及如何放置过孔。
25. 如何添加泪滴？添加泪滴的作用是什么？
26. 简述如何在电路板上放置一些文字说明。
27. 简述铜导线的走线规则。
28. 覆铜的作用是什么？如何对电路板进行覆铜？
29. 在 PCB 设计中如何进行批量修改？
30. 简述如何打印 PCB 图纸。

第 6 章　电路板电磁兼容设计

电路板是电子产品最基本的部件，也是绝大部分电子元器件的载体。当一个产品的电路板设计完成后，其核心电路的干扰和抗扰特性就基本已经被确定下来了。要想再提高其电磁兼容特性，就只能通过接口电路的滤波和外壳的屏蔽来“围追堵截”了，这样不但大大增加产品的后续成本，也增加产品的复杂程度，降低产品的可靠性。一个好的电路板可以解决大部分的电磁干扰问题，只要在接口电路排版时适当增加瞬态抑制器件和滤波电路，就可以同时解决大部分电磁干扰问题。在 PCB 布线中，增强电磁兼容性不会给产品的最终完成带来附加费用。如果在电路板设计中，产品设计师只注重提高密度，减小占用空间，制作简单或者追求美观和布局均匀，而忽视线路布局对电磁兼容性的影响，使大量的信号辐射到空间形成骚扰，那么这个产品将导致大量的 EMC 问题。在很多的例子中，就算加上滤波器和元器件也不能解决这些问题。最后，不得不对整个电路板重新布线。因此，在开始时养成良好的电路板布线习惯是最省钱省力的办法。

6.1　元器件的选择

元件的选择和电路设计是影响板级电磁兼容性的重要因素。每一种电子元件都有它各自的特性，因此，在设计时需仔细考虑。对于元器件而言，常分为有引线引脚的(引线式)和无引线引脚的(表贴式)，引线式元件有寄生效果，尤其在高频时，该引脚形成了一个小电感，每 1 mm 长的引脚的电感大约是 1 nH。引脚的末端也能产生一个小电容性的效应，大约为 4 pF。因此，引脚的长度应尽可能的短。表贴式元件的寄生效果要小一些。其典型值为 0.5 nH 的寄生电感和约为 0.3 pF 的终端电容。从电磁兼容性方面看，表贴式元件效果最好，其次是放射状引脚元件，最后是轴向平行引脚的元件。

6.1.1　电阻

由于表贴式元件具有低寄生参数的特点，因此，表贴式电阻总是优于引线式电阻。对于引线式电阻，应首选碳膜电阻，其次是金属膜电阻，最后是线绕电阻。

由于在相对低的工作频率(约兆赫级)下，金属膜电阻是主要的寄生元件，因此其适合用于高功率密度和高准确度的电路中。

线绕电阻有很强的电感特性，因此在对频率敏感的应用中不能用它。它最适合用在大功率处理的电路中。

在放大器的设计中，电阻的选择非常重要。在高频环境下，电阻的阻抗会因为电阻的电感效应而增加。因此，增益控制电阻的位置应该尽可能地靠近放大器电路，以减少电路板的电感。

在上拉/下拉电阻的电路中，晶体管或集成电路的快速切换会增加上升时间。为了减小这个影响，所有的偏置电阻必须尽可能地靠近有源器件及它的电源和地，从而减小 PCB 连线的电感。

在稳压(整流)或参考电路中，直流偏置电阻应尽可能地靠近有源器件，以减轻去耦效应(即改善瞬态响应特性)。

在 *RC* 滤波网络中，线绕电阻的寄生电感很容易引起本机振荡，所以必须考虑由电阻引起的电感效应。

6.1.2 电容

由于电容种类繁多，性能各异，选择合适的电容并不容易。但是电容的使用可以解决许多 EMC 问题。下面简单描述几种最常见电容的类型、性能及使用方法。

(1) 铝电解电容是在绝缘薄层之间以螺旋状缠绕金属箔而制成的，这样可在单位体积内得到较大的电容值，但也使得这种电容的内部感抗较大。

(2) 钽电容是由一块带直板和引脚连接点的绝缘体制成的，其内部感抗低于铝电解电容。

(3) 陶质电容的结构是在陶瓷绝缘体中包含多个平行的金属片。其主要寄生特性为片结构的感抗特性，而在低于兆赫级的电路中，体现为阻抗特性。

不同频响特性意味着一种类型的电容会比另一种更适合于某种应用场合。铝电解电容和钽电解电容适用于低频终端，主要是存储器和低频滤波器领域。在中频范围(从千赫到兆赫)内，陶质电容比较适合，常用于去耦电路和高频滤波电路。特殊的低损耗陶质电容和云母电容(通常价格比较贵)适合于甚高频应用电路和微波电路。

为得到最好的 EMC 特性，电容具有低的 ESR(Equivalent Series Resistance，等效串联电阻)值是很重要的，因为它会对信号造成很大的衰减，特别是在应用频率接近电容谐振频率的场合。

电容在 PCB 的 EMC 设计中是使用最为广泛的器件。电容按功能的不同可以分为三种：

(1) 去耦(Decouple)电容：打破系统或电路的端口之间的耦合，以保证正常的操作。

(2) 旁路(Bypass)电容：在瞬态能量产生的地方为其提供一个到地的低阻抗通路。旁路电容是良好退耦的必备条件之一。

(3) 储能(Bulk)电容：可以保证在负载快速变到最重时电压不会下跌。

对于去耦电容与旁路电容，在设计时建议如下：

(1) 以供应商提供的产品资料中的自谐振特性为依据选择电容，使之符合设计的时钟频率与噪声频率的需要。

(2) 在所需要的频率范围内加尽可能多的电容，以达到需要退耦的水平。

(3) 在尽可能靠近 IC 每个电源管脚的地方，至少放一个去耦电容，以减小寄生阻抗。

(4) 旁路电容与 IC 尽可能放在同一个 PCB 的平面上。

(5) 对于多时钟系统可以将电源平面进行分割，对每一个部分使用一种正确容值的电容器，被狭缝分隔的电源平面将一部分的噪声与其他部分的敏感器件分隔开来，同时提供了电容值的分离。

(6) 对于时钟频率在一个较宽的范围内变化的系统，旁路电容的选择甚为困难。一个较好的解决方法是将两个容值上接近 2∶1 的电容并联放置，这样做可以提供一个较宽的低阻抗区和一个较宽的旁路频率，这种多退耦电容的方法，只在一个单独的 IC 需要一个较宽的旁路频率范围而且单个电容无法达到这一频带时使用。而且容值必须保持 2∶1 的范围内，以避免阻抗峰值超过可用的范围。

储能电容可以保证在负载快速变到最重时供电电压不会下跌。储能电容可分为板级储能电容和器件级储能电容两种。板极储能电容在保证负载快速变到最重时，单板各处供电电压不会下跌。在高频、高速单板(以及条件允许的背板)上，建议均匀排布一定数量的较大容值的钽电容(1 μF、10 μF、22 μF、33 μF)，以保证单板同一电压的值保持一致。器件级储能电容在保证负载快速变到最重时，器件周围各处供电电压不会下跌。对于工作频率较高、速率较快、功耗较大的器件，建议在其周围排放 1～4 个较大容值的钽电容(1 μF、10 μF、22 μF、33 μF)，以保证器件快速变换时其工作电压保持不变。

储能电容的设计应该与去耦电容的设计区别开来，在设计时建议如下：

(1) 当单板上具有多种供电电压时，对一种供电电压储能电容仍然只选用一种容值的电容器，一般选用表贴封装的钽电容，可以根据需要选择 10 μF、22 μF、33 μF 等。

(2) 不同供电电压的芯片构成一个群落，储能电容在这个群落内均匀分布。

6.1.3 电感

电感常分为闭环电感(磁环绕制的电感)和开环电感(磁棒绕制的电感)，开环电感的磁场穿过空气，引起辐射并带来电磁干扰(EMI)问题。当选择开环电感时，绕轴式(“工”字形电感)比棒式或螺线管式更好，因为绕轴式可以将磁场控制在磁芯(即磁体内的局部磁场)内。闭环电感的磁场被完全控制在磁芯内，因此在电路设计中，这种类型的电感更理想，但价格比较昂贵。

电感的磁芯材料主要有两种类型：铁和铁氧体。铁磁芯电感用于低频场合(几十千赫)，而铁氧体磁芯电感用于高频场合(到兆赫)，因此铁氧体磁芯电感更适合于 EMC 应用。

在 EMC 的特殊应用中，有两类特殊的电感：铁氧体磁珠和铁氧体夹。铁氧体磁珠在高频范围的衰减为 10 dB，而直流衰减量很小。铁氧体夹在高达兆赫的频率范围内的共模(CM)和差模(DM)的衰减均可达到 10～20 dB。

6.1.4 二极管

二极管是最简单的半导体器件，由于其独特的特性，某些二极管有助于防止产生与 EMC 相关的一些问题。表 6-1-1 列出了典型二极管的特性。

表 6-1-1　典型二极管的特性

	特　性	EMC 应用	注　释
整流二极管	大电流；低功耗；响应慢	无	电源
肖特基二极管	低正向压降；高电流密度；反向恢复时间短	快速瞬态信号和尖脉冲保护	开关式电源
齐纳二极管	反向模式工作；快速反向电压过渡；用于钳位正向电压	ESD 保护；过电压保护；低电容高数据率信号保护	—
发光二极管(LED)	正向工作模式；不受 EMC 影响	无	当 LED 安装在远离 PCB 外的面板上作为发光指示时会产生辐射
瞬态电压抑制二极管(TVS)	类似齐纳二极管的雪崩模式；钳位正向和负向瞬态过渡电压	ESD 保护；过正、负电压保护	—

6.1.5　集成芯片

现代数字集成芯片(IC)主要使用 CMOS 工艺制造。CMOS 器件的静态功耗很低，但是在高速开关的情况下，CMOS 器件需要电源提供瞬时功率，高速 CMOS 器件的动态功率要求超过同类双极性器件，因此必须对这些器件添加去耦电容以满足瞬时功率的要求。

现代集成芯片有多种封装结构，对于分立元件，引脚越短，EMI 问题越小。因为表贴器件有更小的安装面积和更低的安装位置，因此有更好的 EMC 性能，所以应首选表贴元件，甚至直接在 PCB 上安装裸片。

IC 的引脚排列也会影响 EMC 的性能。电源线从模块中心连到 IC 引脚的距离越短，它的等效电感越少，因此 VCC 与 GND 之间的去耦电容越近越有效。

无论是集成芯片、PCB，还是整个系统，时钟电路是影响 EMC 性能的主要因素。集成电路的大部分噪声都与时钟频率及其多次谐波有关。因此，无论电路设计还是 PCB 设计都应该考虑时钟电路以降低噪声。合理的地线、适当的去耦电容和旁路电容能减小电磁辐射。用于时钟分配的高阻抗缓冲器也有助于减小时钟信号的反射和振荡。

对于使用 TTL 和 CMOS 器件的混合逻辑电路，由于其不同的开关/保持时间，会产生时钟、有源信号和电源的谐波。为避免这些潜在的问题，最好使用同系列的逻辑器件。由于 CMOS 器件的门限宽，现在大多数设计者选用 CMOS 器件。由于制造工艺是 CMOS 工艺，因此微处理器的接口电路也优选这种器件。需要特别注意的是，未使用的 CMOS 引脚应该根据需要接地或电源，否则产生的噪声会引起这些输入端信号发生混乱，从而导致 MCU 运行出错。

6.1.6　微控制器

当前，许多 IC 生产商不断地减小微控制器的尺寸，以达到在单位硅片上增加更多部件的目的。通常减小尺寸会使晶体管工作速度更快。虽然 MCU 的时钟速率无法增加，但是上升和下降速度会增加，从而谐波分量使得频率值上升。在许多情况下，减小微控制器尺寸无法通知给用户，这样最初时电路中的 MCU 是正常的，但以后在产品生命周期中的某个时间就可能出现 EMC 问题。最好的解决方法就是在开始设计电路时设计一个较稳健的电路。

许多实时应用系统都需要高速 MCU，设计者一定要认真对待其电路设计和 PCB 布线以减少潜在的 EMC 问题。MCU 需要的电源功率随着其处理功率的增加而增加。让供给电路(如校准电路)靠近微控制器是很容易办到的，再用一个独立的电容就可以减少直流电源对其他电路的影响。

MCU 通常有一个片上振荡器，它用自己的晶体或谐振器连接，从而避免使用其他时钟给 MCU 提供时钟信号，因为时钟信号长距离传输会对其他部分电路产生噪声辐射。

6.2　电路板的布局

电路板设计大体可分为布局和布线两个阶段，但很多问题的解决需要布局和布线相互配合，缺一不可。因此在实际的设计过程中，布局和布线是交叉进行的，且不断地进行调整，彼此之间没有明显的界限，不过先布局、后布线这个顺序是肯定的。对于使用软件对电路板进行布局和布线，在第 5 章已讲解，下面主要从电磁兼容性方面讲解电路板的布局。

6.2.1　单层电路板

单层电路板(简称单面板)主要用于走线相对比较简单的电路中，该类电路板在考虑尽量完全走线(在单面板上布下所有导线而无须使用飞线)的前提下将功率电路和信号电路按区域分开布局。下面以电磁炉控制驱动部分电路板为例来讲解单层电路板，如图 6-2-1 所示。

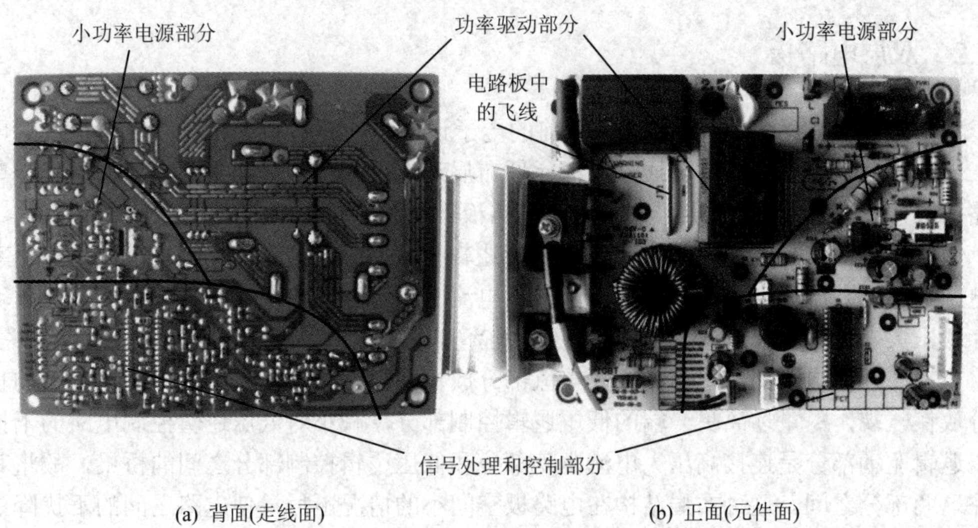

(a) 背面(走线面)　　(b) 正面(元件面)

图 6-2-1　电磁炉控制驱动部分电路板

由图 6-2-1 可以看出，该电路包含小功率电源部分、功率驱动部分和信号处理与控制部分。其中，信号处理与控制部分电路走线较复杂，且线宽较窄，这是因为该部分为信号线，电流很小，但控制处理电路较复杂；小功率电源部分的走线较简单，且线宽比信号线要宽，这是因为该电源需向信号处理部分电路提供电流，电流相对较大，但控制电路较简单，故走线较简单；功率驱动电路走线简单，且线宽很宽，这是因为该部分电路驱动电磁炉电感线圈，由电感线圈将电能转换为磁能，给铁锅加热，故这部分电路电流很大，但控制很简单，走线也很简单。

由此可见，单层电路板在布局时主要考虑将不同部分的电路按块划分布局，且信号处理与控制部分电路尽量远离大功率电路，以减小电磁干扰，提高电路的可靠性。

除了需要考虑布局外，在单层电路板设计时还需注意以下几点：

(1) 电路板只有一面走线，在信号处理与控制部分电路中，由于走线较复杂，可能无法简单地以最短距离布线，有的走线可能需要绕一段距离才能布开，但不建议绕得过长，如过长，可使用飞线。

(2) 飞线的数目不可过多，当达到一定数量时，请使用双层电路板布线。

(3) 由于单层电路板引脚插孔中没有过孔焊盘，故在设计引脚插孔时，将插孔略大于引脚线径即可，不可过大。对于双层或多层电路板，引脚插孔过大对布局的影响不大，这是因为在焊接时，由于存在过孔焊盘，焊锡会将过孔焊盘填满，焊好后，元件不会晃动或脱落。而单层电路板没有过孔焊盘，引脚插孔过大，在焊接时可能无法使引脚与焊盘挂锡，即使可以挂锡，焊好后，元件也容易晃动或脱落。

(4) 为了提高焊接元件的可靠性，可将插脚元件焊盘设计得大一些，这样在焊接时，元件引脚的焊点较大，而且焊好后元件不易晃动，提高元件的稳定度和可靠性。

(5) 由于单面走线，焊盘与电路板的附着力较差，建议使用泪滴焊盘。

(6) 当使用贴片元件时，如果又使用插脚元件，这时贴片元件必然设计在走线层，而且在自动贴装时需要增加点胶工序，使贴片胶粘在电路板上，在波峰焊接引线式元件时，贴片元件不会因为引脚焊锡熔化而脱落，不过增加这一步必然会增加焊接成本。

6.2.2　双层电路板

双层电路板(简称双面板)常见于目前的电子设备中，它适用于相对较复杂走线的电路中，电路板的电磁兼容性主要通过考虑元件布局和选择元件实现，电路布局的方法与单层电路板类似。图 6-2-2 为一款采用了双层电路板设计的电机驱动电路板。

由图 6-2-2 可以看出，该电路包含低压逻辑控制部分、高压逻辑驱动部分、小功率开关电源部分、高压大电流驱动部分和低压大电流驱动部分。在布局时将高压大电流驱动部分和低压大电流驱动部分放在一端，由于小功率开关电源部分和高压整流部分有连接关系，故将小功率开关电源部分也与高压大电流部分放在一起，这样就将电磁干扰比较大的功率部分放在一端，尽量远离另一端的低压逻辑控制部分，减小对低压逻辑控制电路的干扰。高压逻辑驱动部分是连接高压大电流驱动部分和低压逻辑控制部分之间的桥梁，故将其布放在这两部分之间。这种布局结构在电路板空间小的情况下尽量使电路之间的干扰降到最小，以提高电路的可靠性。

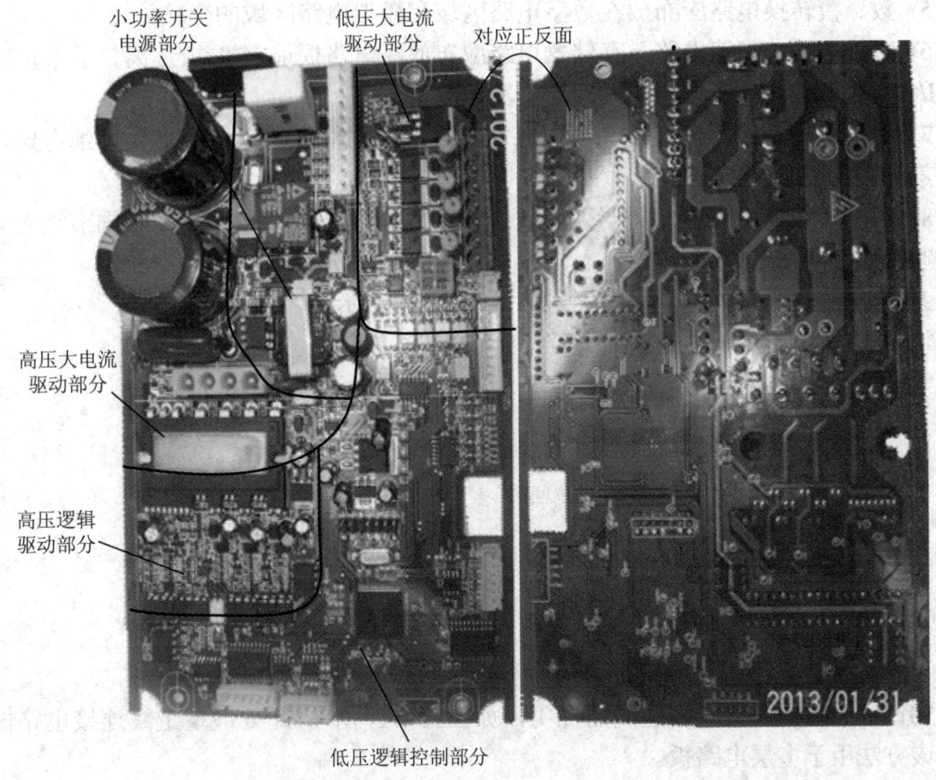

(a) 电路板元件面　　(b) 电路板背面

图 6-2-2　电机驱动电路板

双层电路板设计时一般还需考虑的问题总结如下(其他层电路亦可参考)：

(1) 将电磁干扰比较大的功率元件放置在电路板的边缘，远离其他元件，在可能的情况下使用金属壳将其屏蔽。

(2) 将电磁继电器类容易在工作瞬间产生大的电磁脉冲的元件远离逻辑控制元件，特别是 MCU 类程序控制元件，防止因瞬间电磁干扰导致程序异常。

(3) 区域分割，不同功能种类的电路应该位于不同的区域，如对数字电路、模拟电路、接口电路、时钟、电源等进行分区。

(4) 将电路布局按照工作速度区分开，将高速电路放置在电路板边缘，远离小信号、低速元件和接口元件，不同工作速度的电路布局如图 6-2-3 所示。

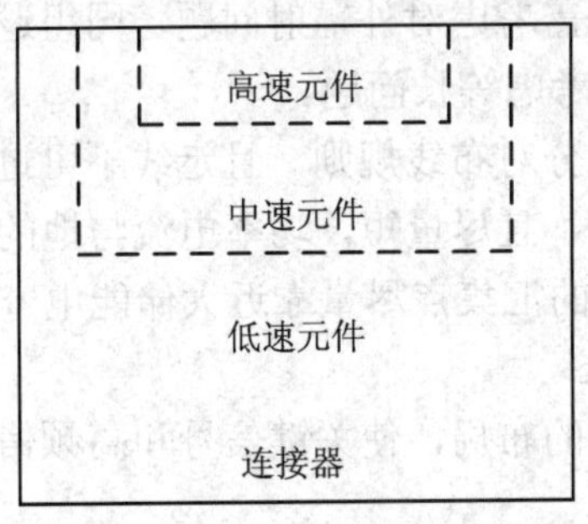

图 6-2-3　不同工作速度的电路布局

(5) 数、模转换电路应布放在数字电路区域和模拟电路区域的交接处。

(6) 时钟电路、高速电路、存储器电路应布放在电路板最靠里边(远离拉手条)的位置。低频 I/O 电路和模拟 I/O 电路应靠近连接器布放。

(7) 小信号的走线不可经过高速电路布线区，微弱信号的走线更需要仔细考虑，防止其他信号走线对其产生影响。

(8) 对于某些电路网络，需要采用放射状走线(Starburst)，用于避免不同节点之间的相互影响。

(9) 对于输出滤波电容走线的优劣，如图 6-2-4 所示。

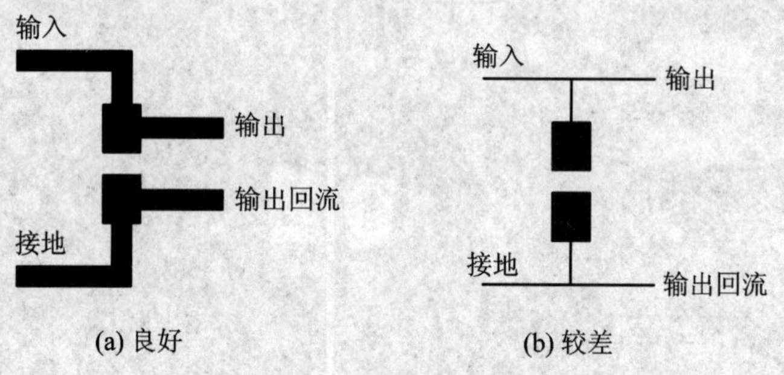

图 6-2-4　滤波电容走线的优劣

(10) 对于高频旁路电容走线的优劣，如图 6-2-5 所示(此处假定走线连接电路板的内层)，该方法用于多层电路板。

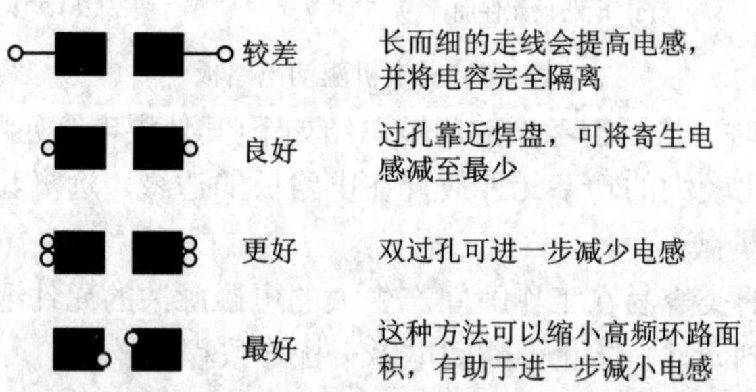

图 6-2-5　高频旁路电容走线的优劣

(11) 微弱信号走线和小信号走线应尽可能短，放大后再经过数字化处理后的信号走线可适当变长。

(12) 高频数字逻辑信号线需考虑对外辐射问题，同组逻辑线需尽量等长；低频数字逻辑信号走线可较长，且一般不考虑等长问题。

(13) 差分信号线需采用差分对布线规则，且走线不可过长。

(14) 功率走线应尽可能宽，且尽量短，功率电流与地的汇集点尽量靠近大储能电容的负极，同样，功率电流与电源的汇集点尽量靠近大储能电容的正极，且需考虑功率器件开关工作时储能电容的纹波大小。

(15) 应该采用基于信号流的布局，使关键信号和高频信号的连线最短，而不是优先考虑电路板的整齐、美观。

(16) 功率放大与控制驱动部分远离屏蔽体的局部开孔，并尽快离开本板。

(17) 晶振、晶体等要就近放置在 IC 对应引脚边。

(18) 基准电压源(模拟电压信号输入线、A/D 变换参考电源)要尽量远离数字信号。

6.2.3 多层电路板

多层电路板(四层及四层以上电路板)常用于走线复杂的电路中，如计算机、手机、平板电脑、GPS 等设备的主板，多层电路板的设计规划比较复杂，在此以最简单的四层电路板为例进行讲解，对于更多层的电路板设计请参考相关专业书籍。

图 6-2-6 为一款信号采集电路板，由图可以看出，该电路比较复杂，双层电路板无法实现完全布线，且电磁兼容性可能较差，故选用四层电路板设计。

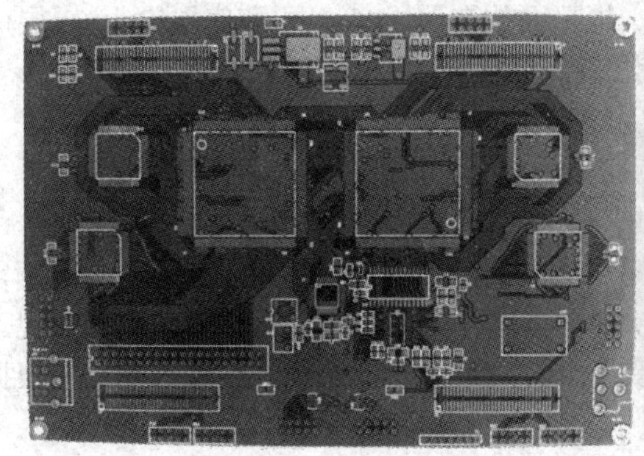

(a) 正面

(b) 反面

图 6-2-6 信号采集电路板

多层电路板在设计时需要考虑参考平面的问题，电源、地均能作为参考平面，且有一定的屏蔽作用，但相对而言，电源平面具有较高的特性阻抗，与参考电平存在较大的电位差；从屏蔽的角度看，地一般均做了接大地处理，并作为基准电平参考点，其屏蔽效果远远优于电源参考平面；故在选择参考平面时，应优先选择地参考平面。

当电源层、地层以及信号层的层数确定后，它们之间的相对排布位置是电磁兼容设计时需要考虑的问题。对于多层电路板，在排布时一般需遵循以下原则：

(1) 元件面的下面(第二层)为地平面，提供器件屏蔽层以及为顶层布线提供参考平面。

(2) 所有信号层尽可能与地平面相邻。

(3) 尽量避免两信号层直接相邻。

(4) 主电源尽可能与其对应的地相邻。

(5) 兼顾层压结构对称。

(6) 无相邻平行布线层。

(7) 关键信号与地层相邻，不跨分割区。

在进行具体的 PCB 层的设置时，要对以上原则进行灵活应用。在领会以上原则的基础上，根据实际的需求，确定是否需要一个关键布线层，电源、地平面应怎样分割等，确定层的排布，切忌生搬硬套或抠住一点不放。下面以多层电路板为例，讲解其不同选择方法的优、缺点。

四层电路板层排布方案如图 6-2-7 所示，其中方案 1 是现行四层 PCB 的主选层设置方案，元件焊接在顶层，在元件面下有一地平面，关键信号优选布顶层(Top 层)，至于层之间的厚度，应满足阻抗控制要求，且芯板(GND 到 POWER)不宜过厚，以降低电源、地平面的分布阻抗，保证电源平面的去耦效果。

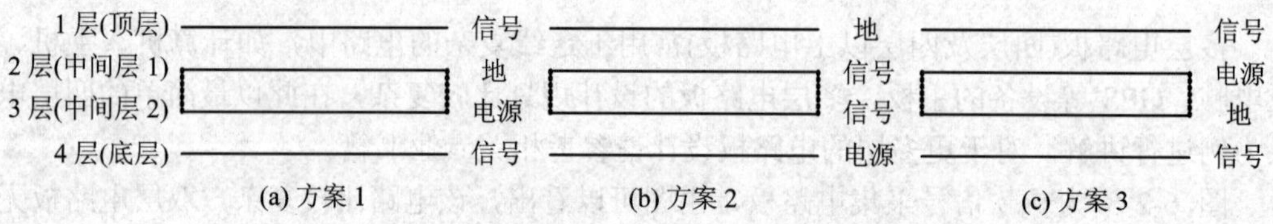

图 6-2-7　四层电路板层排布方案

为了达到一定的屏蔽效果，试图把电源、地平面放在顶层(Top 层)和底层(Bottom 层)，即采用方案 2，该方案为了达到想要的屏蔽效果，至少存在以下缺陷：

(1) 电源、地平面相距过远，电源平面阻抗较大。

(2) 电源、地平面由于元件焊盘等影响，极不完整。

(3) 由于参考面不完整，信号阻抗不连续。

实际上对于多层电路板而言，一般大量采用表贴器件，对于器件越来越密的情况下，本排布方案中的电源、地平面几乎无法作为完整的参考平面，预期的屏蔽效果很难实现。方案 2 虽然使用范围非常有限，但在个别电路板中，有时反而是最佳层设置方案，应根据具体情况具体分析，不可机械式地照搬。

对于方案 3，它与方案 1 类似，适用于主要器件在底层(Bottom 层)布局或关键信号底层布线的情况。

对于更多层的电路板，可参考华为公司的设计建议：对于六层电路板，其层排布方案如表 6-2-1 所示，优选方案 3，可选方案 1，备用方案为方案 2、4。

表 6-2-1　六层电路板层排布方案

方案	1 层(顶层)	2 层	3 层	4 层	5 层	6 层(底层)
1	信号 1	地	信号 2	信号 3	电源	信号 4
2	信号 1	信号 2	地	电源	信号 3	信号 4
3	信号 1	地 1	信号 2	电源	地 2	信号 3
4	信号 1	地 1	信号 2	地 2	电源	信号 3

对于六层电路板，优先考虑方案 3，优选布线层信号 2 层，其次是信号 3 层、信号 1 层。主电源及其对应的地布在 4、5 层，层厚设置时，增大信号 2 层到电源层之间的间距，缩小电源层到地 2 层之间的间距(相应缩小地 1 层到信号 2 层之间的间距)，以减小电源平面的阻抗，减少电源对信号 2 层的影响。在成本要求较高时，可采用方案 1，优选布线层信号 1 层、信号 2 层，其次是信号 3 层、信号 4 层。与方案 1 相比，方案 2 保证了电源平面与地平面相邻，从而减少电源阻抗，但信号 1 层、信号 2 层、信号 3 层、信号 4 层全部裸露在外，只有信号 2 层才有较好的参考平面。对于局部、少量信号要求较高的场合，方

案 4 比方案 3 更适合，它能提供极佳的布线层(信号 2 层)。

对于八层电路板，其层排布方案如表 6-2-2 所示，优选方案 2、3，可选方案 1。

表 6-2-2　八层电路板层排布方案

方案	1 层	2 层	3 层	4 层	5 层	6 层	7 层	8 层
1	信号 1	地 1	信号 2	信号 3	电源	信号 4	地 2	信号 5
2	信号 1	地 1	信号 2	地 2	电源	信号 3	地 3	信号 4
3	信号 1	地 1	信号 2	电源 1	地 2	信号 3	电源 2	信号 4
4	信号 1	地 1	信号 2	电源 1	电源 2	信号 3	地 3	信号 4
5	信号 1	地 1	电源 1	信号 2	信号 3	地 2	电源 2	信号 4

对于单电源的情况下，方案 2 比方案 1 减少了相邻布线层，增加了主电源与对应地相邻，保证了所有信号层与地平面相邻，但其代价是牺牲一个布线层。对于双电源的情况，推荐采用方案 3。因为方案 3 兼顾了无相邻布线层、层压结构对称、主电源与地相邻等优点，但信号 4 层应减少关键布线。方案 4 因为无相邻布线层、层压结构对称，但电源平面阻抗较高，应适当加大 3、4 层之间和 5、6 层之间的层间距，缩小 2、3 层之间和 6、7 层之间的层间距。

方案 5 与方案 4 相比，保证了电源、地平面相邻，但信号 2 层、信号 3 层相邻，信号 4 层以电源 2 作为参考平面，对于底层关键布线较少以及信号 2 层、信号 3 层之间的线间串扰能控制的情况下，此方案可以考虑。

对于十层电路板，其层排布方案如表 6-2-3 所示，优选方案 2、3，可选方案 1、4。

表 6-2-3　十层电路板层排布方案

方案	1 层	2 层	3 层	4 层	5 层	6 层	7 层	8 层	9 层	10 层
1	信号 1	地 1	信号 2	信号 3	地 2	电源	信号 4	信号 5	地 3	信号 6
2	信号 1	地 1	信号 2	地 2	信号 3	地 3	电源	信号 4	地 4	信号 5
3	信号 1	地 1	信号 2	电源 1	信号 3	地 2	电源 2	信号 4	地 3	信号 5
4	信号 1	地 1	信号 2	地 2	电源 1	电源 2	地 3	信号 3	地 4	信号 4

方案 3 需扩大 3、4 层之间的间距；扩大 7、8 层之间的间距；缩小 5、6 层之间的间距。主电源及其对应地应置于 6、7 层。优选布线层为信号 2 层、信号 3 层、信号 4 层，其次为信号 1 层、信号 5 层。本方案适合信号布线要求相差不大的场合，兼顾了性能、成本，推荐使用。但需注意避免信号 2 层、信号 3 层之间的导线平行、长距离布线。

方案 4 的 EMC 效果极佳，但与方案 3 比，牺牲了一个布线层。在成本要求不高、EMC 指标要求较高且必须是双电源层的关键单板的情况下，建议采用此种方案。优选布线层为信号 2 层、信号 3 层。

对于单电源层的情况，首先考虑方案 2，其次考虑方案 1。方案 1 具有明显的成本优势，但其相邻布线过多，难以控制。

以上层排布作为一般原则，仅供参考，具体设计过程中可根据需要的电源层数、布线层数、特殊布线要求信号的数量、比例以及电源、地的分割情况，结合以上排布原则灵活掌握。更多层的排布方法请参考相关书籍。

6.2.4　混合信号 PCB 分区设计

混合信号 PCB 的设计很难，元件的布局、布线以及电源和地线的处理将影响到电路性能和电磁兼容性能。如何降低混合信号电路(数字信号和模拟信号)的相互干扰呢？在设计之前必须了解电磁兼容(EMC)的两个基本原则：

(1) 尽可能减小电流回路的面积。

(2) 系统只采取一个参考面。

如果系统存在两个参考面，就有可能形成一个偶极天线(需注意的是，小型偶极天线的辐射大小与线的长度，流过电流的大小、频率成正比)；而如果信号不能由尽可能小的环路返回，就有可能形成一个大的环状天线(需注意的是，大型环状天线的辐射大小与环路面积，流过环路的电流大小及频率的平方成正比)。在设计中应该尽量避免。

有人建议将混合信号电路板上的数字地和模拟地分开，这样能实现数字地与模拟地之间的隔离。简单的地线分割如图 6-2-8 所示。尽管这种方法可行，但是存在很多潜在的问题，在复杂的大系统中问题尤其突出。一旦跨越分割间隙布线，电磁辐射和信号串扰会急剧增加。在 PCB 设计中最常见的问题就是因信号线跨越分割地或电源而产生 EMI 问题。

图 6-2-8 所示的分割方法中信号线跨越了两地之间的间隙，那么信号返回的路径是什么呢？假定被分割的两个地在某处连在一起(通常情况下是在某个位置单点连接)，在这种情况下，地电流将形成一个大的环路。流经大环路的高频电流会产生辐射和很高的地电感，如果流过环路的是低电平模拟电流，该电流很容易受到外部信号干扰。最糟糕的是当把被分割的地和电源连接在一起时，将形成一个非常大的电流环路。另外，模拟地和数字地由一个长导线连接在一起会构成偶极天线。

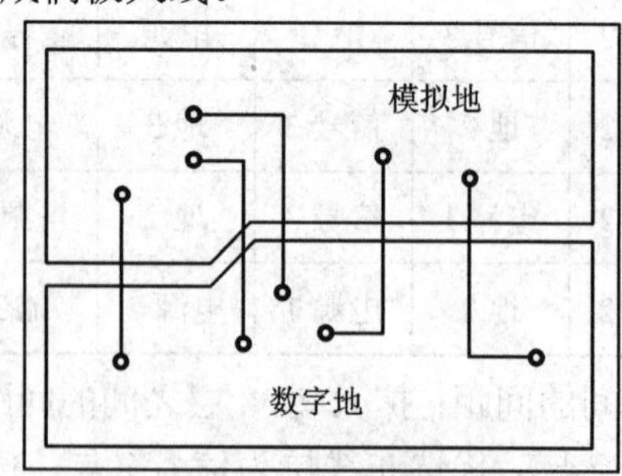

图 6-2-8　简单的地线分割

了解电流回流到地的路径和方式是能否最佳化混合信号电路板设计的关键，不能仅仅考虑信号从何处流过，而忽略了电流的具体的路径。

如果必须对地线层进行分割，而且必须由分割之间的间隙布线，可以先在被分割的地之间进行单点连接，形成两个地之间的连接桥，然后由该连接桥布线。这样在每一个信号线的下方都能够提供一个直接的电流回流路径，从而使形成的环路面积很小，合理的地线分割如图 6-2-9 所示。

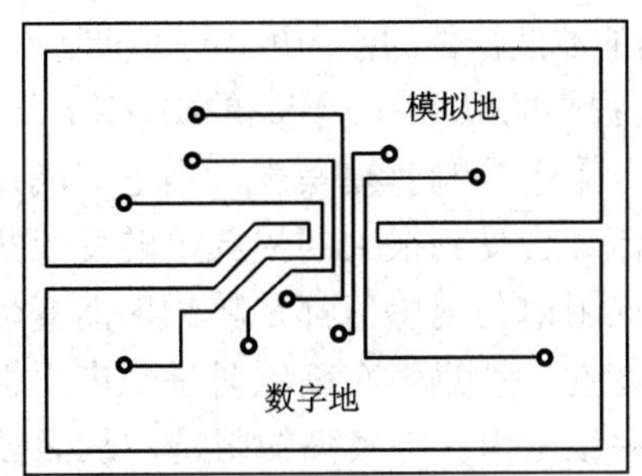

图 6-2-9　合理的地线分割

混合信号 PCB 设计是一个复杂的过程，设计过程要注意以下几点：

(1) 将 PCB 分区为独立的模拟部分和数字部分。

(2) 合适的元件布局。

(3) A/D 转换器跨分区放置。

(4) 不要对地进行分割，在电路板的模拟部分和数字部分下面设统一的地。

(5) 在电路板的所有层中，数字信号只能在电路板的数字部分布线，模拟信号只能在电路板的模拟部分布线。

(6) 实现模拟部分和数字部分电路电源分割。

(7) 布线不能跨越分割电源面之间的间隙。

(8) 跨越分割电源之间间隙的信号线要位于紧邻大面积接地的布线层上。

(9) 分析返回地的电流实际流过的路径和方式。

(10) 采用正确的布线规则。

6.3　滤　　波

在 PCB 设计中，滤波既包括专门的信号滤波器的设计，也包括大量电源滤波电容的使用。在电路中，滤波是必不可少的，一方面，通过其他方式并不能完全抑制进出设备的传导噪声，当电气信号进出设备时，必须进行有效地滤波；另一方面，集成芯片的输出状态的变化或其他原因会使芯片供电电源上产生一定的噪声，并影响该芯片本身或其他芯片的正常工作。

6.3.1　滤波器件

常用的滤波器件有很多种，包括电阻、电感、电容、铁氧体磁珠等，其使用方法分述如下：

(1) 电阻不能单独用来做滤波的用途，它一般与电容结合起来组成 *RC* 滤波网络使用。电阻中由于引线电感(ESL)与寄生电容的存在，电阻的高低频特性有很大的差异，这一点在设计滤波器时应该加以注意。

(2) 电感中由于引线电阻(ESR)和寄生电容的存在，使电感存在一个自谐振频率 f_C，电感在低于 f_C 的频率范围内表现为电感的特性，但在高于 f_C 的频率范围内，则表现为电容的特性。这是在计算滤波器的插入损耗时尤其需要注意的地方。

(3) 电容是在滤波电路中最为常用的器件，常与电阻、电感配合使用。

(4) 铁氧体磁珠也是常用的滤波器件。用于电磁噪声抑制的铁氧体是一种磁性材料，由铁、镍、锌氧化物混合而成，具有很高的电阻率，较高的磁导率(约为 100～1500 H/m)。铁氧体磁珠串接在信号或电源通路上，用于抑制差模噪声。当电流流过铁氧体时，低频电流几乎可以无衰减地流过，但高频电流却会受到很大的损耗，转变成热量散发。铁氧体磁珠可以等效为电阻与电感的串联，但电阻值与电感值都是随频率而变化的。铁氧体磁珠与普通的电感相比具有更好的高频滤波特性。铁氧体在高频时呈现电阻性，相当于品质因数很低的电感器，所以能在相当宽的频率范围内保持较高的阻抗，从而提高高频滤波效能。

共模电感插入传输导线对中，可以同时抑制每根导线对地的共模高频噪声。通常的做法是把两个相同的线圈绕在同一个铁氧体环上，铁氧体磁损较小，该绕制方法使得两线圈在流过共模电流时磁环中的磁通相互叠加，从而具有相当大的电感量，对共模电流起到抑制作用，而当两线圈流过差模电流时，磁环中的磁通相互抵消，几乎没有电感量，因此差模电流可以无衰减地通过。

6.3.2 滤波电路

在 EMC(电磁兼容性)设计中，滤波的作用基本上是衰减高频噪声，因此滤波器通常都设计为低通滤波器。滤波电路的典型结构形式如图 6-3-1 所示。

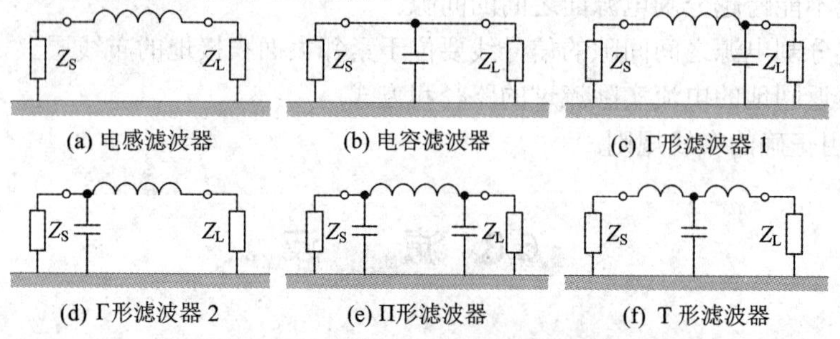

图 6-3-1 滤波电路的典型结构形式

图 6-3-1(a)为电感滤波器，适用于高频时的源阻抗和负载阻抗较小的场合；图 6-3-1(b)为电容滤波器，适用于高频时的源阻抗和负载阻抗较大的场合；图 6-3-1(c)和(d)为 Γ 形滤波器，前者适用于高频时的源阻抗较小、负载阻抗较大的场合，后者适用于高频时的源阻抗较大、负载阻抗较小的场合；图 6-3-1(e)为 Π 型滤波器，适用于高频时的源阻抗与负载阻抗均较大的场合；图 6-3-1(f)为 T 型滤波器，适用于高频时的源阻抗与负载阻抗都比较小的场合。

还有一种经常应用的滤波器是电源用 EMI(电磁干扰)滤波器，其结构形式如图 6-3-2 所示。

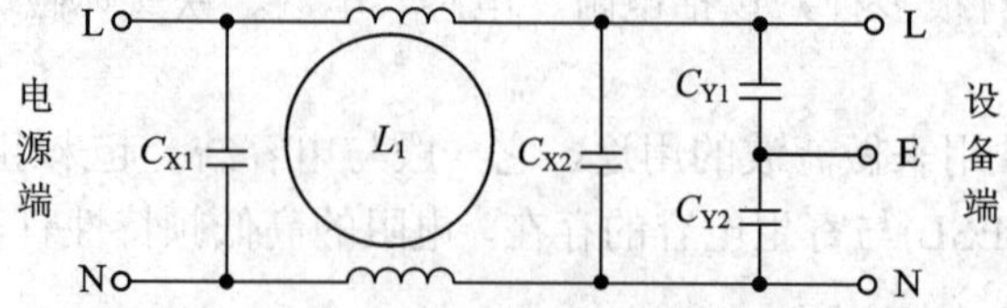

图 6-3-2 电源用 EMI 滤波器的结构形式

图 6-3-2 中，L_1 是共模扼流圈，它既通过其初级电感线圈实现差分滤波，又通过其次级电感线圈实现共模滤波。L_1、C_{X1} 和 C_{X2} 构成差分滤波网络，以滤除进线之间的噪声。L_1、C_{Y1} 和 C_{Y2} 构成共模滤波网络，以减小接线回路噪声和大地的电位差。

滤波电路在布线时必须注意以下问题：

(1) 滤波电路的地应该是一个低阻抗的地，同时，不同的功能电路之间不能存在共地阻抗。

(2) 滤波电路的输入输出不能相互交叉走线，应该加以隔离。

(3) 在滤波电路的设计中，信号路径尽量短、简洁，尽量减小滤波电容的等效串联电感和等效串联电阻。

(4) 接口滤波电路应该尽量靠近接插件。

6.4 屏　蔽

屏蔽是电磁兼容设计中常用的方法，它主要有两个目的：第一是为了防止产品的电子电路或部分电子电路辐射发射到产品边缘外面，屏蔽既可避免产品不符合辐射发射的限值，又可防止导致产品对其他电子产品的干扰；第二是为了防止产品外部的辐射发射耦合到产品内部的电子电路上，导致产品内部的干扰。

在电子设计中，常见的屏蔽方法有两种：一种是模块式屏蔽；另一种是重要信号走线的屏蔽。模块式屏蔽如图 6-4-1 所示，图 6-4-1(a)为不同模块部分分别加金属屏蔽壳的电路板，这样可以保证不同模块之间不会相互干扰。图 6-4-1(b)为卸掉屏蔽壳的电路板，由电路板可以看出，不同模块按区域划分开，区域边缘通过地线包围，将金属壳焊接在上面形成完整的屏蔽。

(a) 加屏蔽壳的电路板

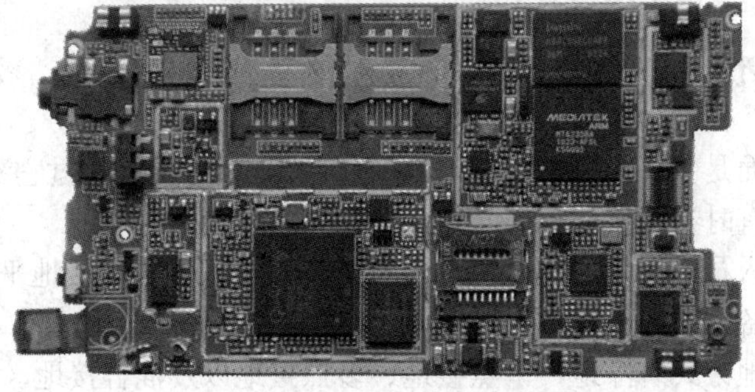

(b) 卸掉屏蔽壳的电路板

图 6-4-1　模块式屏蔽

重要的信号线屏蔽示意图如图 6-4-2 所示，图中将关键的信号线两边各加一条地线，目的在于为关键信号提供一个低电感的对地回路，从而减少相邻线之间的串扰、传导及辐射的影响。但在增加了地线的同时，也改变了信号的电磁场分布，降低了信号线的阻抗。

图 6-4-2　重要的信号线屏蔽示意图

随着地线到信号线之间距离的增大，地线对信号线阻抗的影响逐渐减弱。地线对信号线阻抗的影响随着两者之间间距的增大而增强，这是由于随着信号线到地线距离的增大，信号线到地线的耦合逐渐减弱造成的。

屏蔽地线的线宽对信号的阻抗影响不是单调的，且对信号的影响较弱。随着屏蔽地线线宽从 4 mil 变化到无穷大，相应的阻抗变化只是在 1 Ω 内摆动。因此在进行 PCB 设计时，为了节省布线空间，可以用较细的地线作为屏蔽。

6.5 接　地

接地是抑制电磁干扰、提高电子设备 EMC 性能的重要手段之一。正确地接地既能提高产品抑制电磁干扰的能力，又能减少产品对外的 EMI 辐射。

6.5.1　接地的含义

电子设备的“地”通常有两种含义：一种是“大地”(安全地)；另一种是参考地(又称为系统基准地、信号地)。接地是指在系统与某个电位基准面之间建立低阻的导电通路。接“大地”是指以地球的电位为基准，并以大地作为零电位，把电子设备的金属外壳、参考地与大地相连接。把接地平面与大地连接，往往是出于以下几点考虑的：

(1) 提高设备电路系统工作的稳定性。

(2) 静电泄放。

(3) 为操作人员提供安全保障。

6.5.2　接地的分类

理想的接地平面是一个零电位的物理体，任何干扰信号电平通过它都不会产生电压降。实际的接地平面，有时在两接地点要产生几微伏甚至更大的电位差。

对于电子设计人员，应考虑和分析地电位的分布，以便寻找接地平面上的低电平点，作为敏感电路或设备的接地点。

通常采用的接地方式有浮地、单点接地、多点接地以及混合接地，分述如下：

(1) 浮地是指设备地线系统在电气上与大地绝缘的一种接地方式。它的目的是将电路(或设备)与公共地或可能引起环流的公共导线隔离开来，为了消除静电积累的影响，需要在设备与大地之间接进一个阻值很大的泄放电阻。由于浮地自身的一些缺点，不太适合于一般的大系统中，其接地方式很少采用。

(2) 当电路在低频工作时(即当地线长度小于工作频率的 $\lambda/20$ 时)一般采用单点接地。

(3) 当地线长度大于 0.15λ 时，采用多点接地。

(4) 对于工作频率范围很宽的电路，考虑采用混合接地。

(5) 对于射频电路接地，要求接地线尽量要短或者大面积接地。

1. 单点接地

单点接地是指在整个系统中，只有一个物理点被定义为接地参考点，其他各个需要接地的点都连接到这一点上，如图 6-5-1 所示。

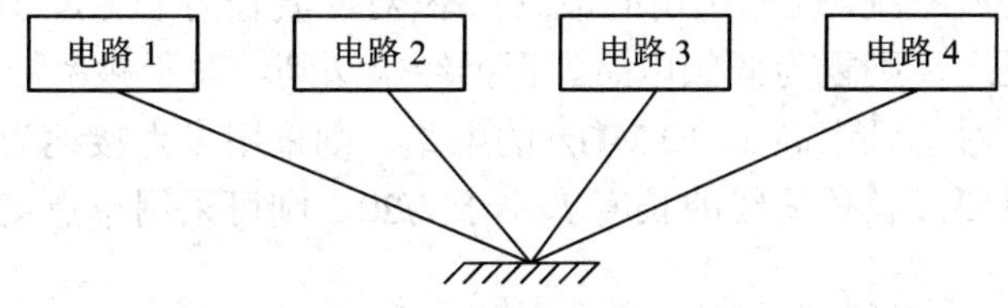

图 6-5-1　单点接地

单点接地适用于频率较低的电路(1 MHz 以下)。若系统的工作频率很高，以致在工作波长与系统接地引线的长度可比拟时，单点接地方式就有问题了。当地线的长度接近于 1/4 波长时，它就像一根终端短路的传输线，地线的电流、电压呈驻波分布，地线变成了辐射天线，而不能起到“地”的作用。为了减少接地阻抗，避免辐射，地线的长度应小于 $\lambda/20$。在电源电路的处理上，一般可以考虑单点接地。对于具有大量数字电路的电路板中，由于其含有丰富的高次谐波，一般不建议采用单点接地方式。

2. 多点接地

多点接地是指设备中各个接地点都直接接到距它最近的接地平面上，以使接地引线的长度最短。接地线要短而直，禁止交叉重叠，以减少公共地阻抗所产生的干扰。

多点接地电路结构简单，接地线上可能出现的高频驻波现象显著减少，适用于工作频率较高的(大于 10 MHz)场合。但多点接地可能会导致设备内部形成许多接地环路，从而降低设备对外界电磁场的抵御能力。在多点接地的情况下要注意地线环路问题，尤其是不同的模块、设备之间的组网。

理想地线应是一个零电位、零阻抗的物理实体。但实际的地线本身既有电阻分量又有电抗分量，当有电流通过该地线时，就要产生电压降。地线会与其他连线(信号、电源线等)构成回路，当变电磁场耦合到该回路时，就在地的回路中产生感应电动势，并由地回路耦合到负载，从而构成潜在的 EMI 威胁。

3. 大面积接地

为减少地平面的阻抗，达到良好的接地效果，要遵守以下规则：

(1) 射频 PCB 的接地的要求是大面积接地。

(2) 在微带印制电路中，底面为接地面，必须确保完整的地平面。

(3) 由于集肤效应的存在，可将地平面镀金或镀银，提高导电性能，以降低地线阻抗。

(4) 使用紧固螺钉，使其与屏蔽腔的腔体紧密结合。

4．射频器件接地

表贴射频器件和滤波电容需要接地时，为减小器件接地电感，要求如下：

(1) 每个焊盘至少要有两根花盘脚接铺地铜皮；如果工艺上允许，则采用全接触方式接地。

(2) 用至少两个金属化过孔在器件管脚旁就近接地。

(3) 增大过孔孔径和并联若干过孔。

(4) 有些元件的底部是接地的金属壳，要在元件的投影区内加一些接地孔，表面层的投影区内没有绿油。

5．接地方式的一般选取原则

对于给定的设备或系统，在所选用的最高频率(对应波长为 λ)上，当传输线的长度 $L>\lambda$，则视为高频电路；反之，则视为低频电路。根据经验法则，对于频率低于 1 MHz 的电路，采用单点接地较好；对于频率高于 10 MHz 的电路，则采用多点接地为佳。对于介于两者之间的频率而言，只要最长传输线的长度 L 小于 $\lambda/20$，则可采用单点接地以避免公共阻抗耦合。

对于接地方式的一般选取原则如下：

(1) 低频电路(小于 1 MHz)，建议采用单点接地。

(2) 高频电路(大于 10 MHz)，建议采用多点接地。

(3) 高频和低频混合电路，建议采用混合接地。

6.5.3　接地时应注意的问题

(1) 在工艺允许的前提下，缩短焊盘边缘与过孔焊盘边缘的距离。

(2) 在工艺允许的前提下，接地的大焊盘必须直接盖在至少 6 个接地过孔上。

(3) 当接地线需要走一定的距离时，应缩短接地线的长度不能超过 $\lambda/20$，以防止天线效应导致信号辐射。

(4) 除特殊用途外，不得有孤立铜皮，铜皮上一定要加地线过孔。

(5) 禁止地线铜皮上伸出终端开路的线头，在开路终端上加一个接地过孔即可。

(6) 输入端和输出端射频电缆屏蔽层，在 PCB 上的焊接点就在走线末端周围的地线铜皮上，焊接点要有不少于 6 个过孔接地，保证射频信号接地的连续性。

(7) 微带印制电路的终端单一接地孔直径必须大于微带线宽，或者采用终端大量成排密布小孔的方式接地。

(8) 射频双面 PCB，顶层为信号层，底面为地平面。如果没有非接地的过孔，则整个底面都不要绿油，为了进一步减小地阻抗，整个板紧贴在屏蔽腔的底面上。对于多层电路板地线的排布，请参考 6.2.3 节。

6.6　抗干扰措施选择

在实际的设计中，对使用电磁干扰抑制技术的要求是各不相同的，除了要根据具体的场合、可实现性、经济性及其他的具体因素来确定，同时还取决于电磁干扰出现在整个产品周期的哪个阶段：研发阶段、生产阶段、改进阶段还是现场使用阶段。

通常可将耦合机制分为以下三大类：

(1) 传导耦合：干扰源和被干扰对象通过电源线、信号线或接地线相连。

(2) 辐射耦合：干扰源通过空间传播将干扰耦合到被干扰对象。

(3) 串扰：在干扰源和被干扰对象之间不存在直接的连接，但在它们的各自导线或引线互相靠近时会产生寄生电容和寄生电感。

表 6-6-1 给出了根据耦合类型确定的采用抗干扰措施的场合。

表 6-6-1　采用抗干扰措施的场合

采用抗干扰措施的场合	措施的主要效果		
	传导耦合	串扰	辐射耦合
(1) 干扰源			
① 将发射的频谱严格限制在设计指标内			
◆ 干扰源电路输出的去耦/滤波	√	√	√
◆ 选择有更慢的上升时间、更小的 d*U*/d*t* 或 d*i*/d*t* 的技术	√	√	√
② 减少干扰源电路的环形面积			√
③ 消除由机箱缝隙、开口引起的干扰			√
④ 屏蔽源端器件			√
⑤ 使用瞬态抑制器	√		√
⑥ 改变源端工作频率	√	√	√
(2) 耦合通道			
① 沿着耦合通道的路径在 I/O 电缆(源或受害电路的)使用高频滤波，最好在设备或系统前端	√	√	√
② 使用共模衰减技术			
◆ 平衡式传输	√	√	√
◆ 浮离	√	√	√
◆ 隔离变压器	√	√	√
◆ 铁氧体	√	√	√
◆ 光电隔离等	√	√	√
③ 使用双绞线或(和)屏蔽电缆以及屏蔽连接器		√	√
④ 金属走线槽道、铠装电缆或金属带		√	√
⑤ 减小公共接地阻抗(0 V、底座、接地)	√		
⑥ 减小内部连接电缆的环形尺寸		√	√

续表

⑦ 提高干扰源或被干扰设备机壳的屏蔽			√
⑧ 在源或被干扰电路处使用屏蔽室			√
⑨ 将电缆分束		√	
(3) 接收器			
① 将带宽严格限制在设计指标内	√	√	√
② 在输入端加去耦/滤波	√	√	√
③ 降低输入阻抗	√	√	√
④ 减小接收机的环形面积(包括使用多层电路板)			√
⑤ 屏蔽接收元件			√
⑥ 使用瞬态抑制器	√		√
⑦ 改变工作频率	√	√	√

某些措施需要对仪器及其安装做很大的改动，而某些措施只是需要重新改动元器件或电缆的位置即可。

当一个产品设计完成以后，不提倡再进行以下的重大改动：

(1) 由塑料壳改为金属壳。

(2) 将一个噪声逻辑系列换成一个无噪声逻辑系列。

(3) 将一个单极性的传输改成差动式的。

实际上，必须针对已存在的问题进行处理和改进。有时电磁兼容性的措施并未得到充分利用，但通常也可能就没有相关的可用措施。以下是一些简单的处理方法：

(1) 外壳等级：如果是塑料壳的，则可以通过喷铜漆或喷镍漆将外壳变成金属壳。但如果是金属壳，在其裂缝、补缝、进出电线、容器等开口处，可以通过垫圈将射频信号屏蔽。

(2) 逻辑干扰：过大的尖峰干扰可以通过 *RC* 或铁氧体滤波器来滤除。

(3) 传输连接：单级传输连接可以不用改变驱动器/接收器对，只需通过加入平衡变压器等变成差动式传输即可。

当 EMI 问题发生在现场时，选择抗干扰措施将更加困难，因为在现场情况下不能对产品内部做很大的改动。只有改变设备的外部才是可行的，如通过改变外部滤波器、进行电缆保护或改变位置等方式进行改变。

✦✦✦✦ 习　题 ✦✦✦✦

1. 电容按功能分可以分为哪几种？
2. 简述在单层电路板设计时需要注意哪些问题。
3. 简述在多层电路板设计时需要注意哪些问题。

4．简述电磁兼容(EMC)的两个基本原则。

5．简述在混合信号 PCB 设计时需要注意哪些问题。

6．常用的滤波器件有哪些？

7．简述滤波电路在布线时必须注意哪些问题。

8．简述在电路设计中使用屏蔽的目的。

9．简述在电路设计中常用的屏蔽方法。

10．简述接地的含义以及接地的分类。

11．简述在大面积接地时为减少地平面的阻抗要遵守哪些规则。

12．简述接地方式的一般选取原则。

13．耦合机制分为哪几类？

14．简述接地时应注意哪些问题。

15．简述在产品设计完成后我们一般不提倡哪些重大改动。

第 7 章　电路板设计规范

电路板设计中需注意的事项在前几章已有所涉及，为了使读者进一步完整地了解电路板设计流程和设计规则，本章将对一些常见的规则和工艺要求按照电路板设计流程进行较完整的讲述。

7.1　设计 PCB 前的准备

在设计电路板前，需完整无误地画出电路原理图。对原理图的要求如下：

(1) 需保证原理图符号正确无误，建议使用国标符号，亦可使用国际通用符号，但必须完整表达元件意义。例如，在场效应管内部有续流二极管的，则必须将该二极管和场效应管作为一个符号画出，不可只画一个场效应管代替，或者画一个场效应管和一个二极管。元件符号的正确画法如图 7-1-1(a)所示，图 7-1-1(b)和图 7-1-1(c)所示的两种方法都是错误的，无法准确描述一个元件。

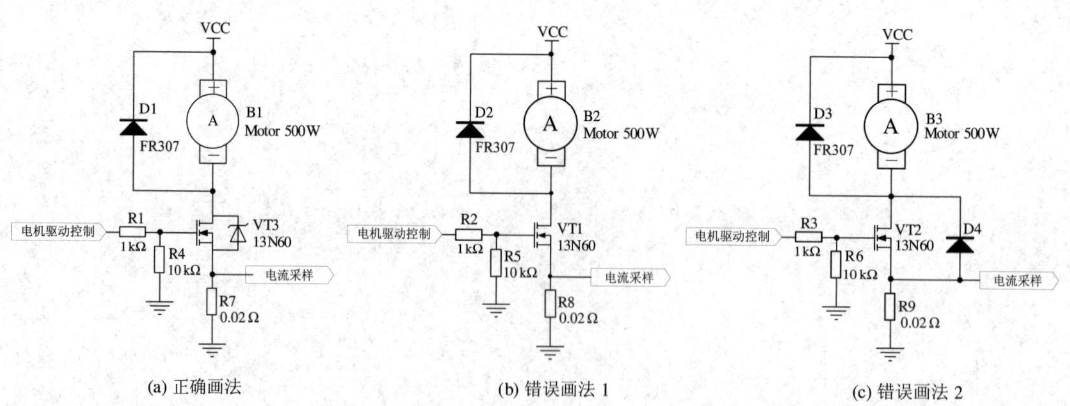

图 7-1-1　元件符号的正确画法

(2) 需保证连线正确，特别是交叉走线，在不该有节点的地方不可有节点，在该有节点的地方必须放置节点。需特别注意的是，新版本的 Altium Designer 软件会自动消除产生的节点，即在“T”字形连接处会自动产生节点；当在“T”字形节点处继续放置走线，使其形成“十”字形时，自动产生的节点会消除，而旧版本的 Protel 软件不存在该问题。在新版本软件中遇到这种情况时，需手工放置节点，即单击“放置”→“手工节点”命令放置。

(3) 需保证使用封装正确，即使用能够购买到的元器件的封装，封装时尽量使用软件库中自带的封装，如果没有，可使用第 4 章的方法进行设计，但必须保证设计的封装尺寸与数据手册中给的尺寸一致。

(4) 需保证元器件性能达到电路设计的要求，特别是特殊应用场合的电路，对元件的性能可能有特殊的要求，如军品中，对元器件的温度范围要求很宽，一般的商用元件无法达到其温度要求，即使其他性能没有问题，也不可使用。

除了必须保证原理图正确无误外，还需考虑如下问题。

(1) 外壳设计问题：外壳的设计与元件的布局直接相关，在布局前，必须提供 PCB 大致布局图或重要单元、核心电路的摆放位置图。提供 PCB 图，应标明 PCB 外形、安装孔、定位元件、禁布区等相关信息。

(2) 电路中大电流问题：需考虑 1 A 以上大电流元件及网络的布置、线宽、散热、阻抗、回路等问题。

(3) 重要信号问题：重要的时钟信号、差分信号以及高速数字信号的布局、布线的处理。模拟小信号等易被干扰信号的保护、放大处理。

(4) 特殊布线问题：差分信号、需屏蔽网络、特性阻抗网络、等延时网络等电路的布线处理。

(5) PCB 特殊要求问题：特殊元件的禁止布线区、锡膏偏移、阻焊开窗以及其他结构的特殊要求。

7.2 设计流程

7.2.1 规定元件的封装

对元件的封装要求主要有如下几点：

(1) 打开网络表，将所用封装浏览一遍，确保所有元件的封装都正确无误并且元件库中包含所有需要元件的封装，网络表中所有信息全部大写，以免导入时出现问题。Protel 软件在将原理图导入 PCB 时默认生成网络表，而 Altium Designer 软件会直接将原理图导入 PCB，默认不生成网络表，如需查看，需要按照第 3 章的方法生成网络表。

(2) 标准元件全部采用统一元件库中的封装，建议读者将已在其他设计中使用过准确无误的封装单独提取出来，作为自己一个专用的元件库，在以后设计时采用，以免封装混杂而调出错误的封装。

(3) 设计单面板所使用元器件的封装，应考虑焊盘和过孔与双面板所使用封装的差异，笔者建议设计成不同的封装库，便于设计不同类型的电路板时调用。

(4) 元件库中不存在的封装，应根据元件的 DataSheet 文件和实物设计封装，并以 1:1 的比例打印出与实物进行对比，保证设计正确。

7.2.2 建立 PCB

对于建立 PCB 的主要要求如下：

(1) 根据 PCB 图、外壳设计图或相应的模板建立 PCB 文件，包括安装孔、禁布区、元件高度限制区等相关信息。

(2) 尺寸标注。在钻孔层中应标明 PCB 的精确尺寸，且不可以形成封闭尺寸标注，在电路板制作时允许有公差。

(3) 用于机器焊接的电路板，应留出机器焊接所需的边条，通常在电路板两边加宽至少 3 mm，如有需要可画出微裁线。

(4) 当电路板中需要铣槽时，需要考虑槽的宽度，且与电路板的板厚度相关，过细则无法铣出，建议与 PCB 厂家联系进行确认。

(5) 在需要放置特定元件的地方画出标识，如按键、显示屏、功率元件等。

7.2.3 载入网络表

导入网络表并排除所有导入问题。常见的导入问题有：

(1) 找不到元件封装，或找不到元件封装所在的位置。

(2) 元件封装的引脚数与原理图中的元件引脚数不符。

(3) 元件封装调用的不是想要的库里的封装，这是因为用户设计的封装与标准库的有差异，如本书设计的 0603 封装要比库里的标准封装略大一些，这样便于手工焊接(机器焊接时，还是库里自带的封装比较好，焊锡饱满度较高)，而由于封装重名，原理图有默认调用库，如果找不到默认调用库，则会调用同一工程中打开的元件封装库。如果这两个库的封装存在差异，就可能会出错。

如果使用 Altium Designer 软件或 Protel 软件，网络表须载入两次以上，且两次均没有任何提示信息，才可以确认载入无误。因为在设计原理图库时，有可能将该元件某个引脚定义为连接到某个网络，而在原理图中又会连接其他网络，则在将原理图导入 PCB 图时，会来回更改且无错误提示信息，需特别注意。常见的是 74 系列元件的电源和地引脚，在 Altium Designer 软件提供的库中，默认接 VCC 和 GND 网络，如果在画电路原理图时，将该电源引脚接 +5 V，则就会存在上述问题，读者可亲自体验一下，加深理解。

7.2.4 布局 PCB

布局 PCB 的主要步骤如下所述。

(1) 首先要确定参考点。一般参考点都设置在左边和底边的边框线的交点(或延长线的交点)或电路板的插件的第一个焊盘上。

(2) 当参考点被确定以后，元件布局、布线均以此参考点为准。布局推荐使用 25 mil 的网格。

(3) 根据要求，先将所有有定位要求的元件固定并锁定，如按键的位置，散热元件的位置，接插件的位置等。

(4) 布局的基本原则已在第 5 章中讲解，在此再简单总结如下：

① 遵循先难后易、先大后小的原则。

② 布局可以参考原理图的布局，根据信号流向规律放置主要元件。

③ 连线应尽可能短，关键信号线最短。

④ 强信号、弱信号、高电压信号和弱电压信号要完全分开。

⑤ 高频元件的间隔要充分。

⑥ 模拟信号、数字信号分开。

(5) 相同结构电路部分应尽可能采取对称布局，便于查找对比。

(6) 按照均匀分布、重心平衡、版面美观的标准来优化布局。

(7) 同类型的元件应该在 *X* 或 *Y* 轴方向上一致。同一类型的有极性分立元件也要力争在 *X* 或 *Y* 轴方向上一致，以便于生产和调试。

(8) 元件的放置要便于调试和维修，大元件边上不能放置小元件，需要调试的元件周围应有足够的空间。发热元件应有足够的空间以利于散热。热敏元件应远离发热元件。

(9) 双列直插元件相互的距离要大于 2 mm。BGA 与相邻元件距离大于 5 mm。阻容等小体积贴片元件相互距离大于 0.7 mm。贴片元件焊盘外侧与相邻插装元件焊盘外侧要大于 2 mm。压接元件周围 5 mm 不可以放置插装元件。焊接面周围 5 mm 内不可以放置贴装元件。

(10) 集成电路的去耦电容应尽量靠近芯片的电源脚，以最靠近高频电路为原则，使之与电源和地之间形成的回路最短。

(11) 旁路电容应均匀分布在集成电路周围。

(12) 在布局元件时，使用同一种电源的元件应尽量放在一起，以便于将来的电源分割。

(13) 用于阻抗匹配目的的阻容器件的放置，应根据其属性进行合理布局。对于多负载的终端匹配一定要放在信号的最远端进行匹配。

(14) 调整字符。所有字符不可以放置在焊盘上，要保证装配以后还可以清晰地看到字符信息。所有字符在 *X* 或 *Y* 轴方向上应一致。字符、丝印大小要统一。

(15) 放置 PCB 的 Mark 点，便于机器贴装定位，对于多引脚的表贴元件，必须在其边上再放置一个 Mark 点，提高定位的精度。

(16) 放置其他重要标志，如在电路板高压部分放置“⚠”标志，提醒电路板调试维修人员注意安全。

7.2.5　设置规则

1．层顺序的安排

在第 6 章中已讲解其安排方法，在此再提及几个常用的排布技巧：

(1) 在高速数字电路中，电源与地层应尽量靠在一起，中间不安排布线。所有布线层都尽量靠近一个平面，优先选择地平面作为隔离层。

(2) 为了减少信号之间的干扰，相邻布线层信号走向应相互垂直，如果无法避免同一方向，则应尽量避免相邻信号层同一方向的信号重叠。

(3) 可以根据需求设置几个阻抗层，阻抗层要按要求标注清楚，在此还需注意参考层的选择，将所有有阻抗要求的信号安排在阻抗层上。

2．线宽和线间距的设置

(1) 当信号平均电流比较大时，需要考虑线宽与电流的关系，不同厚度、宽度的铜箔所允许流过的电流如表 7-2-1 所示。

表 7-2-1　不同厚度、不同宽度的铜箔所允许流过的电流表

线宽/mm	电流/A		
	铜皮厚度为 35 μm 铜皮ΔT=10℃	铜皮厚度为 50 μm 铜皮ΔT=10℃	铜皮厚度为 70 μm 铜皮ΔT=10℃
0.15	0.20	0.50	0.70
0.20	0.55	0.70	0.90
0.30	0.80	1.10	1.30
0.40	1.10	1.35	1.70
0.50	1.35	1.70	2.00
0.60	1.60	1.90	2.30
0.80	2.00	2.40	2.80
1.00	2.30	2.60	3.20
1.20	2.70	3.00	3.60
1.50	3.20	3.50	4.20
2.00	4.00	4.30	5.10
2.50	4.50	5.10	6.00

提示：第 5 章中给了一个铜导线承受电流公式，与表 7-2-1 一致，均可作为参考，但表 7-2-1 更加直观。当铜导线通过较大电流时，铜箔宽度与载流量的关系应参考表中的数据降额 50%去选择使用。

(2) 信号线设定：单面板的密度越高，越倾向使用更细的线宽和更小的线间距。

(3) 电路工作电压：线间距的设置应考虑其介电强度。

(4) 在对可靠性要求较高时，应使用较宽的布线和较大的线间距。

(5) 有阻抗要求的信号线，应计算其线宽、线间距并选好参考层，且其压层顺序和层厚度一旦定下来就不可以再进行更改。

3. 过孔设置

(1) 过孔焊盘与孔径的关系表如表 7-2-2 所示。

表 7-2-2　过孔焊盘与孔径的关系表

孔径	0.15 mm	8 mil	12 mil	16 mil	20 mil	24 mil	32 mil	40 mil
焊盘直径	0.45 mm	24 mil	30 mil	32 mil	40 mil	48 mil	60 mil	62 mil

(2) BGA 表贴焊盘、过孔焊盘、过孔孔径的关系表如表 7-2-3 所示，根据具体情况结合 PCB 厂家的生产工艺设定更小节距的 BGA。

表 7-2-3　BGA 表贴焊盘、过孔焊盘、过孔孔径的关系表

BGA节距	50 mil	1 mm	0.8 mm	0.7 mm
BGA焊盘直径	25 mil	0.5 mm	0.35 mm	0.35 mm
过孔孔径	12 mil	8 mil	0.15 mm	0.15 mm
过孔焊盘直径	25 mil	24 mil	0.45 mm	0.35 mm
线宽/线间距	8 mil / 8 mil	6 mil / 6 mil	0.12 mm / 0.11 mm	0.12 mm / 0.11 mm

(3) 盲孔和埋孔。盲孔是连接表层和内层而不贯穿的过孔，埋孔是内层与内层连接，而表层看不到的过孔。这两种过孔尺寸可以参照普通过孔来设置。

应用盲孔和埋孔设计时应与 PCB 厂家取得联系，根据具体工艺要求来设定。

(4) 径厚比。电路板的板厚决定了该板的最小过孔，板厚孔径比应小于 10～12 mil。常见的电路板厚度与最小过孔的关系表如表 7-2-4 所示。

表 7-2-4　电路板厚度与最小过孔的关系表

电路板厚度	1.0 mm以下	1.6 mm	2.0 mm	2.5 mm	3.0 mm
最小过孔	8 mil	8 mil	8 mil	12 mil	16 mil
焊盘直径	24 mil	24 mil	24 mil	30 mil	32 mil

4. 测试孔

测试孔可以兼做导通孔使用，焊盘直径应不小于 25 mil，测试孔中心距应不小于 50 mil。测试孔应避免放置在芯片底下。

5. 特殊布线规则设定

特殊布线规则设定主要是指某些特殊区域需要用到不同于一般设置的布线参数。如某些高密度元件需要用到较细的线宽、较小的线间距和较小的过孔，某些网络的布线参数需要调整等。在布线前需要将所有规则加以设置和确认。

6. 平面的定义与分割

(1) 平面层一般用于电路的电源层和地层(参考层)，由于电路中可能用到不同的电源层和地层，需要对电源层和地层进行分隔，其分隔宽度要考虑不同电源之间的电位差，当电位差大于 12 V 时，分隔宽度大于 50 mil；反之，可选 20～25 mil，对于小面积电路板(如内存条)，可以使用小到 15 mil 宽的分割线。在条件允许的情况下，分隔线应尽量地宽。

(2) 平面分隔要考虑高速信号回流路径的完整性。

(3) 当高速信号的回流路径遭到破坏时，应当在其他布线层给予补偿。例如，可用接地的铜箔将该信号网络包围，以提供信号的地回路。

(4) 平面分割后，要确认没有形成孤立的分割区域，实际有效区域应足够宽。

7.2.6　PCB 布线

在进行 PCB 布线时应注意：

(1) 符合布线优先次序的以下几个原则。

① 密度疏松原则：从印制板上连接关系简单的器件着手布线，从连线最疏松的区域开始布线。

② 核心优先原则：例如，DDR、RAM 等核心部分应优先布线，类似信号传输线应提供专用层、电源、地回路。其他次要信号要顾全整体，不可以与关键信号相抵触。

③ 关键信号线优先原则：电源、采样信号、保护信号、模拟小信号、高速信号、时钟信号和同步信号等关键信号优先布线。

(2) 尽量为时钟信号、高频信号、敏感信号等关键信号提供专门的布线层，并保证其最小的回路面积。应采取手工优先布线、屏蔽和加大安全间距等方法，保证信号质量。

(3) 电源层和地层之间的 EMC 环境较差，应避免布置对干扰敏感的信号。

(4) 有阻抗控制要求的网络应布置在阻抗控制层上，相同阻抗的差分网络应采用相同的线宽和线间距。

7.2.7 PCB 布线的一般规则

1．环路最小规则

在布线时，信号线与其回路构成的环面积要尽可能小，如图 7-2-1 所示，环面积越小，对外的辐射越少，接收外界的干扰也越小。针对这一规则，在地平面分割时，要考虑到地平面与重要信号走线的分布，防止由于地平面开槽等带来的问题；在双层电路板设计中，在为电源留下足够空间的情况下，应该将留下的部分用参考地填充，且增加一些必要的过孔将双面信号有效连接起来。对一些关键信号，尽量采用地线隔离，对一些频率较高的设计，需特别考虑其地平面信号回路问题，建议采用多层电路板。

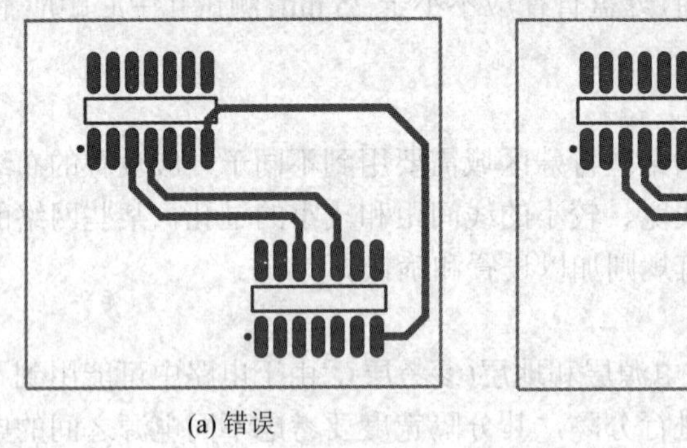

(a) 错误　　(b) 正确

图 7-2-1　环路最小

2．3W 规则

为了减少线间串扰，应保证线间距足够大，当线中心距不少于 3 倍线宽时，则可保持 70%的电场互相不干扰，称为 3W 规则，如图 7-2-2 所示。如要达到 98%的电场互相不干扰，可使用 10 W 规则。

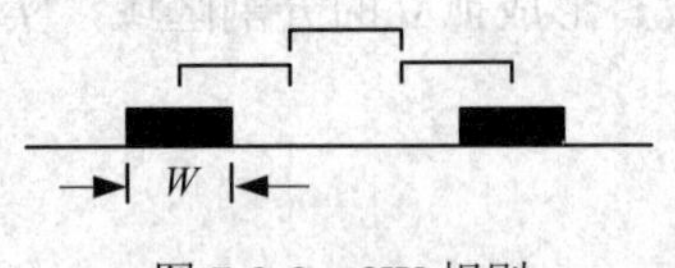

图 7-2-2　3W 规则

3．串扰控制

串扰是指 PCB 中不同网络之间因较长的平行布线引起的相互干扰，主要是由于平行线间的分布电容和分布电感的作用。克服串扰的主要措施是：

(1) 加大平行布线的间距，遵循 3W 规则。

(2) 在平行线间插入接地的隔离线。

(3) 减少布线层与地平面的距离。

4．屏蔽保护

屏蔽保护多用于一些比较重要的信号，如时钟信号、同步信号。对一些特别重要，频率特别高的信号，应该考虑采用同轴电缆屏蔽结构设计，即将所布的线上下左右用地线隔离，而且还要考虑如何有效地让屏蔽地与实际地平面结合，如图 7-2-3 所示。

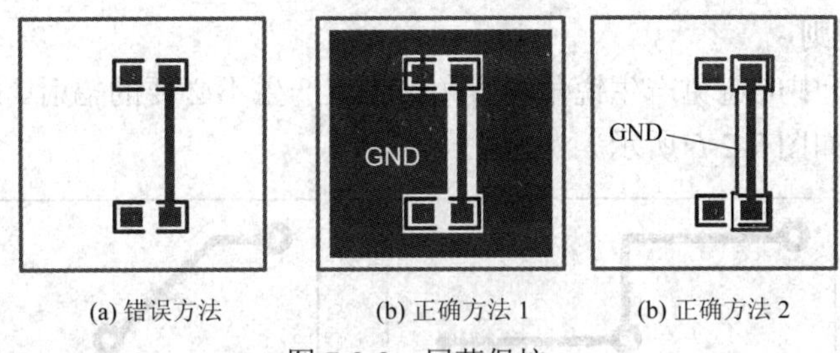

图 7-2-3　屏蔽保护

5．走线方向控制规则

相邻层的走线方向成正交结构，避免将不同的信号线在相邻层走成同一方向，以减少不必要的层间串扰；当由于板结构限制(如某些背板)而出现难以避免的情况，特别是信号速率较高时，应考虑用地平面隔离各布线层，用地信号线隔离各信号线。

6．走线的开环检查规则

一般不允许出现一端浮空的布线，主要是为了避免产生“天线效应”，减少不必要的干扰辐射和接收，避免带来不可预知的结果。

7．阻抗匹配检查规则

同一网络的布线宽度应保持一致，线宽的变化会造成线路特性阻抗的不均匀，当传输的速度较高时会产生反射，在设计中应该尽量避免这种情况。在某些条件下，如接插件引出线、BGA 封装的引出线等类似的结构时，可能无法避免线宽的变化，应该尽量减少中间不一致部分的有效长度。

8．走线闭环检查规则

防止信号线在不同层之间形成自环。在多层电路板设计中容易发生此类问题，自环将引起辐射干扰，如图 7-2-4 所示。

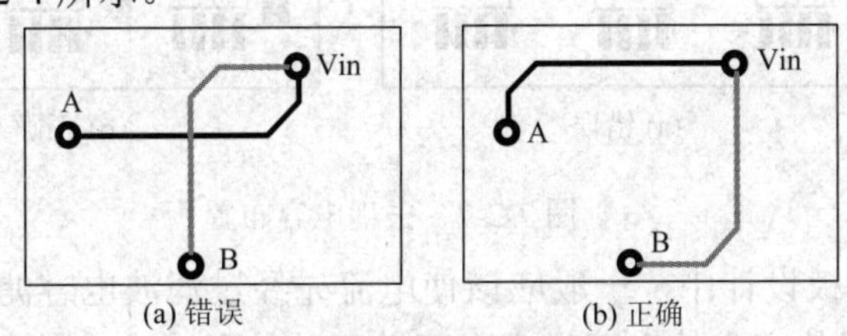

图 7-2-4　避免信号环路

9．走线最短规则

在设计时应该让布线长度尽量短，以减少走线长度带来的干扰问题，特别是一些重要信号线，如时钟线，务必将其振荡器放在离器件很近的地方，如图 7-2-5 所示。对驱动多个器件的情况，应根据具体情况决定采用何种网络拓扑结构。

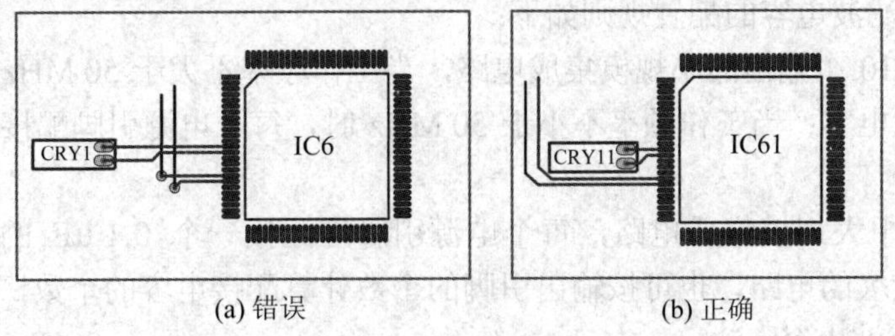

图 7-2-5　走线长度控制

10．倒角规则

在 PCB 设计中应避免产生锐角和直角，防止产生不必要的辐射。所有线与线的夹角应不小于 135°，如图 7-2-6 所示。

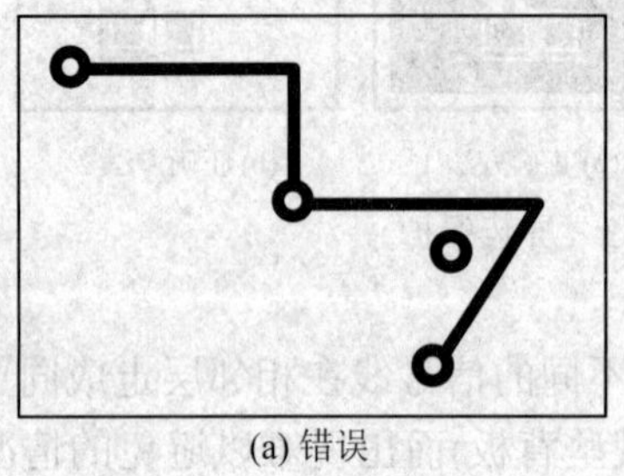

(a) 错误

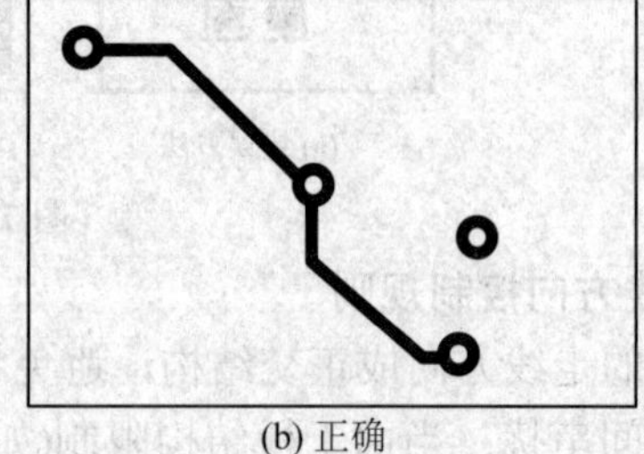

(b) 正确

图 7-2-6　走线倒角

11．器件去耦规则

(1) 在电路板上增加必要的去耦电容，滤除电源上的干扰信号，使电源信号稳定，在多层电路板中，对去耦电容的位置要求一般不太高，但对于双层电路板，去耦电容的布局及电源的布线方式将直接影响到整个系统的稳定性，有时甚至关系到设计的成败。去耦电容布置正确和错误图如图 7-2-7 所示。

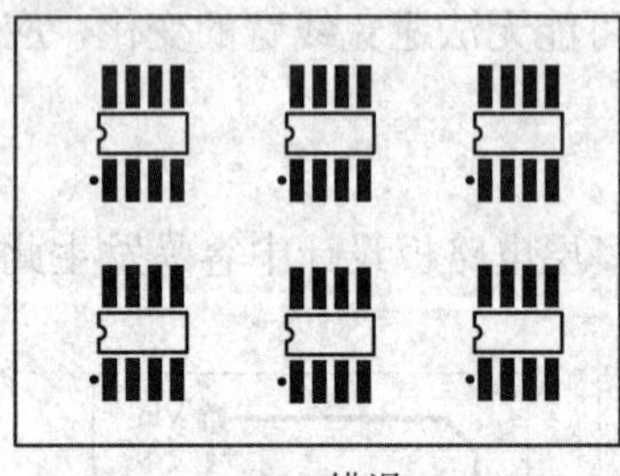

(a) 错误

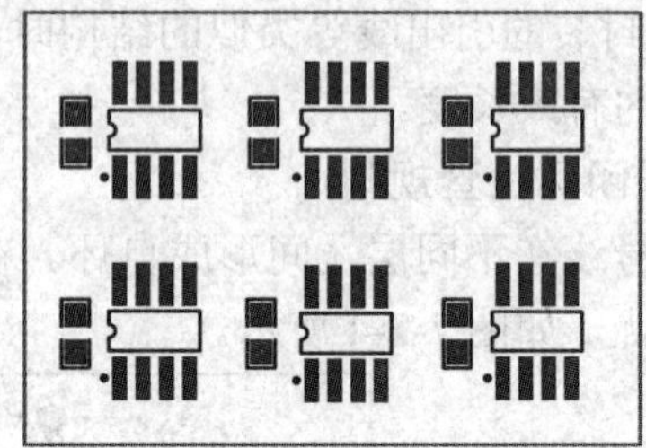

(b) 正确

图 7-2-7　去耦电容布置

(2) 在双层电路板设计中，一般应该使电流先经过滤波电容滤波再供器件使用，同时还要充分考虑由于器件产生的电源噪声对下游器件的影响。一般来说，采用总线结构设计比较好，在设计时还要考虑到由于传输距离过长而带来的电压跌落给器件造成的影响，必要时增加一些电源滤波环路，避免产生电位差。

(3) 在高速电路设计中，能否正确地使用去耦电容，关系到整个电路的稳定性。

12．滤波电容的配置规则(高速电路设计参考)

(1) 高频滤波电容的配置规则如下：

① 小于 10 个输出的小规模集成电路，当工作频率不大于 50 MHz 时，至少配接一个 0.1 μF 的滤波电容；当工作频率不小于 50 MHz 时，每个电源引脚配接一个 0.1 μF 的滤波电容。

② 对于中大规模集成电路，每个电源引脚应配接一个 0.1 μF 的滤波电容。对电源引脚冗余量较大的电路，也可按输出引脚的个数计算配接电容的个数，每 5 个输出配接一个 0.1 μF 的滤波电容。

③ 对没有源器件的区域，每 6 mm^2 至少配接一个 0.1 μF 的滤波电容。

④ 对于超高频电路，每个电源引脚配接一个 1000 pF 的滤波电容。对电源引脚冗余量较大的电路，也可按输出引脚的个数计算配接电容的个数，每 5 个输出配接一个 1000 pF 的滤波电容。

⑤ 专用电路可参照数据手册推荐的滤波电容配置。

⑥ 对于有多种电源存在的电路或区域，应对每种电源分别按①、②和③条配接滤波电容。

⑦ 高频滤波电容应尽可能靠近 IC 电路的电源引脚处。

⑧ 滤波电容引脚至需滤波 IC 芯片电源引脚的连线应采用不小于 0.3 mm 的粗线连接，互连长度应不大于 1.27 mm。

(2) 低频滤波电容的配置规则如下：

① 每 5 个高频滤波电容至少配接一个 10 μF 的低频滤波电容。

② 每 5 个 10 μF 的电容至少配接两个 47 μF 的低频滤波电容。

③ 每 100 mm^2 范围内，至少配接一个 220 μF 或 470 μF 的低频滤波电容。

④ 每个模块电源出口周围应至少配置两个 220 μF 或 470 μF 的电容，如果空间允许，应适当增加电容的配置数量。

⑤ 低频滤波电容应围绕被滤波的电路均匀放置。

13．器件布局分区/分层规则

器件布局分区/分层，主要是为了防止不同工作频率的模块之间的互相干扰，其分区/分层的规则是尽量缩短高频部分的布线长度，高速电路在最内部，用于处理高速信号，尽量减小对外干扰。

对于混合电路，也有将模拟电路与数字电路分别布置在印制板的两面，分别使用不同的层布线，中间用地层隔离的方式。

14．孤立铜区控制规则

孤立铜区也称为铜岛，它的出现将带来一些不可预知的问题，因此将孤立铜区与别的信号相连(通常为地)，有助于改善信号质量，如图 7-2-8 所示。通常是将孤立铜区接地或删除。在实际的制作中，PCB 厂家将一些板的空置部分增加了一些铜箔，这主要是为了方便电路板的加工，同时对防止电路板翘曲也有一定的作用。

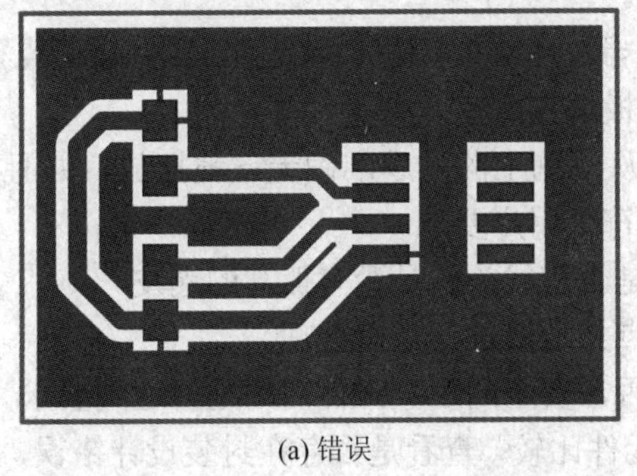

(a) 错误

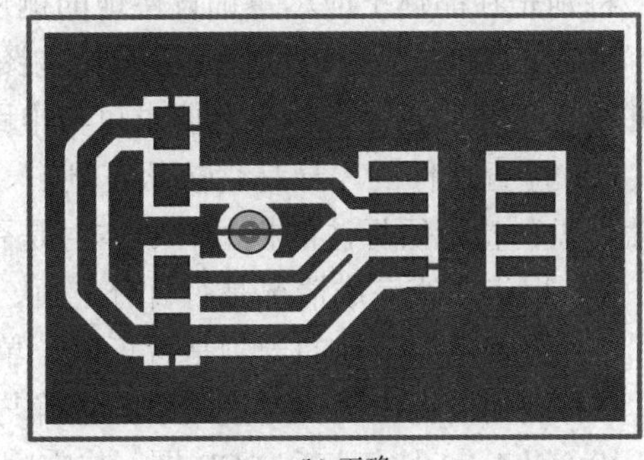

(b) 正确

图 7-2-8　孤立铜区接地

15. 电源与地线层的完整性规则

对于导通孔密集的区域，要注意避免孔在电源和地层的挖空区域相互连接，形成对平面层的分割，从而破坏平面层的完整性，导致信号线在地层的回路面积增大。

16. 重叠电源与地线层规则

不同电源层在空间上要避免重叠，主要是为了减少不同电源之间的干扰，特别是一些电压相差很大的电源之间的干扰，电源平面的重叠问题一定要设法避免，难以避免时可考虑在中间增加隔地层。

17. 20H 规则

由于电源层与地层之间的电场是变化的，在印制板的边缘会向外辐射电磁干扰，称为边缘效应。可以将电源层内缩，使得电场只在地层的范围内传导。以一个 *H* (电源层和地层之间的介质厚度)为单位，如果内缩 20*H*，则可以将 70%的电场限制在接地边沿内；内缩 100*H*，则可以将 98%的电场限制在内。20H 规则如图 7-2-9 所示。

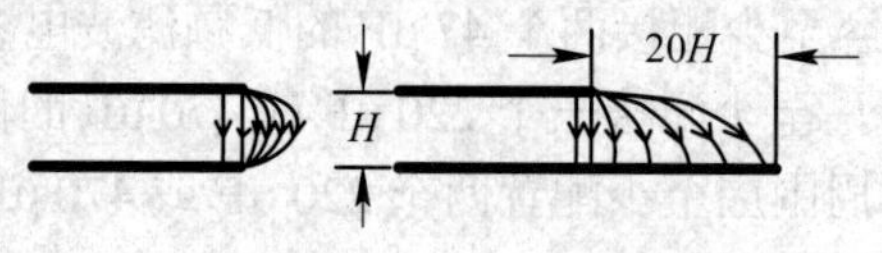

图 7-2-9 20H 规则

18. 5－5 规则

5－5 规则是电路板层数选择规则，即时钟频率到 5 MHz 或脉冲上升时间小于 5 ns，则 PCB 必须采用多层电路板，这是一般的规则。有时候出于成本考虑，在采用双层电路板结构时，最好将电路板的一面作为一个完整的地平面。

7.2.8 设计检查

在电路板设计完成后，需做以下的一些检查：

(1) 检查高频、高速、时钟及其他微弱信号线，是否回路面积最小、是否远离干扰源、是否有多余的过孔和绕线、是否有跨地层分割区。

(2) 检查是否有平行线过长，平行线是否尽量分开。

(3) 检查晶体、变压器、光耦、电源模块下是否有信号线穿过，应尽量避免在其下穿线，特别是在晶体下应尽量铺设接地的铜皮。

(4) 检查定位孔、定位件是否与结构图一致，SMT 定位光标(元件定位 Mark 点)是否加上并符合工艺要求，具体工艺要求可与电路板焊接厂家联系。

(5) 检查器件的序号是否按从左到右、从下到上的顺序准确无误地摆放，并且无丝印覆盖焊盘；检查所标注的板号、版本号是否符合用户要求。

(6) 报告布线完成情况是否百分之百、是否有线头、是否有孤立的铜皮。

(7) 检查电源、地的分割是否正确，单点共地已进行正确处理。

(8) 规则检查，确认连接关系的正确与否，安全间距、元件间距是否达到要求。

(9) 以 1∶1 比例打印 PCB 图，与实际元件比较，查看是否存在封装设计错误，元件摆放是否正确，高度与产品外壳是否相符等。

(10) 工艺审查中发现的问题，积极改进，并做好记录，避免同样的问题再次发生。

✧✧✧✧ 习　题 ✧✧✧✧

1．简述在设计 PCB 前对原理图有哪些基本要求。
2．简述电路板设计的一般流程。
3．简述 PCB 布线优先次序的原则。
4．简述 PCB 布线的一般规则。
5．简述电路板设计完成后需要进行哪些检查。
6．简述克服串扰的主要措施有哪些。
7．简述什么是 3W 规则、20H 规则以及 5－5 规则。
8．放置元器件时如何利用快捷键对元件进行上下以及左右翻转？
9．如何利用快捷键对原理图进行放大或缩小？
10．在原理图中如何利用快捷键查找相似对象？
11．如何利用快捷键将正在移动的物体旋转 90°？
12．如何利用快捷键选择连接层？
13．如何利用快捷键切换工作层？
14．如何利用快捷键测量元件之间的距离？
15．在 PCB 编辑器里如何利用快捷键顺时针、逆时针旋转移动的物体？

附录 A　Altium Designer 软件常用的快捷键

为了便于设计人员加快设计速度，Altium Designer 软件内部设置了非常多的快捷键，常见的是根据菜单下划线字符确定，如菜单中有“查看(V) (V)”，则可以按快捷键“V”，鼠标指针右侧会弹出“查看(V) (V)”菜单下的所有功能，如图 A-1 所示。

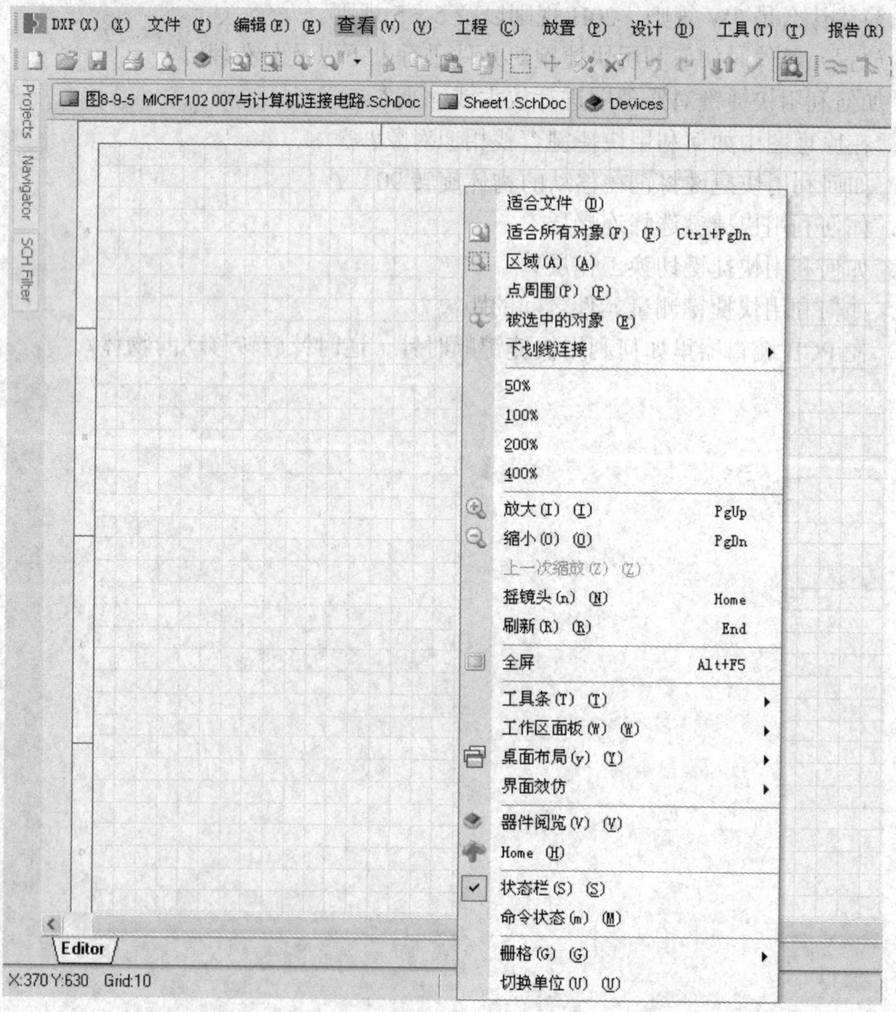

图 A-1　按快捷键“V”后的菜单

由图 A-1 可以看出，它与单击“查看(V) (V)”按钮的效果一样，如果再按 I 键，则自动执行放大功能。通过按菜单下划线字符对应按键的方法，可以快速地执行需要的功能，无需用鼠标慢慢点击，提高设计速度，且无需记住快捷键，看菜单提示即可。

对于一些特殊的快捷键，在菜单中可能未体现出来，需用户简单记忆，部分与其他软件相同。

原理图编辑器与 PCB 编辑器通用的快捷键如表 A-1 所示。

表 A-1　原理图编辑器与 PCB 编辑器通用的快捷键

快 捷 键	相 关 操 作
Shift	当自动平移时，加速平移
Y	放置元件时，上下翻转
X	放置元件时，左右翻转
Shift + ↑(→、←、↓)	在箭头方向以 10 个栅格为增量移动光标
↑、→、←、↓	在箭头方向以 1 个栅格为增量移动光标
Spacebar	放弃屏幕刷新
Esc	退出当前命令
End	刷新屏幕
Home	以光标为中心刷新屏幕
PageDown 或 Ctrl + 滑动鼠标滚轮	以光标为中心缩小画面
PageUp 或 Ctrl + 滑动鼠标滚轮	以光标为中心放大画面
滑动鼠标滚轮	上下移动画面
Shift + 滑动鼠标滚轮	左右移动画面
Ctrl + Z	撤销上一次操作
Ctrl + Y	重复上一次操作
Ctrl + A	选择全部
Ctrl + S	存储当前文件
Ctrl + C	复制
Ctrl + X	剪切
Ctrl + V	粘贴
Ctrl + R	复制并重复粘贴选中的对象
Delete	删除
V + D	显示整个文档
V + F	显示所有对象
X + A	取消所有选中

续表

Tab	编辑正在放置的元件属性
Shift + C	取消过滤
Shift + F	查找相似对象
Y	"Filter"选项
F11	打开或关闭 Inspector 面板
F12	打开或关闭 List 面板

原理图编辑器快捷键如表 A-2 所示。

表 A-2　原理图编辑器快捷键

快　捷　键	相 关 操 作
Alt	在水平和垂直线上限制
Spacebar	将正在移动的物体旋转 90º
Spacebar	在放置导线、总线和多边形行填充时激活开始或结束模式
Shift + Spacebar	在放置导线、总线和多边形填充时，设置放置模式
Backspace	在放置导线、总线和多边形填充时，移除最后一个顶点
单击鼠标左键 + Home + Delete	删除选中线的顶点
单击鼠标左键 + Home + Insert	在选中线处添加顶点
Ctrl + 单击鼠标左键并拖动	拖动选中对象 1

PCB 编辑器快捷键如表 A-3 所示。

表 A-3　PCB 编辑器快捷键

快　捷　键	相 关 操 作
Shift + R	切换三种布线模式
Shift + E	打开或关闭捕获电气栅格功能
Ctrl + G	弹出"捕获栅格"对话框
G	弹出"捕获栅格"选项
Backspace	在放置导线时，删除最后一个拐角
Shift + Spacebar	放置导线时设置拐角模式
Spacebar	放置导线时，改变导线的起始/结束模式
Shift + S	打开或关闭单层模式
O + D + D + Enter	在图纸模式显示

续表

O + D + F + Enter	在正常模式显示
O + D	显示或隐藏“Preferences”对话框
L	浏览“Board Layers”对话框
Ctrl + H	选择连接层
Ctrl + Shift + 单击鼠标左键并拖动	切断线
+	切换工作层面为下一层
–	切换工作层面为上一层
M + V	移动分割铜层的顶点
Ctrl	暂时不显示电气栅格
Ctrl + M	测量距离
Shift + Spacebar	旋转移动的物体(顺时针)
Spacebar	旋转移动的物体(逆时针)
Q	单位切换

附录 B　Altium Designer 软件常用的元件符号

常用简单分立元件符号如表 B-1 所示。

表 B-1　常用简单分立元件符号

名　称	符　号	名　称	符　号
国标电阻器		国外常用电阻器	
压敏电阻器	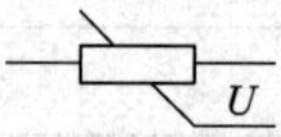 U	国外常用压敏电阻器	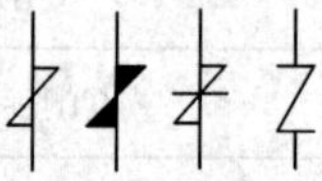
常温型气敏电阻图形符号	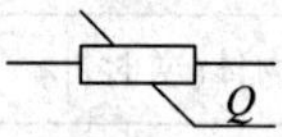 Q	加热型气敏电阻电路图形符号	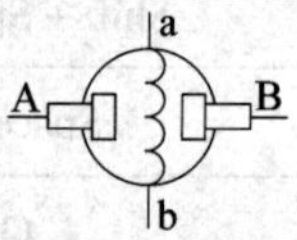 a A B b
磁敏电阻器	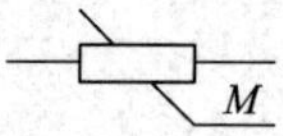 M	三引脚磁敏电阻符号	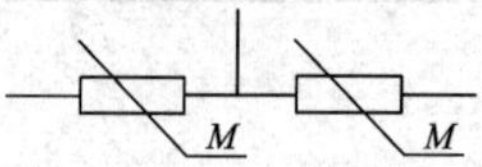 M M
热敏电阻器	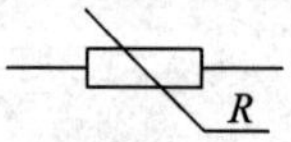 R	光敏电阻器	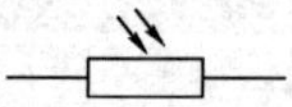
排阻	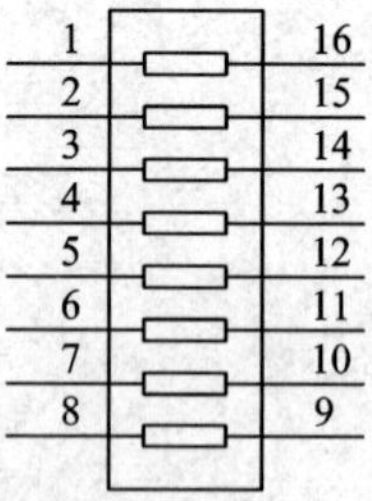 1 16 2 15 3 14 4 13 5 12 6 11 7 10 8 9	电阻桥	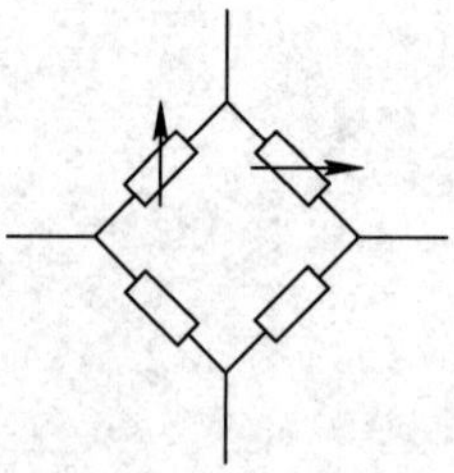
可调电阻器	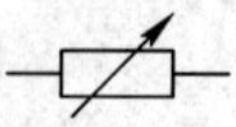	滑动电阻器	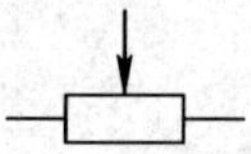
带中间抽头的电位器	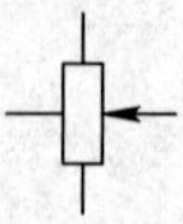	双联同轴电位器	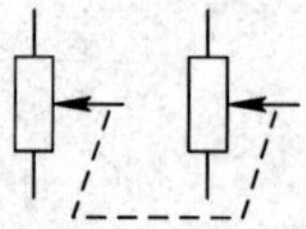
双联同轴不带抽头	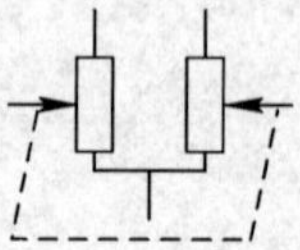	双联同轴带抽头	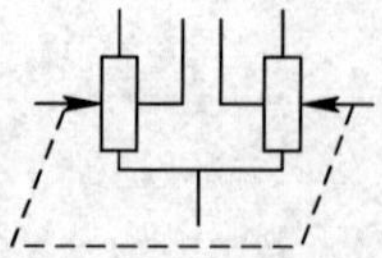

续表(一)

名　称	符　　号	名　称	符　　号
带开关的电位器	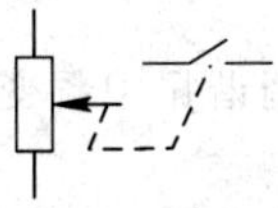	无极性电容器	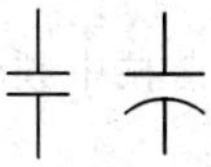
有极性电容器	 + + +	可调电容器	
微调电容器	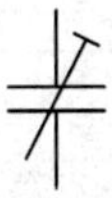	双联可调电容器	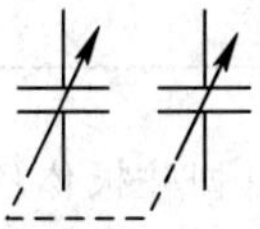
排容	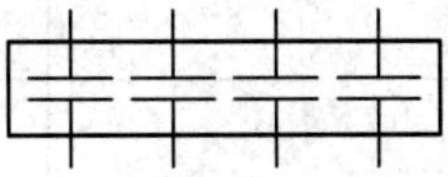	无磁芯电感器	
有磁芯或铁芯的电感器		有高频磁芯的电感器	
磁芯中有间隙的电感器		有磁芯微调电感器	
无磁芯微调电感器		无磁芯有抽头的电感器	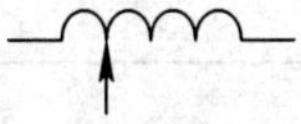
有磁芯有抽头的电感器	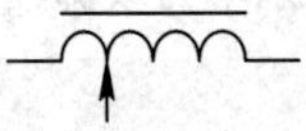	无磁芯变压器	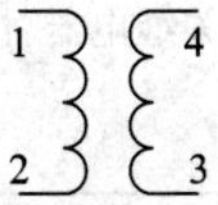 1 4 2 3
低(音)频变压器	 1 4 2 3	带屏蔽层的变压器	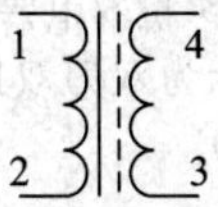 1 4 2 3
标同名端的变压器	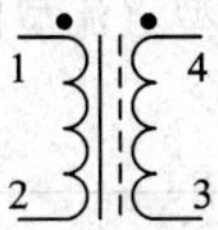 1 4 2 3	多次级输出变压器	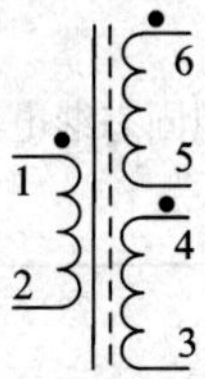 6 5 1 4 2 3
带中间抽头的变压器	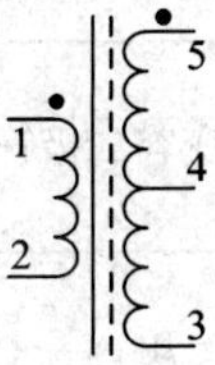 5 1 4 2 3	自耦变压器	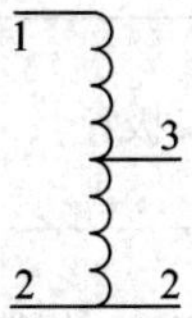 1 3 2 2

续表(二)

名称	符号	名称	符号
单调谐振中频变压器	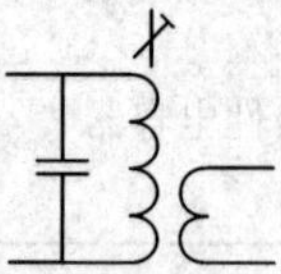	双调谐振中频变压器	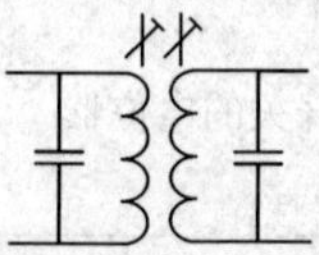
电容式传声器		三引脚驻极体传声器	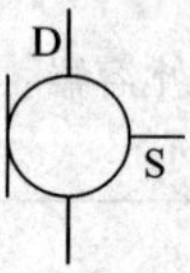 D S
两引脚驻极体传声器	 D S	开关	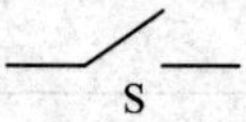 S
按钮开关(按键)	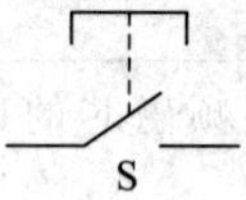 S	单开关继电器	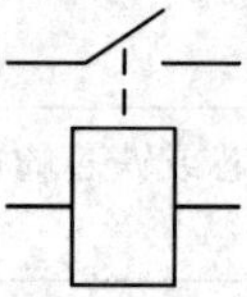
指拨开关(图示为两个)	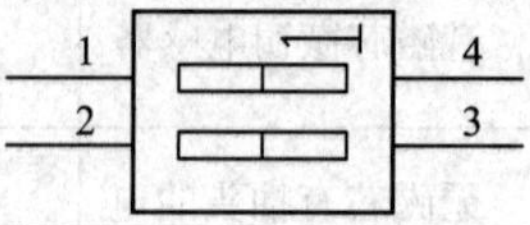 1 2 4 3	单刀双掷开关	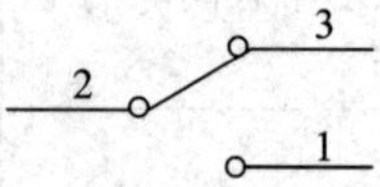 2 3 1
双开关继电器	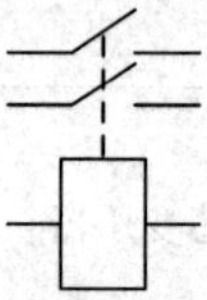	单刀多掷继电器(图示单刀双掷继电器)	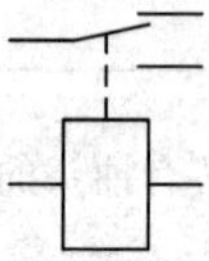
多刀多掷继电器(图示为双刀双掷继电器)	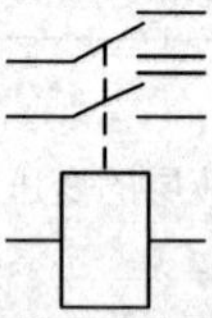	交流型固态继电器	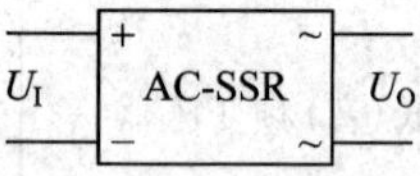 U_I + − AC-SSR ~ ~ U_O
直流型固态继电器	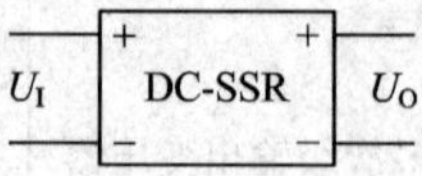 U_I + − DC-SSR + − U_O	三端型直流型固态继电器	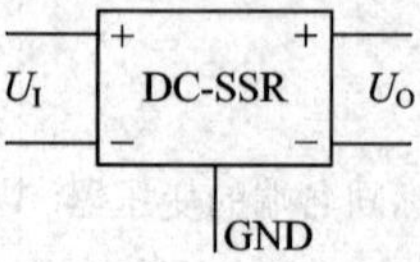 U_I + − DC-SSR + − U_O GND
二极管	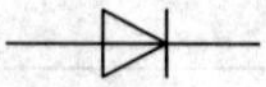	发光二极管	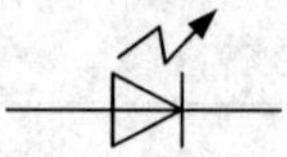
稳压二极管	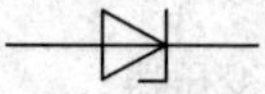	国标变容二极管	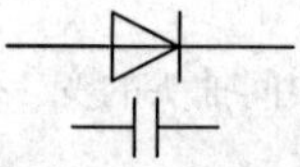
常用变容二极管	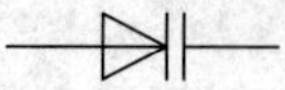	光敏二极管	

续表(三)

名　称	符　　号	名　称	符　　号
全桥	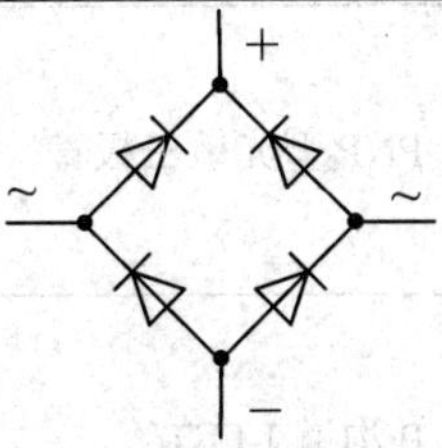 + ~ ~ −	全桥	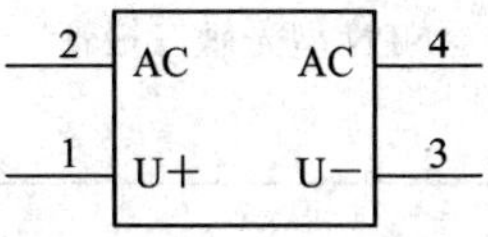 2 AC AC 4 1 U+ U− 3
共阴极半桥	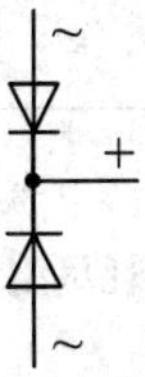 ~ + ~	共阳极半桥	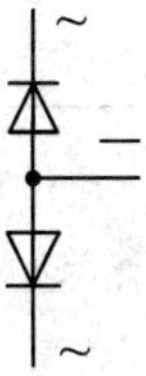 ~ − ~
NPN 型三极管	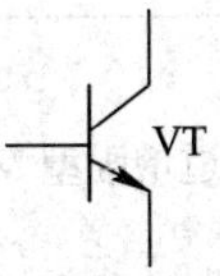 VT	PNP 型三极管	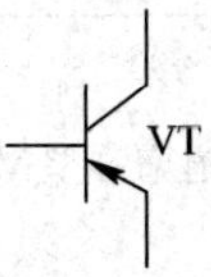 VT
内部带续流二极管的 NPN 型三极管	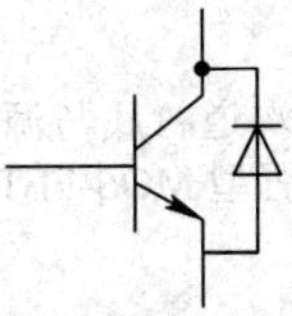	内部带续流二极管的 PNP 型三极管	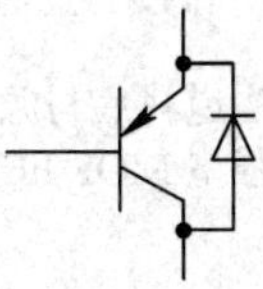
内部带续流二极管和电阻的 NPN 型三极管	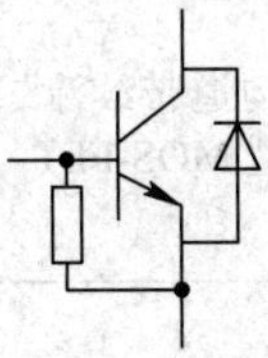	内部带续流二极管和电阻的 PNP 型三极管	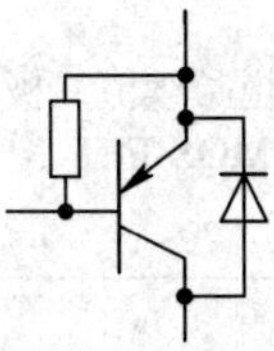
NPN 型达林顿三极管	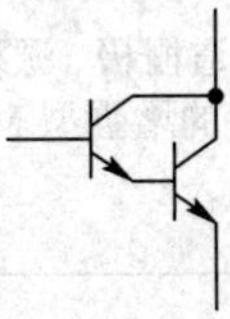	PNP 型达林顿三极管	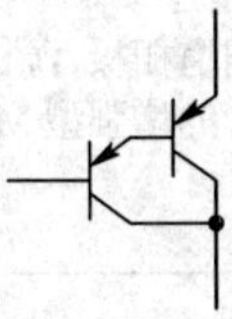
内部带续流二极管的 NPN 型达林顿三极管	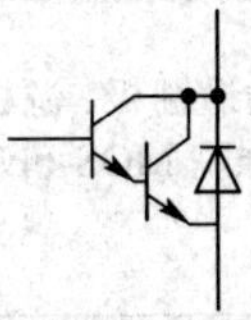	内部带续流二极管的 PNP 型达林顿三极管	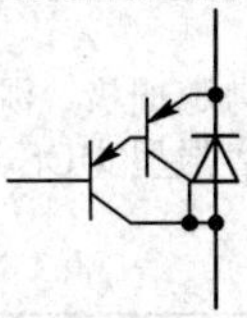
内部带续流二极管和电阻的 NPN 型达林顿三极管	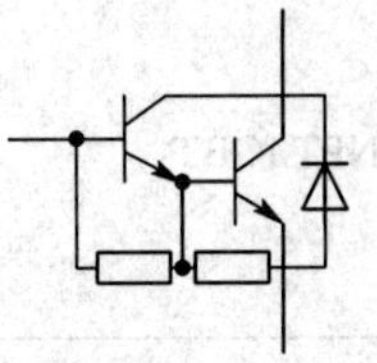	内部带续流二极管和电阻的 PNP 型达林顿三极管	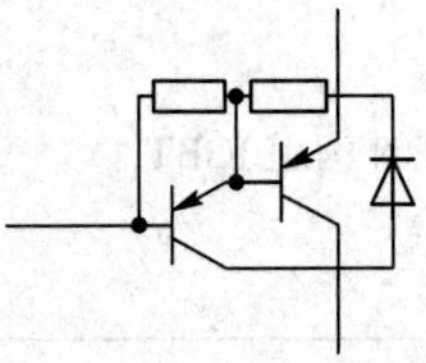

续表(四)

名 称	符 号	名 称	符 号
NPN 型光敏三极管		PNP 型光敏三极管	
N 沟道 J-FET	D G S	P 沟道 J-FET	D G S
N 沟道耗尽型 MOS-FET	D G B S	P 沟道耗尽型 MOS-FET	D G B S
N 沟道增强型 MOS-FET	D G B S	P 沟道增强型 MOS-FET	D G B S
N 沟道衬底与源极相连的增强型 MOS-FET	D G S	P 沟道衬底与源极相连的增强型 MOS-FET	D G S
N 沟道带续流二极管的增强型 MOS-FET	D G S	P 沟道带续流二极管的增强型 MOS-FET	D G S
N 沟道栅极、源极带稳压二极管的增强型 MOS-FET	D G S	P 沟道栅极、源极带稳压二极管的增强型 MOS-FET	D G S
N 沟道栅极、源极带电阻的增强型 MOS-FET	D G S	P 沟道栅极、源极带电阻的增强型 MOS-FET	D G S
N 沟道 IGBT	C G E	NPT IGBT	C G E

续表(五)

名　称	符　　号	名　称	符　　号
内部集成反向二极管的 N 沟道 IGBT	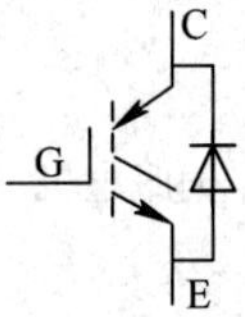	内部集成反向二极管的 NPT IGBT	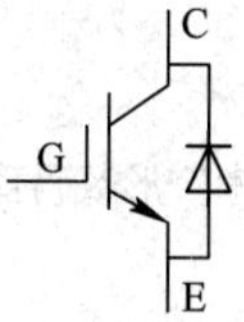
普通可控硅 P 型门极	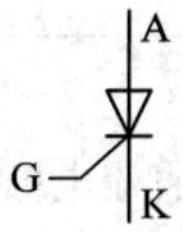	普通可控硅 N 型门极	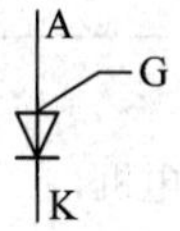
双向可控硅	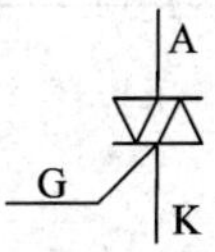	光控可控硅	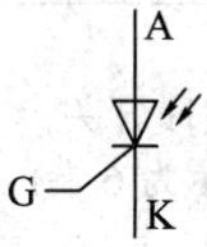
保险丝	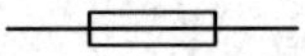	电池	
氖泡		双向可控硅型光耦	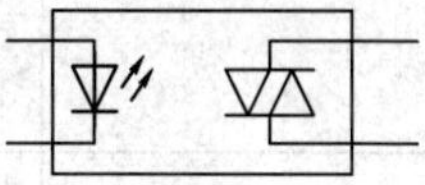
光耦	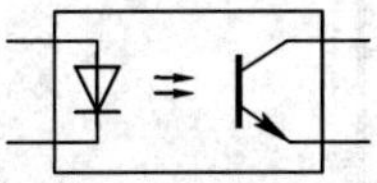	天线	
振铃	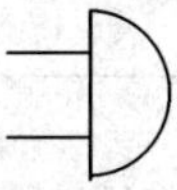	麦克 (咪头)	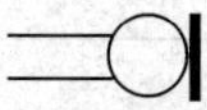
晶体	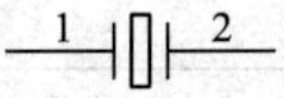	晶振	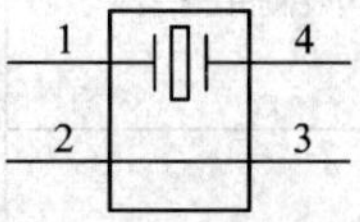
滤波器	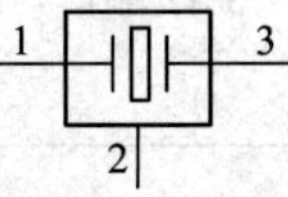	陶瓷滤波器	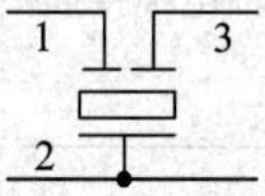
数码管	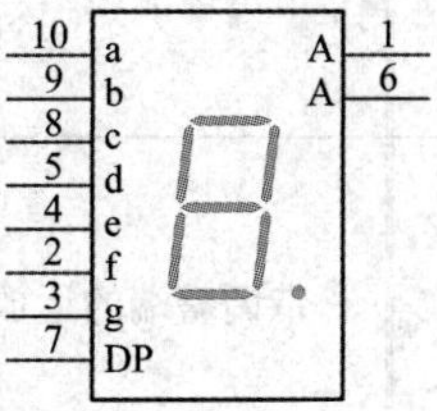	符号数码管	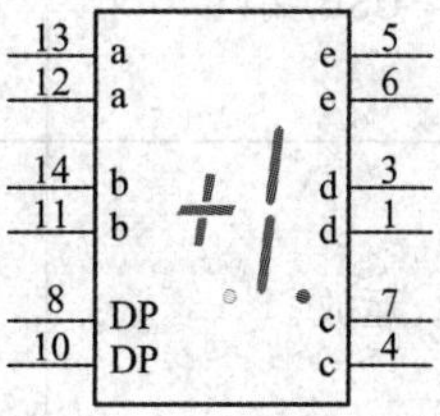

续表(六)

名　称	符　　号	名　称	符　　号
“米”形数码管	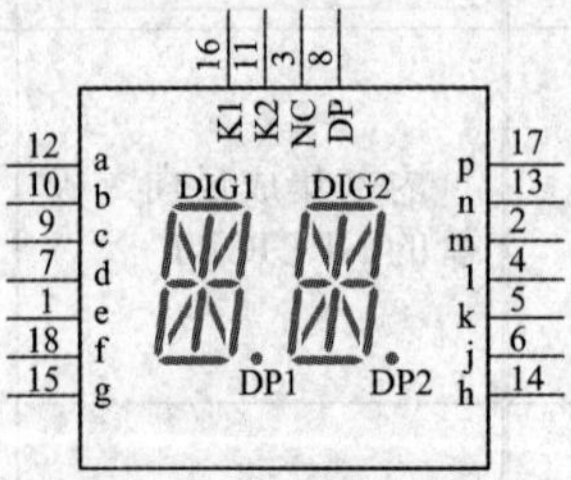	伺服电机	
步进电机	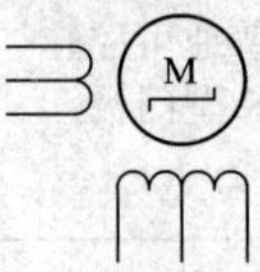	直流电机	
多拨段开关(图示为 6 端)	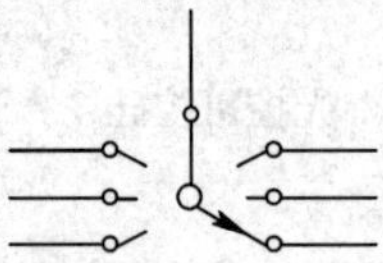	“D”形 25 针	
“D”形 9 针	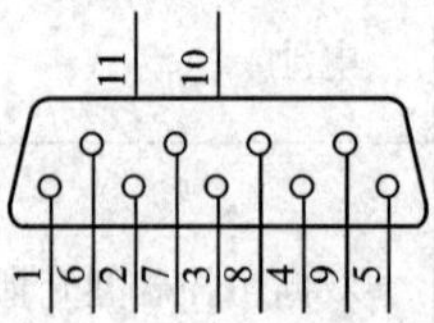		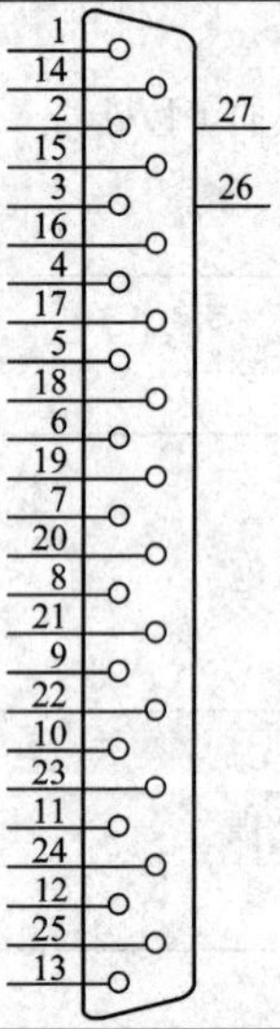
单声道音频插口	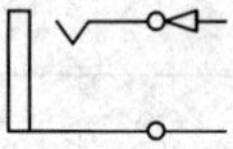		
双声道音频插口	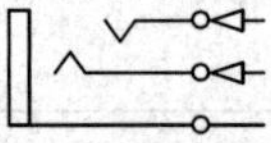		
单排插座	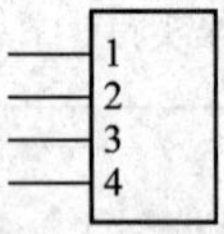	双排插座	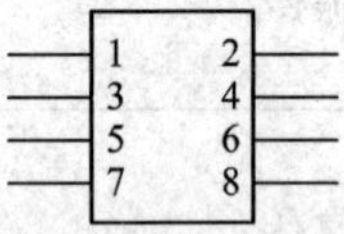
同轴电缆接插头	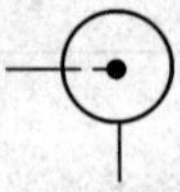	PS2 端口	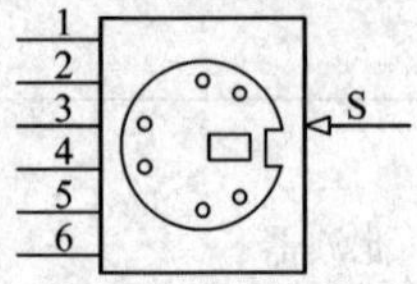
USB 端口	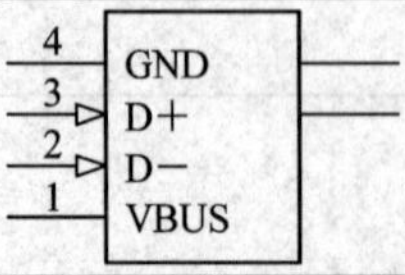	市电电源端口	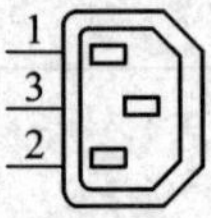
运放	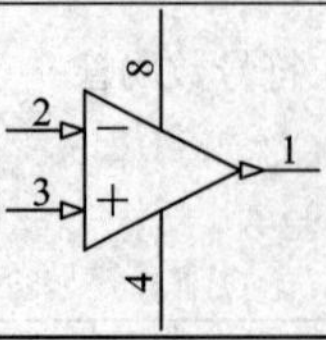	带调整端的运放	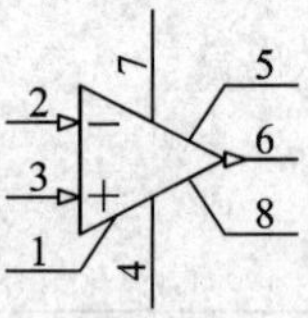

常用小规模数字逻辑元件符号如表 B-2 所示。

表 B-2　常用小规模数字逻辑元件符号

名　称	普　通	内部有斯密特触发器	开集电极
与门	SN5408W	SNJ54HC7001W	SNJ54S09W
或门	SN7432N	SNJ54HC7032J	
非门	SN7404N	SN7414N	SN7406N
缓冲门	SNJ54AS1034AJ		SN5407W
与非门	SN7437N	SNJ54S132J	SN7401N
或非门	SN7428N	SNJ54HC7002J	SN5433W
同或门	SN74ALS810D		SN74ALS811D
异或门	SN7486N		SN74AS136D

常用中等规模数字逻辑元件符号如表 B-3 所示。

表 B-3　常用中等规模数字逻辑元件符号

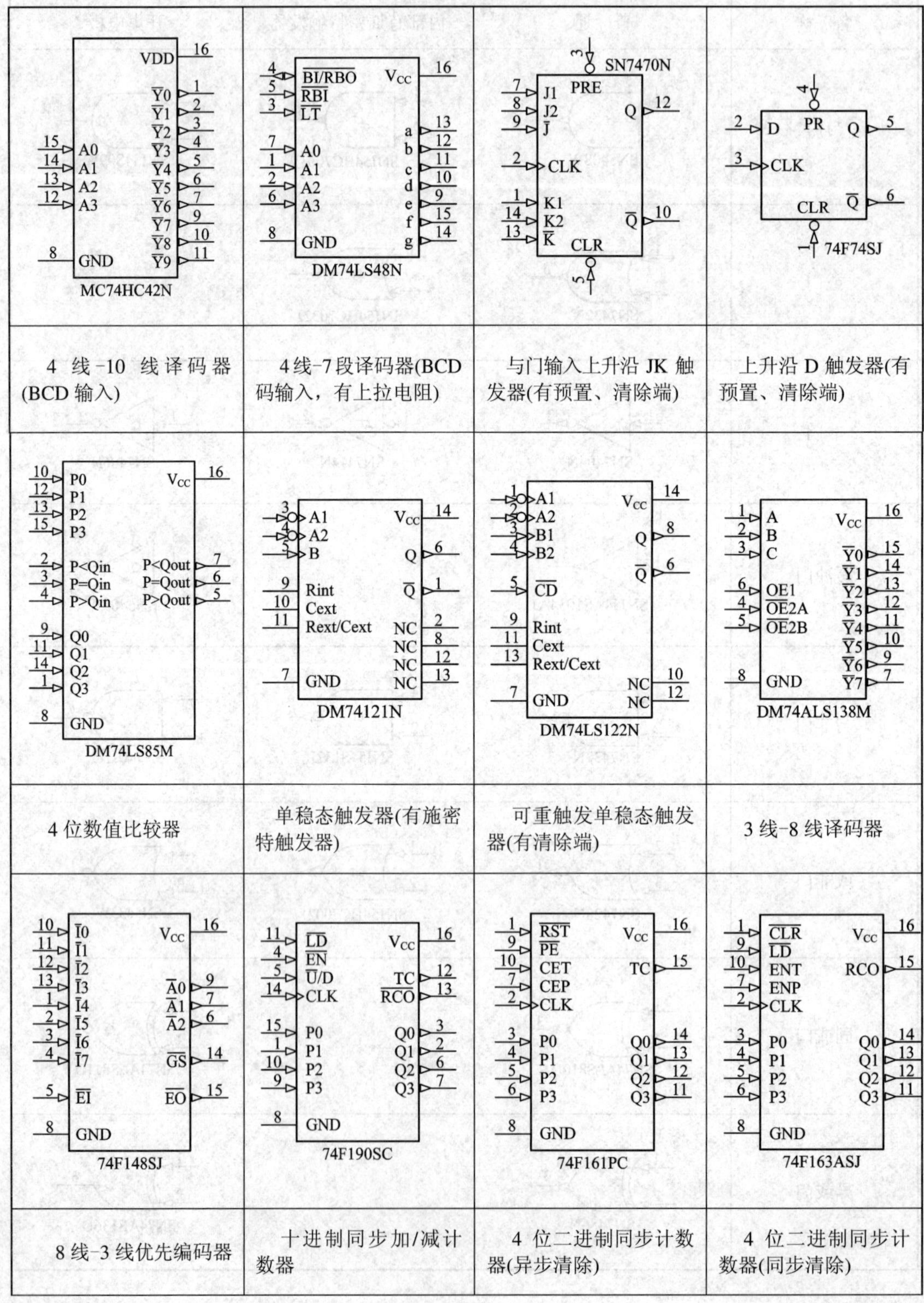

MC74HC42N	DM74LS48N	SN7470N	74F74SJ
4 线-10 线译码器(BCD 输入)	4 线-7 段译码器(BCD 码输入，有上拉电阻)	与门输入上升沿 JK 触发器(有预置、清除端)	上升沿 D 触发器(有预置、清除端)
DM74LS85M	DM74121N	DM74LS122N	DM74ALS138M
4 位数值比较器	单稳态触发器(有施密特触发器)	可重触发单稳态触发器(有清除端)	3 线-8 线译码器
74F148SJ	74F190SC	74F161PC	74F163ASJ
8 线-3 线优先编码器	十进制同步加/减计数器	4 位二进制同步计数器(异步清除)	4 位二进制同步计数器(同步清除)

续表

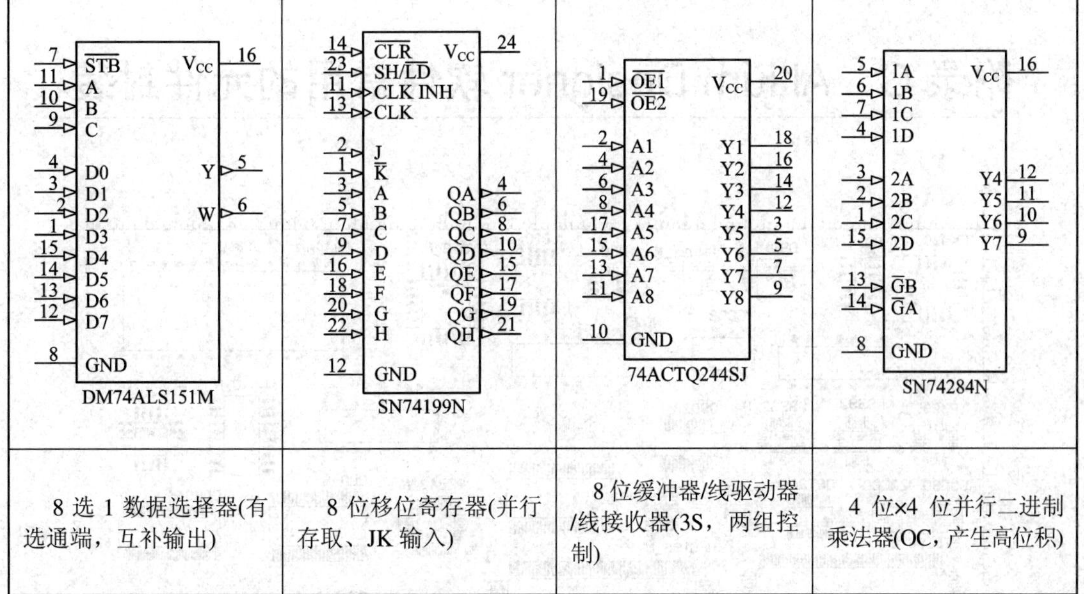

8 选 1 数据选择器(有选通端，互补输出)	8 位移位寄存器(并行存取、JK 输入)	8 位缓冲器/线驱动器/线接收器(3S，两组控制)	4 位×4 位并行二进制乘法器(OC，产生高位积)

附录 C　Altium Designer 软件常用的元件封装

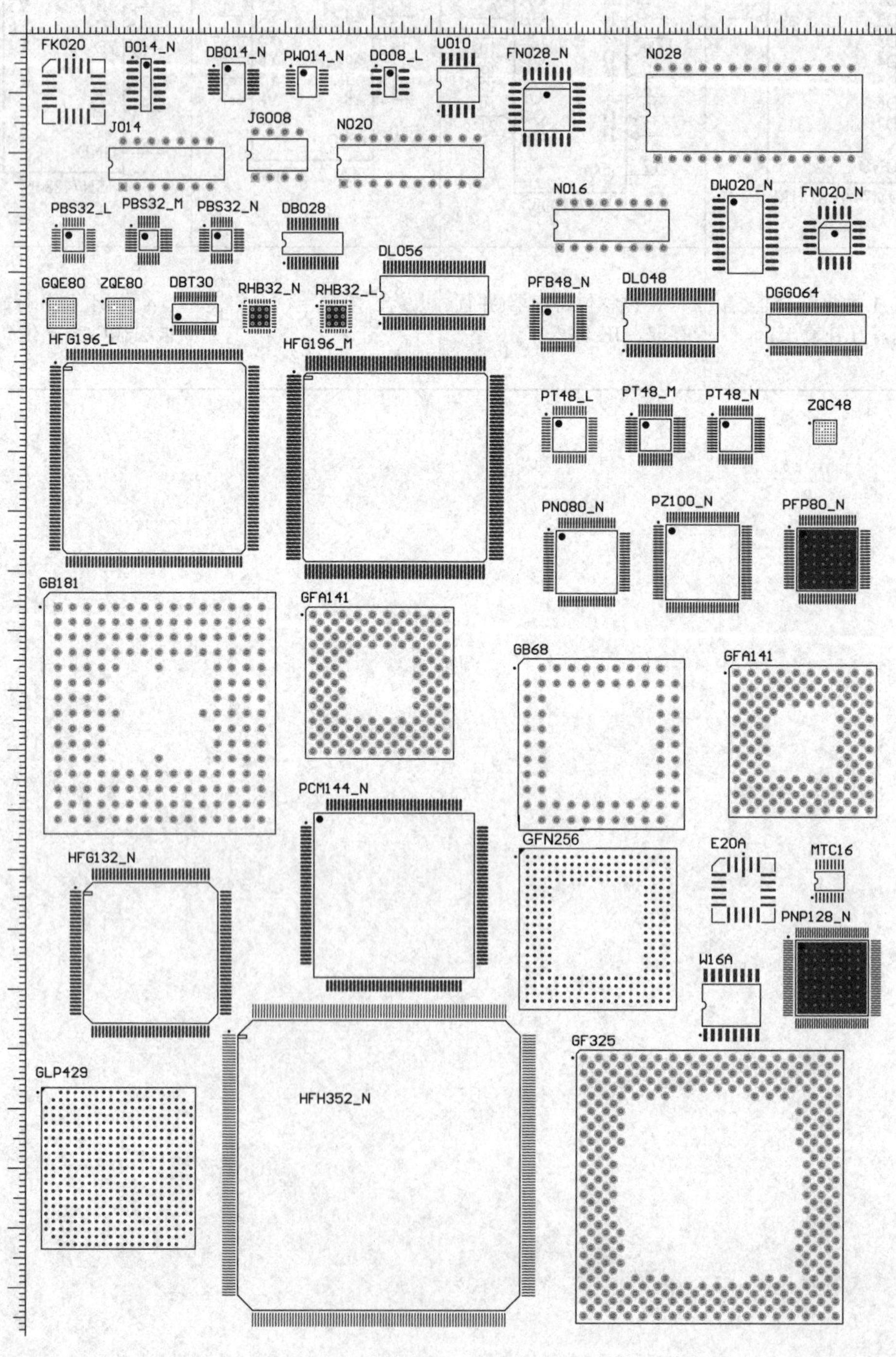

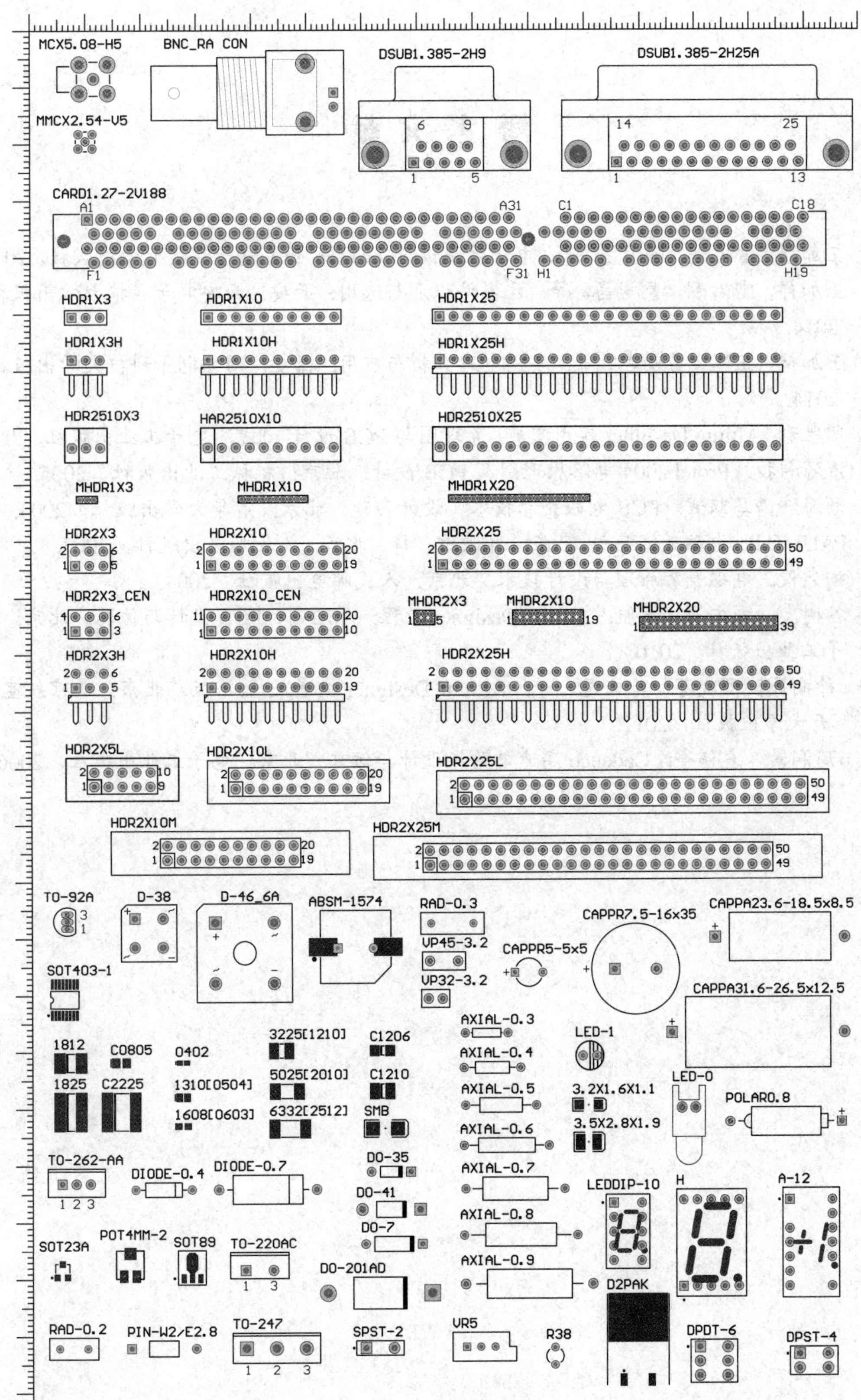
MCX5.08-H5
BNC_RA CON
DSUB1.385-2H9
DSUB1.385-2H25A
MMCX2.54-V5
CARD1.27-2V188
HDR1X3
HDR1X10
HDR1X25
HDR1X3H
HDR1X10H
HDR1X25H
HDR2510X3
HAR2510X10
HDR2510X25
MHDR1X3
MHDR1X10
MHDR1X20
HDR2X3
HDR2X10
HDR2X25
HDR2X3_CEN
HDR2X10_CEN
MHDR2X3
MHDR2X10
MHDR2X20
HDR2X3H
HDR2X10H
HDR2X25H
HDR2X5L
HDR2X10L
HDR2X25L
HDR2X10M
HDR2X25M
TO-92A
D-38
D-46_6A
ABSM-1574
RAD-0.3
VP45-3.2
VP32-3.2
CAPPR5-5x5
CAPPR7.5-16x35
CAPPA23.6-18.5x8.5
CAPPA31.6-26.5x12.5
SOT403-1
1812
C0805
0402
3225[1210]
C1206
1825
C2225
1310[0504]
1608[0603]
5025[2010]
C1210
6332[2512]
SMB
AXIAL-0.3
AXIAL-0.4
AXIAL-0.5
AXIAL-0.6
AXIAL-0.7
AXIAL-0.8
AXIAL-0.9
LED-1
LED-0
3.2X1.6X1.1
3.5X2.8X1.9
POLAR0.8
TO-262-AA
DIODE-0.4
DIODE-0.7
DO-35
DO-41
DO-7
DO-201AD
LEDDIP-10
H
A-12
SOT23A
POT4MM-2
SOT89
TO-220AC
D2PAK
RAD-0.2
PIN-W2/E2.8
TO-247
SPST-2
VR5
R38
DPDT-6
DPST-4

参考文献

[1] 王加祥，雷洪利，曹闹昌，等. 电子系统设计. 西安：西安电子科技大学出版社，2012.

[2] 王加祥，雷洪利，曹闹昌，等. 元器件识别与选用. 西安：西安电子科技大学出版社，2014.

[3] 王加祥，王星，曹闹昌，等. 实用电路分析与应用. 西安：西安电子科技大学出版社，2014.

[4] 闫胜利. Altium Designer 实用宝典：原理图与 PCB 设计. 北京：电子工业出版社，2007.

[5] 清源科技. Protel 2004 电路原理图及 PCB 设计. 北京：机械工业出版社，2005.

[6] 顾海洲，马双武. PCB 电磁兼容技术：设计实践. 北京：清华大学出版社，2004.

[7] PAUL C R. 电磁兼容导论. 2 版. 闻映红，译. 北京：人民邮电出版社，2007.

[8] 杨克俊. 电磁兼容原理与设计技术. 北京：人民邮电出版社，2004.

[9] 谷树忠，刘文洲，姜航. Altium Designer 教程：原理图、PCB 设计与仿真. 北京：电子工业出版社，2010.

[10] 徐向民，邢晓芬，华文龙，等. Altium Designer 快速入门. 2 版. 北京：北京航空航天大学出版社，2011.

[11] 周润景，袁伟亭. Cadence 高速电路板设计与仿真. 北京：电子工业出版社，2006.